普通高等学校
**电类规划教材**

"十三五"江苏省高等学校重点教材
（编号：2019-1-072）

"十三五"江苏省高等学校重点教材

# 电子系统设计
## 与实践教程

### 第2版

郭宇锋 ◎ 总主编

薛梅 丁可柯 郝学元 朱震华 刘艳 ◎ 编著

刘陈 ◎ 主审

人民邮电出版社
北　京

**图书在版编目（CIP）数据**

电子系统设计与实践教程 / 薛梅等编著. -- 2版
. -- 北京 : 人民邮电出版社, 2022.8（2024.6重印）
普通高等学校电类规划教材
ISBN 978-7-115-58221-8

Ⅰ. ①电… Ⅱ. ①薛… Ⅲ. ①电子系统－系统设计－
高等学校－教材 Ⅳ. ①TN02

中国版本图书馆CIP数据核字(2021)第257112号

## 内 容 提 要

本书系统阐述综合性电子系统的设计方法与设计原则，重点介绍电子系统设计与实践技术方面的知识。本书紧扣教育部高等学校工科基础课程教学指导委员会制定的高等学校电工电子基础课程教学基本要求，通过选取难度适中且具有实用性、综合性、系统性的大型课题让学生操作实践，拓展学生设计思路，规范学生装配、调试等实验技术，培养学生学习兴趣，为学生后续课程的学习打下坚实的基础，同时让学生体会到电子电路的工程技术特点，提高自己的科技素质。

本书共 4 篇。第一篇重点阐述电子系统设计的基本策略与设计原则，以及设计中的注意事项。第二篇重点阐述电子系统的装配、调试、故障处理，资料的查找和文档整理。第三篇精选数字电路、模数结合电路的综合性课题，并介绍多种设计方法和调试注意事项。第四篇介绍电工电子基础实验课程之外在电子系统装配和调试中用到的仪表工具。

本书是电子电路课程设计的配套教材，也可以作为全国大学生电子设计竞赛赛前训练和电子爱好者的参考用书。

◆ 编　　著　薛　梅　丁可柯　郝学元　朱震华　刘　艳
　　主　　审　刘　陈
　　责任编辑　李　召
　　责任印制　王　郁　陈　犇
◆ 人民邮电出版社出版发行　　北京市丰台区成寿寺路 11 号
　　邮编　100164　电子邮件　315@ptpress.com.cn
　　网址　https://www.ptpress.com.cn
　　涿州市京南印刷厂印刷
◆ 开本：787×1092　1/16
　　印张：14.75　　　　　　　2022 年 8 月第 2 版
　　字数：386 千字　　　　　2024 年 6 月河北第 7 次印刷

定价：59.80 元

读者服务热线：(010)81055256　印装质量热线：(010)81055316
反盗版热线：(010)81055315
广告经营许可证：京东市监广登字 20170147 号

随着现代科学技术的迅速发展，以及国家工程教育专业认证和新工科建设的推进，理工类专业的学生不仅要掌握基本理论知识，还要具备一定的实验实践能力和科技创新意识。本书通过阐述综合性、系统性的电子系统设计方法与设计原则，帮助学生拓展电子系统设计与实践技术方面的知识。本书选取具有实用性、综合性、系统性的大型课题，学生对这些课题进行操作实践，可进一步提高在电子系统综合设计、装配、调试、故障处理和文档整理等方面的能力，在实操中体会电子系统的工程技术特点，提高自己的科技素质，培养创新思维。

本书主要面向学过模拟电路、数字电路、电工电子实验等学科基础课后，进入电子电路课程设计实践环节的学生。考虑到学生此时只是初步具备电子电路基础理论知识和实验能力，还没有系统学习单片机、数字信号处理器等相关知识，所以本书在讨论电子系统设计方案时基本未涉及 MCU 等器件。

本书共 4 篇。第一篇、第二篇内容包括电子系统综合设计的原则、基本方法，以及电子系统装配和故障处理等。这两篇内容不但可以帮助学生掌握电子系统综合设计、实践等相关知识，还可以引导学生从方法论这一更高的角度去考虑和处理电子系统方面的技术问题。第三篇为实践篇，精选多个综合性课题，每个课题均给出技术指标，并介绍多种设计方法，最后给出调试提示。本书选取的课题是南京邮电大学电工电子实验教学中心的教师在多年实验实践教学、科研和竞赛辅导中开发、收集、整理的。课题涉及的电路类型包括数字电路、模数结合电路。这些课题具有新颖性、实用性、趣味性、综合性。本书按照课题的难易程度，由易到难将课题分为基础级、进阶级、竞赛级，多数课题除了基本技术指标还有扩展技术指标。教师可以按学生的能力选取相应的课题和技术指标让学生完成，以达到分层次培养的目的。另外，参加全国大学生电子设计竞赛的学生也可以将本书作为赛前训练的参考书，由易到难进行练习，提高自身的设计和实践能力。第四篇介绍几种在电子系统设计实践中常用的仪表工具，为电子系统综合设计实践提供参考。

本书在电子电路课程设计 32 学时教学中的应用建议如下。

（1）教师可根据学生能力指定相应课题并帮助学生确定元器件范围，针对课题帮助学生正确分析设计要求、明确设计条件、制订合理的设计方案，并指导学生自学本书及查阅文献资料。

（2）学生初步设计好电路后，教师可指导学生装配、调试电路。

（3）学生完成调试后，教师可对完成的电路进行验收，并指导学生正确撰写设计报告。

本书的第 1 章～第 6 章、第 10 章、附录由丁可柯编写，朱震华负责提供部分图片资料。第 7 章～第 9 章由薛梅编写，郝学元负责部分课题方案引证，刘艳提供部分电路的修正图。全书由薛梅统稿，朱震华校稿。感谢前期提供帮助的张豫滇、苏起虎、林彦杰，感谢为本书提出宝贵意见的程景清。感谢南京邮电大学电工电子实验教学中心所有为本书提供课题素材和资料的教师，感谢为本书中部分课题的实验验证提供帮助的同学。书中引用了许多学者的观点和成果，有些由于难以查明文献来源而未注明，在此一并致以敬意。

因作者水平有限，书中难免有疏漏和不妥之处，敬请广大读者提出宝贵意见。

编 者

2021 年 9 月

# 第一篇　方法篇

# 第二篇　技术篇

# 第三篇 实践篇

# 第四篇　工具篇

# 第一篇　方法篇

　　电子系统综合设计需经历技术指标分析、算法研究、整体方案设计、电路设计、元器件选用和调试等多个环节，这些环节都需要相关理论、技术和经验来支撑。本篇从电子系统设计理论（主要涉及电子系统设计的基本策略和系统设计的算法研究）出发，概要介绍模拟电路和数字电路的设计原则，以及电子电路抗电磁干扰设计中的一些设计考虑。

本章将介绍电子系统的定义和分类、电子系统设计的基本策略和流程，以及在设计电子系统时应考虑的主要因素。通过本章的学习，读者能初步了解电子系统设计所涉及的各个方面。

## 1.1 电子系统概述

本节将介绍电子系统的定义，并简介模拟电子系统、数字电子系统和模数混合电子系统三类电子系统。

### 1.1.1 电子系统的定义

电子系统是由若干相互联系、相互制约的电子元器件或部件组成、能够独立完成某种特定电信号处理的完整电子电路。典型的电子系统有通信系统、计算机系统、电子测量系统、广播电视系统等。

通常，一个复杂的电子系统所完成的特定功能可细分为许多子功能。为了便于区分，常将大规模电子系统所容纳的各个下层电子系统称为子系统。每一个子系统为实现其功能，需要若干功能模块合作，每个部件又可分解为由许多具体元器件组成的单元电路。例如，可以将处理电视信号的设备定义为一种广播电视系统，而这一系统可进一步细分为录制（摄像机）、编辑（编辑机）、发射（发射机）、传输（天线、微波或有线电视）、接收（电视接收机）等各个子系统，其中，接收子系统需要解码、显示等功能模块，显示模块包含视频放大末级、扫描电路、整形校正电路等单元电路。电子系统的构成如图 1-1 所示。

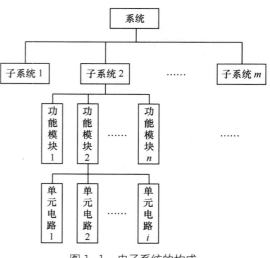

图 1-1　电子系统的构成

### 1.1.2 电子系统的分类

根据处理电信号时所采用的不同电子技术

手段，电子系统可划分为模拟电子系统、数字电子系统和模数混合电子系统。

### 1. 模拟电子系统

电子技术应用领域中常把被处理的某些物理量（如声音、图像、温度、转速等）通过传感器转换为电信号，利用模拟电路理论所提出的放大、整形、调制、检波等各种电路，对信号的电压或电流的幅度、相位、频率、波形等参数进行处理，以达到电信号处理的目的。这种处理电信号的技术称为模拟电子技术。以模拟电子技术作为处理电信号的主要手段的电子系统称为模拟电子系统。例如，电工电子实验中常用的模拟式交流电压表就是一种模拟电子系统，它在处理被测信号时所用到的衰减、放大、整流、显示等处理手段均为模拟电子技术。

需要说明的是，模拟电子系统与模拟电路是两个不同的概念，两者不可混为一谈。模拟电子系统处理信号的主要手段是模拟电子技术，采用的是模拟电路，但一些辅助部分常常要用到数字电路。

### 2. 数字电子系统

以数字信号处理技术为主要技术手段的电子系统称为数字电子系统。常见的数字电子系统包括数字计算机、计算器、数字音像设备等。与模拟电子系统相比，数字电子系统有精度高、可靠性好、稳定性强、便于结构化和智能化等优点。

自然界大多数物理量是模拟量，所以数字电子系统常常需要将模拟输入转为数字输入，系统处理后，又要把数字输出转为模拟输出，这无疑增加了系统的复杂性和成本，而且所需要的数据越精确，处理花费的时间越长。不过随着微电子技术的飞速发展、集成电路规模的不断扩大以及计算机微型化（DSP→CPU→MCU）和高速化的进一步发展，这些不足被数字电子系统的许多优点弥补。

需要说明的是，因为数字电子系统也常常用到一些模拟电路，所以数字电子系统不等同于数字电路，两者也不能混为一谈。

### 3. 模数混合电子系统

为了充分利用数字电子系统和模拟电子系统各自的优点，一些系统常常会同时采用模拟电子技术和数字电子技术，这样的电子系统称为模数混合电子系统。例如，电工电子实验中用到的函数信号发生器（采用直接数字频率合成技术的除外）既具有信号源功能，又具有频率测量功能，其信号源部分采用的是模拟电子技术，而频率测量部分采用的是数字电子技术，这种仪表就可归类为模数混合电子系统。

在模数混合电子系统的设计工作中，最重要的一步是确定系统中哪一部分采用模拟电子技术，哪一部分采用数字电子技术。现代电子系统的一个趋势是尽可能多地用数字电子技术取代模拟电子技术。

## 1.2 电子系统设计的基本策略

电子系统是功能齐全、结构复杂的系统，采用什么方法（即电子系统设计的基本策略）来构建这个系统是设计者首先应考虑的问题。由于电子系统的复杂性，所以到目前为止还没有一种规范的构建整个电子系统的方法。但是，人们从实践中总结出了 3 种较为通用的电子系统设计思路：

一是自底向上的设计思路；二是自顶向下的设计思路；三是围绕核心器件的设计思路。这 3 种思路反映了电子系统设计方法上的不同策略，现分述如下。

### 1.2.1  自底向上的设计策略

长期的实践使人们在电子电路设计与调试方面积累了相当丰富的经验，熟识了各种单元电路的功能及其可达到的最佳技术指标。当需要构建一个电子系统时，人们会很自然地根据要实现的系统的各个功能要求，从熟识的单元电路中选出适用的来设计一个个功能模块，组成一个个子系统，直至系统所要求的全部功能都实现为止。自底向上设计策略如图 1-2 所示。

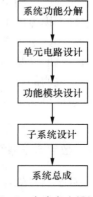

人们常将电子系统的整体指标作为上层要求来考虑，而具体的单元电路称为底层电路。因此，习惯上将这种先考虑底层电路，再用底层电路拼凑成整体的思路称为自底向上的设计策略。

**例 1-2-1**  试设计一个模拟式交流电压表，其满刻度电压测量范围为 30μV～30V，被测量信号的频率范围为 10Hz～500kHz。采用自底向上的设计策略，并给出整体方案的设计说明。

整体方案设计说明如下。

图 1-2  自底向上设计策略

根据交流电压表的功能可知，该系统应具有以下基本功能：①电压显示；②频率范围为 10Hz～500kHz 的交流信号测量；③30μV～30V 的满刻度电压测量。

（1）通常采用磁电系直流表头作为模拟交流电压表表头，来实现交流电压的显示。磁电系直流表头的满刻度电流为 50μA～200μA。例如，某型号表头，其满刻度电流为 100μA，可应用在图 1-3 所示的方案一中，放置在最后，作为显示部分。

图 1-3  交流电压表方案一

（2）由于表头指针偏转程度与流经表头的直流电流量成正比，所以首先必须将被测的 10Hz～500kHz 频率交流正弦电压信号转为直流电流信号。常用的交流转直流电路为交流检波电路，可应用在图 1-3 所示的方案一中，放置在显示部分的前面。

（3）考虑到当最小被测信号电压为 30μV 时，电压表表头指针应为满刻度，而常用的交流检波电路不可能将 30μV 的输入电压信号直接转换为 100μA 的直流电流信号，所以应考虑在图 1-3 所示的方案中设置一个放大电路。该电路应放置在交流检波电路的前面。

（4）另一方面，当输入信号电压幅度较大时，图 1-3 中的放大电路会出现饱和，所以必须设置衰减电路，以保证进入放大器的信号不会使放大器饱和。该电路应放置在放大器电路的前面。

（5）理论分析和实践表明，放大器本身会带来附加的噪声。为了保证小信号幅度测量准确，人们希望信噪比尽量大一些。而图 1-3 所示的方案中，放大器的放大倍数是不变的，根据要求，若被测信号的幅度为 30μV，则放大器必须将其放大为表头显示满刻度的电压。所以放大器的放大倍数是相当大的。当被测信号的幅度达到 30V 时，必须先用衰减器将其衰减至 30μV 再放大。这样一来，被测信号通过衰减器后信噪比会大大降低，故图 1-3 所示的方案需要进一步修改。

（6）为了尽可能保证交流电压表的处理过程有合适的信噪比，可采用图1-4所示的方案。该方案将方案一中衰减器和放大器都分成二级。前级放大器放大倍数较大，后级放大器放大倍数较小；而前级衰减器衰减量较小，后级衰减器衰减量较大。当被测信号幅度较小时，输入信号经过前级衰减器、前级放大器及后级放大器，同时令后级衰减器衰减为零，这样，输入小信号得到两级放大。当被测信号幅度较大时，通过量程开关，使输入信号跳过前级放大器，经两级衰减器衰减后进入后级放大器，这样可使大信号的信噪比得到很好的保证。

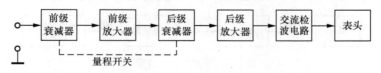

图1-4 交流电压表方案二

例1-2-1所用的就是自底向上的设计策略，在应用这种策略时也需要进行整体考虑，但其设计方法的主要特征是用已知电路去实现各个功能，从而拼凑出整个系统。如果一次拼凑不成功，则需反复修改、反复拼凑，直至达到系统的整体要求。

显然，由于在设计过程中单元电路设计在先，设计人员的思想将受限于这些已设计出的或选用的现成电路，不容易实现系统化的、清晰易懂的以及可靠性高的、可维护性好的设计。但自底向上设计策略也并非无用武之地，它在系统的组装和测试过程中是行之有效的。

## 1.2.2　自顶向下的设计策略

自顶向下的设计策略：首先根据系统技术指标，准确描述并分析系统功能；然后将系统划分为若干个相对独立、功能各异的功能模块，并对各个模块的功能及模块之间的信号关系进行描述，同时设法验证各个模块组合后的功能是否能达到系统的整体要求；接着进行功能模块的设计；最后根据需要将模块进一步分解成下层子模块或者底层的单元电路，进行底层的单元电路设计。自顶向下设计策略如图1-5所示。

自顶向下设计策略的特点是逐步细化、逐步验证、逐步求精。由于每一步细化的过程中都要对方案的可行性进行验证，因此，当细化到底层时，对各个电路的要求已经十分明确。这种自顶向下的设计策略可以避免因底层电路变化而更改整个系统构成的情况，有利于提高设计工作的效率。

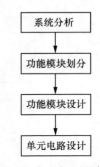

图1-5 自顶向下设计策略

例1-2-2 试设计一个超声波测距系统，要求：①由电路发送一个脉冲信号FS；②脉冲信号遇到被测物体后产生反射，反射波回到发送端，被定义为回波信号HB；③测距系统根据回波信号的到达时间计算出被测物体与测量电路的距离并显示出来。采用自顶向下的设计策略并给出整体方案的设计说明。

整体方案设计说明如下。

根据设计要求，可画出超声波测距系统的顶层结构，如图1-6所示。根据超声波测距原理，可设计出测距系统工作流程，如图1-7所示。测距系统启动后，电路产生发送信号FS，并通过超声波转换器发送；

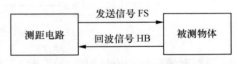

图1-6 超声波测距系统的顶层结构

信号遇到被测物体反射回发送端；超声波转换器接收回波信号 HB；系统通过测量发送信号 FS 与回波信号 HB 之间的时延 SJ，根据超声波传输速度算出被测物体距离测量系统的距离 XS 并显示。据此，可将系统划分为控制器、数据处理器、超声波发送转换器、超声波接收转换器和距离显示器 5 个部分。

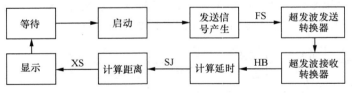

图 1-7　测距系统工作流程

　　根据系统的工作流程，可以推导出此系统的初始结构，如图 1-8 所示。对图 1-8 进一步细化，可得到细化后的系统结构，如图 1-9 所示。从图 1-9 可以看出，启动系统后，控制器通过发送开始信号（FSKS）命令发送信号电路产生发送信号 FS，并通过超声波发送转换器发送。发送结束后，发送信号电路反馈发送结束信号（FSJS）给控制器，随后控制器发送接收开始信号（JSKS），启动回波接收延时计算电路。回波接收延时计算电路接收到回波时，会向控制器发送一个接收结束信号（JSJS），并将延时信号 SJ 发送给距离计算电路，计算出距离（XS）值并显示。控制器收到信号 JSJS 后发送显示开始信号（XSKS），命令显示计数电路启动，显示指定时间后，显示计数电路发送显示结束信号（XSJS），通知控制器测距结束。

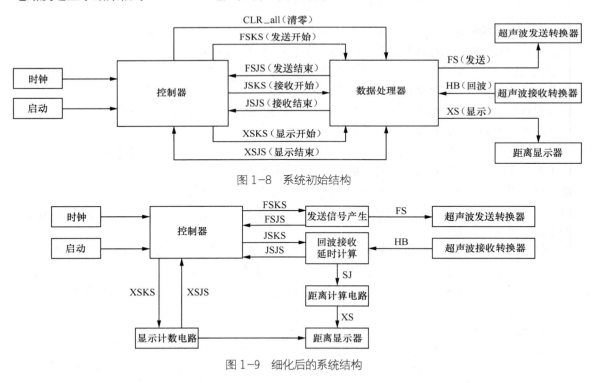

图 1-8　系统初始结构

图 1-9　细化后的系统结构

　　根据系统结构和设计原理，可确定系统算法流程图，如图 1-10 所示。

系统算法流程图根据一定规则可转换成算法状态机（Algorithmic State Machine，ASM）图，以此确定数据处理细节，推导出控制器状态转移表，实现数据处理器和控制器的设计。

随着电子设计自动化（Electronic Design Automation，EDA）技术的发展，一些 EDA 软件公司已推出了性能完善的 EDA 软件。这些软件允许用户用高级语言（如 C 语言）来描述电子系统的整体功能（逻辑），在此基础上由计算机自动将整体划分为多个功能模块，同时对划分后的各模块以及模块之间的关系进行功能仿真。如有必要，可再将某些模块进一步划分为更小的模块。在整体模块功能仿真成功的情况下，将模块功能转化为硬件描述语言（Hardware Description Language，HDL），使模块变为最终的电路。

由于自顶向下的设计策略具有由表及里、从全局到局部、逐步求精等特点，这一策略特别适用于电子设计自动化技术，所以自顶向下是目前电子系统设计中流行的设计策略。

### 1.2.3 围绕核心器件的设计策略

由于微电子技术的飞速发展，集成电路的规模越来越大，功能越来越强，以前需要用众多分立器件或中小规模集成电路构成的特定功能的电路，现在往往已被集成在一片或几片集成电路上。目前，一个电子系统集成在一块集成芯片上的产品被称为在片系统（System On Chip，SOC），它的出现对电子系统的设计产生了巨大影响。我们称这类芯片为核心器件。核心器件功能完善，对外围电路和外部信号都有具体的限定条件，一旦在电子系统中采用这类器件，整个系统的结构都必须符合这类器件的要求，因此此类电子系统的设计带有围绕核心器件进行的特点。我们称电子系统的这种设计策略为围绕核心器件的设计策略。

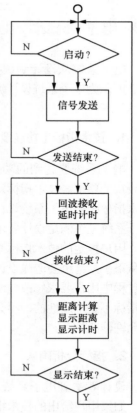

图 1-10 系统算法流程图

**例 1-2-3** 试设计一个数字式频率计，要求被测信号波形为正弦波、三角波和矩形波，测试频率范围为 0.1Hz～10MHz。采用围绕核心器件的设计策略，并给出整体方案的设计说明。

整体方案设计说明如下。

数字式频率计可采用专用测频单片集成电路进行设计。以单片集成频率计数器 ICM7216D 为例。由于 ICM7216D 可测量频率范围为直流至 10MHz 的脉冲信号，其本身内含十进制计数器、七段译码器、8 位位码驱动器等，故可围绕它增加一些辅助电路，很方便地实现数字式频率计的设计，如图 1-11 所示。

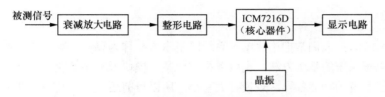

图 1-11 围绕核心器件设计的设计方案

## 1.3 电子系统设计流程

电子系统从设计到调试成功需要经历多个环节，图 1-12 所示为电子系统设计流程。现将这一流程的各个环节分述如下。

### 1. 技术指标（功能要求）

电子系统要达到的功能和电气技术指标称为技术指标或功能要求。技术指标是由用户或上级工程师提出的。技术指标既是电子系统设计要达到的目标，也是用户判断电子系统是否满足设计要求的标准。

用户拟定的技术指标必须完整、明确，否则设计人员无从下手，甚至会造成设计返工。但是，实践中常常有设计过程中用户要求修改技术指标的情况，如果需修改的技术指标不是全局性的，不会对整个设计造成重大影响，还是允许修改的。

### 2. 指标分析确认

设计者拿到电子系统的技术指标后，首先要理解指标。如果用户给出的技术指标不规范、内容不明确，则需要与用户沟通，最后选择双方认可的规范的方式来表达技术指标。

当电子系统非常复杂，尤其是技术指标中有一些逻辑功能描述时，由于目前尚无一种十分规范的方式可以毫无歧义地描述复杂逻辑功能，所以必须用双方都能明白的方式对技术指标加以确认。

在双方确认技术指标的前提下，设计方必须对用户提出的技术指标的可行性进行分析。电子系统的可行性涉及众多因素（这些因素将在 1.4 节中进行介绍），完成可行性分析后才能开展设计工作。在技术领域，因没有进行可行性分析或可行性分析失误而造成损失在实际工作中是屡见不鲜的。

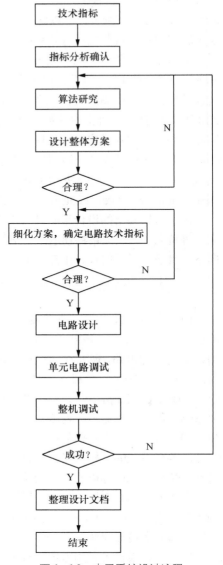

图 1-12　电子系统设计流程

### 3. 算法研究

在设计电子系统时，人们常把构建电子系统的基本方法称为算法。算法是个宽泛的概念，它可以指构建整个电子系统的基本方法，也可以指实现某一模块或电路功能的方法。

由于不同电子系统的功能各异，规模有大有小，所以目前还没有一套通用的方法可以推导出各种电子系统的算法，只能依靠设计者的理论知识和实践经验，根据具体的条件来确立合理的算法。本书在给出设计课题之后，大都给出了相关系统算法的提示，读者可从中认真体会。

在确定算法时，有许多必须考虑的因素，这些因素将在 1.4 节中进行介绍。

### 4. 设计整体方案

设计整体方案是指根据算法的需要，将电子系统划分为功能不同的模块，以方框图的形式表示系统由哪些模块构成以及各模块间的关系。实现某一电子系统往往有多种方案，在确定方案之前应该反复比较各种方案的优缺点，做到取长补短、综合考虑，找出最佳方案。

判断方案优劣的标准不是唯一的，它与电子系统的开发目的有关。例如，当某一电子产品的开发要求快速，以便尽早占领市场时，采用不十分先进但非常成熟的技术更好；若某一产品定位为技术领先，则应尽量采用新器件、新技术，这样做会因为设计人员缺乏经验而使开发时间长一些，但仍可认为是最佳方案。

### 5. 细化方案，确定电路技术指标

由于电子系统的功能最终是由电子电路实现的，因此方案自顶向下细化的结果是对处于底层的电子电路提出要求，这些要求要用电路技术指标来反映。

需要说明的是，在电子系统设计中，系统的整体技术指标是根据用户提出的要求来确认的，但是，下层模块或者电路技术指标一般要由设计者自行确认。要保证电路技术指标合理可行，设计者不但要有扎实的理论功底，还必须具备丰富的实践经验。

电路技术指标确定后，还必须考虑其合理性和可行性。电路技术指标是否合理，需要通过实验来判断。如果设计者经验丰富，则往往可根据经验直接做出判断。

确定电路技术指标时，考虑到最终实际实现的电路总会存在误差，多个电路的误差累积后可能会使总误差无法满足整体误差要求。为避免这类问题，设计者往往会在电路技术指标中留出一定的余量。换言之，就是使电路技术指标更严格一些。例如，若原先要求某放大器的电压放大倍数 $A_u = 50$，误差≤10%，为留出余量，可令误差≤5%，另外的 5% 作为余量。

### 6. 电路设计

电子系统是由各种电子电路构成的，在整体方案合理的前提下，电路设计往往决定了整个电子系统的质量。电路设计需要有电子线路理论的支撑，设计者需要有广博的元器件知识，更需要有丰富的电路设计和调试经验。

如果设计的是一个复杂的电子系统，则设计人员往往分为两类，一类是整体设计人员，一类是电路设计（或部件设计）人员。在一些大公司或研究所，由于分工很细，一些技术人员专门负责整体设计，另一些技术人员专门承担电路设计任务。

### 7. 单元电路调试

只有在所有单元电路调试成功的前提下，才能进行整机调试，因此单元电路调试是整机调试的基础。单元电路调试不但要满足技术指标要求，而且测试记录必须详尽、准确。因为，整机调试出现问题时，往往要分析各个单元电路的实际技术指标，从中找出问题原因。

### 8. 整机调试

电子系统的设计成功与否，必须通过对整个系统进行严格测试来确定。如果整机调试时某项技术指标不符合要求，必须查找原因。若是整体方案不合理造成的，则必须修正整体方案；若某些电路有问题，则必须重新设计电路。复杂的电子系统大都需要经过多次整体方案和电路设计的

修正才能达到设计要求。

### 9. 整理设计文档

设计文档是指设计过程中产生的各种文件，它贯穿于设计的整个过程，包括用户给出的原始技术指标、双方确认的指标、算法论证方案、整机方案、电路设计方案、单元电路和整机调试记录、验收报告、设计总结等。

规范的设计文档不仅是当前设计工作的全面反映，还是后续生产、维修和产品升级的重要依据。

## 1.4 电子系统设计时应考虑的主要因素

到目前为止，我们在讨论电子系统设计时所涉及的主要是电子电路本身实践方面的问题，而在实际工作中，电子系统设计还必须考虑其他因素，这些因素有的涉及一门课程，如电子系统的可靠性、可测性、电磁兼容性等。本节不可能详尽地介绍所有涉及的因素，只能概括地介绍有关概念，以帮助读者形成初步的认识，以便今后进一步深入学习。

电子系统设计时应考虑的主要因素有算法、元器件、设计工具、可靠性与可测性、电磁兼容性、可行性以及其他因素等，现分述如下。

### 1. 算法

算法在数学中是指解决数学问题的方法，电子技术领域借用了这一名词，其含义为解决电子系统或部件技术问题的基本方法。

在电子技术领域，一些电子系统的算法已经成熟，并且已经形成了公认的国际标准。例如，数字通信设备的语音处理系统、信令系统等都已经标准化了。研制包含这类电子系统的设备时，所有算法必须依据相关国际标准，否则，设计出的设备与其他厂商的设备无法互通。设计这类电子系统时，用户都会明确指出必须符合的标准，设计者不必自行研究算法，只需解决技术实现方面的问题。

当没有算法标准时，设计者必须考虑如何解决算法问题。由于目前还没有一种通用的方法可以保证设计者逐步导出所需的算法，因此至今电子系统算法的研究，还必须依赖设计人员的专业知识、电路理论功底和实践经验，以及创造性。

在选择算法之前，一般应确定实现电子系统的技术方向。换言之，就是要确定设计的是一个模拟电子系统、数字电子系统还是一个模数混合电子系统，还要确定在系统构成时是否采用智能型器件，如单片机（MCU）、数字信号处理器（DSP）或中央处理器（CPU）等。

本书实践篇中各个设计课题会给出各种电子系统算法的提示，读者可认真体会。由于本书是电子电路课程设计的配套教材，所以没有涉及智能型器件（如单片机、数字信号处理器）方面的问题。

### 2. 元器件

元器件是构成电子系统的物质基础。在电子技术发展的初期，尤其是当集成电路未出现时，元器件常常被称为零件，常被比作建筑高楼大厦的砖瓦。目前，集成电路的飞速发展，高度集成化功能电路、单片集成系统及嵌入式系统的出现，使得元器件不再处于零件的地位。在有些情况下，一块或几块核心集成器件就能决定电子系统的设计和构成，这类器件已不是"砖瓦"，而是"大厦"的核心。

有经验的电子电路设计人员熟知各种常用元器件的性能，时刻关注当前元器件的发展，了解元器件的市场行情，这是因为元器件的选择往往能决定电路设计的成败。笔者曾设计过一个对旁频防卫度指标有非常高要求的锁相电路，最初在选择其中一只滤波电容时，出于对减小电路体积的考虑，选用了一个体积小的涤纶 CL 型电容，由于调试时该指标一直不合格，因此改换了一个体积大但品质因数好的聚丙 CB 型电容，问题便迎刃而解。

元器件的选择不但要考虑功能，还要考虑元器件类型的接口（如 TTL 与 CMOS 器件的接口）、功耗、生产厂商以及价格等。所有元器件（如晶体管、集成电路）都有其"生命"周期，即它要经历上市试用、品质成熟、大量推广、逐步退出、完全停产等阶段。如果不了解元器件当前所处的生命周期阶段，误选了将要或已经停产的元器件，将对以后的生产和维修带来不利影响。

### 3. 设计工具

在计算机技术尚未普及的时代，电子电路设计和分析主要依靠人工完成，那时所能借助的设计工具主要有计算尺和手摇计算器等。由于这些工具功能有限，无法完成精确而复杂的分析计算，所以，那时所建立的元器件模型都只能简化和"理想化"。针对这类简化模型所进行的电路分析精度较差，计算结果往往与实际情况有较大差距，要实现设计目标还必须反复调试和反复修改设计。由此可见，设计工具落后不但会使产品的开发效率低下，还将影响产品质量。

随着计算机技术的发展，许多电子电路设计的应用软件应运而生并迅速得到普及。由于计算机有着强大的计算能力，电子元器件不再采用简化和理想化的模型，而是采用与实际物理特性十分吻合的复杂模型，这使得设计时的计算结果与实际情况基本相符，从而大大减少了后续调试和修改的工作量，极大地提高了设计工作的效率。从前电子产品开发的周期为 2～5 年，而目前借助计算机技术，一般只需 3～6 个月。

经设计和调试后完成的第一台产品称为样机。样机满足技术指标后还不能大批量投入生产，一般要经过小批量试产，再进行中批量试产，待市场反馈信息证明其质量可靠后才能大批量生产。必须进行中小批量试产的一个重要原因是元器件的分散性。由于同一型号的元器件在特性和误差上不尽相同，设备中更换同一型号的元器件有可能引起整机技术性能的变化。一台设备往往由成百上千个元器件组成，每个元器件都具有分散性，这种情况下照样机图纸装配出的另一台设备，其性能与样机必定有差异，只有差异在指标允许范围内才可认为该设备合格。早期由于元器件很多，无法用手工方式对元器件误差带来的影响进行全面分析，所以只能靠中小批量试产这种方法来分析元器件分散性的影响。采用计算机技术后，计算机的高速运算能力使得对各个元器件的分散性影响进行分析成为可能，因此产品质量的可控性有了极大的提高，试生产的时间大为缩短。

在电子产品设计中，还常常会遇到产品质量与价格的矛盾。例如，为保证产品质量，需要选用高精度、高性能的元器件，但是，这样的元器件成本高，必然使产品价格高，而价格对设备的市场效果有重大影响。反之，若选用低性能的元器件，尽管产品价格便宜，但是质量不高同样会影响产品的销售。解决这一矛盾需要找出质量与价格的合理折中点。可以为这个问题建立一个数学模型，然后求解，找出合理的设备质量要求和元器件价格要求。目前一些电路设计软件已提供这一功能，选用这类软件不但可以解决电路设计的技术问题，还能为产品的质量控制和市场销售提供帮助。

### 4. 可靠性与可测性

评价一个电子产品的好坏主要从可靠性、性能和价格 3 个方面来考虑，其中可靠性是第一位的。根据国际电工委员会（International Electrotechnical Commission，IEC）的定义，可靠性是指系统在规定条件下和规定时间内完成规定功能的能力。为了便于比较产品的可靠性，人们又引入了平均无故障工作时间（Mean Time Between Failures，MTBF），它是指两次相邻故障间的平均工作时间。

$$MTBF=\frac{总工作时间}{故障次数}（h）$$

影响可靠性的因素有电路设计质量、元器件的可靠性、元器件数量、生产工艺和工作环境、系统的可靠性结构类型等。元器件的可靠性可用失效率表示。失效率指工作到某时刻尚未失效的产品在该时刻后单位时间内发生失效的概率。在计算平均无故障工作时间时，每一个元器件的失效率和每一个焊点虚焊的影响都必须考虑在内。

在早期，为了提高产品的可靠性，人们往往从生产过程中的各个环节着手。自 20 世纪 40 年代起，人们认识到从设计阶段就必须考虑可靠性的问题，为了提高产品的可靠性，人们常从容错和避错两方面着手。

容错的主要思路是，在系统中设置一些备用部件（或设备），一旦出现故障，系统能自动监测出故障部件（或设备）并自动将备用部件（或设备）倒换上去，从而使系统工作不受影响。

避错的主要思路是，设计和生产不会产生故障的设备。实际上这是做不到的，因此应使设备的故障便于检查，尽量缩短出现故障后的查找时间。为此，人们又提出了一个可靠性的指标：平均修复时间（Mean Time To Repair，MTTR）。平均修复时间的长短取决于系统是否便于测试，所以在系统设计时，可测性是一个非常重要的方面。当代一些电子设备尽管没有容错能力，但往往有自动侦错能力，当设备出现问题时，能够自动检测并指出故障部件。

电子系统的可测性不但会影响可靠性，还与系统技术指标的评定有关。如果数字电路有 $n$ 个输入变量，要验证该电路是否符合设计要求，一般要进行 $2^n$ 次测量。例如，测量一个 32 位加法器时，其两个加数共有 64 位，考虑进位后共有 65 个输入变量，$2^{65}$ 次测量是难以想象的。因此，为解决可测性问题，必须在整体方案上有所考虑，否则将面临无法测试的局面。

可靠性和可测性的问题超出了本书的教学要求，有兴趣的读者请参阅相关文献。

### 5. 电磁兼容性

电磁兼容性（Electromagnetic Compatibility，EMC）有两层含义：一是指电子系统在其工作的电磁环境下能否正常工作；二是指该电子系统本身形成的电磁信号对其周围的影响程度。在设计电子系统时，既要考虑如何减少自身产生的和外部存在的电磁信号对本系统的不利影响，又要考虑如何将本系统产生的电磁干扰信号抑制在允许范围内。

电子系统的电磁兼容性涉及诸多因素，如设备整机的屏蔽结构和材料、设备的接地、元器件电磁辐射和屏蔽、导线的电阻、电源中干扰信号和内阻、分布参数和静电等。其中有一些因素是难以量化的，如果处理不当，不但会影响设备的电磁兼容性，还可能导致整个系统的技术指标无法达到要求。因此，电磁兼容性是电子系统设计必须考虑的一个因素。

电磁兼容性涉及的问题较多，本书 3.3 节将介绍与电子电路设计相关的一些概念，有对电磁兼容性较全面的介绍。读者也可参阅相关文献。

### 6. 可行性

在实际工作中，设计者在接收电子系统技术指标后，必须综合考虑上述各项因素，对设计任务的可行性做出正确的判断，绝不可未做分析就盲目着手设计。在电子系统设计时必须考虑算法、元器件来源、可靠性和可测性要求、现有的人员及设备条件、开发时间限制、市场需求等诸多因素，才能做出是否可行的判断。如果发现某些因素会影响电子系统的可行性，则应与任务的下达方协商，对技术指标或其他要求进行调整，使其具备可行性。

电子系统设计的第一步是可行性论证，省略这一重要步骤或者可行性论证有误都会使电子系统的设计处于盲目状态，极易造成设计失败和人力、财力的浪费。

### 7. 其他因素

电子系统的设计不仅要考虑上述因素，还必须考虑现有人员的技术水平、电子系统先进性的定位、开发时间的限制、开发设备和支持软件完备与否、电子系统的计划寿命等因素。

电子系统设计的好坏标准往往不是唯一的，设计条件不同时，采用的标准也不同。例如，当需要尽快占有市场时，电子系统设计往往采用不很先进但十分成熟的技术，以期缩短开发时间。又如，由于微电子和计算机技术的飞速发展，微机的更新周期一般为 3～5 年，与微机相配套的部件（如键盘、鼠标），在设计时可将其寿命定为 5 年。如果一味追求设备的耐用性和长寿命，在选元器件时必须提高要求，则会增加设备的成本。

电子系统设计不但要考虑技术问题，还要考虑成本高低和市场需求等经济问题，在某些领域还必须考虑国家的法规。例如，国家已将频率资源做了划分，有的为军事频段，有的为公安频段，有的为工业频段，有的为民用频段，绝不能随意使用频率资源。在开发电子产品时，这些都是必须严格遵守的。

# 第 **2** 章　算法研究及整体方案设计

本章将介绍电子系统设计过程中的技术指标分析、算法研究、整体方案设计及模块技术指标的确定这几个重要步骤及其相关处理原则。这些步骤在电子系统设计中起着方向性和关键性的作用，在这几个步骤中的失误必然会导致整个设计的失败。

通过本章的学习，读者能了解电子系统设计中技术指标分析、算法研究和整体方案设计过程中应考虑的一些要点和基本要求。

## 2.1　电子系统的技术指标分析

技术指标是用户或上级工程师对电子系统提出的具体要求，是电子系统设计的依据，也是最后用于检验所设计和试制出的电子系统的标准。因此，对电子系统技术指标进行分析，正确领会整体的和局部的要求，是完成电子系统设计的前提。关于技术指标的任何疏漏和误解，必将造成设计工作的错误，严重时会导致整个设计的失败，造成严重损失。

### 2.1.1　常用的技术指标描述方法

电子系统的技术指标没有统一的描述格式，一般都参照国家制定的企业标准中的相关格式要求，例如，为了便于表示层次关系和便于引用，用阿拉伯数字及点号表示章、节、小节、款等，即用"1"表示第 1 章，用"1.1"表示第 1 章第 1 节，用"1.1.2"表示第 1 章第 1 节第 2 小节。此外，为便于叙述，常对技术指标进行分类描述，一般可分为功能要求、人机界面、系统结构要求、电气技术指标、机械结构、可靠性和可测性要求、工作环境（需考虑温度、湿度和振动等）、设计条件、开发时限和成本限制等。下面仅就本书涉及的几类技术指标的作用逐一说明。

#### 1. 功能要求

功能要求常用自然语言表述，以指出电子系统应具备的整体功能，以便人们了解该系统的基本性能。它一般用概括和归纳的方式提出，不涉及具体的细节，设计者从整体上明确电子系统的功能要求，有助于进一步了解后续的各项具体技术指标。

**例 2-1-1**　设计一种函数信号发生器，其功能要求摘录如下。

| |
|---|
| 1. 功能要求<br>1.1 输出信号波形 |

（1）可选择输出正弦波、三角波和矩形波 3 种波形的信号

（2）可选择调幅和调频两种调测信号

（3）有一个 TTL 输出端口，可输出与正弦波（或三角波、矩形波）同频的 TTL 信号

1.2 频率测量

（1）可自动测量并显示函数信号发生器输出的信号频率

（2）可测量外部周期信号的频率

1.3 信号占空比和电平偏移调节

（1）可以调节输出信号的占空比

（2）可以调节信号附加的偏移电平

……

读者阅读"功能要求"后，就可以对所要设计的电子系统有初步的认识。

## 2. 系统结构要求

系统结构要求一般是指电路结构上用户的要求。它是用户根据系统的功能要求、主要的输入/输出信号以及人机界面的操作要求而提出的。在采用自顶向下的设计策略时，它是最顶层、最粗略的设计方案的描述。

例 2-1-2　上述函数信号发生器技术指标中有关系统结构要求的内容摘录如下。

2. 系统结构要求

函数信号发生器系统结构由五部分组成，如图 2-1 所示。

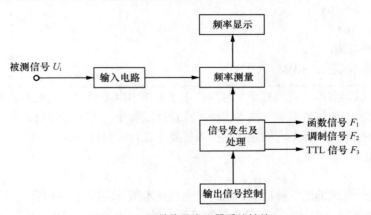

图 2-1　函数信号发生器系统结构

2.1　信号发生及处理
用于产生用户指定的各种函数信号。

2.2　输出信号控制
用于控制信号的波形、电气参数以及调试方式等。

2.3　频率测量
用于测量函数信号发生器内部产生的信号或外部输入信号的频率。

2.4　频率显示
用于显示频率测量电路的测量结果。

2.5 输入电路

用于外部输入信号的处理，以便后续的频率测量。

系统共有三类输出信号和一类输入信号。

（1）$F_1$——函数信号，由输出信号控制电路控制，它可以是正弦波、三角波、矩形波、调幅波和调频波中的一种。

（2）$F_2$——调制信号，该信号与载波信号调制后可以成为 $F_1$ 中的调幅波或调频波。

（3）$F_3$——与 $F_1$ 同频率的 TTL 信号。

（4）$U_i$——输入信号，它是外部送入函数信号发生器频率测量电路的信号，利用函数信号发生器内部的频率测量电路对外部信号进行频率测量。

由例 2-1-2 可以看出，"系统结构要求"可以用图形帮助设计者了解所设计的系统。

### 3. 电气技术指标

电气技术指标是指对电子系统各类信号处理过程的具体要求，这些要求必须以十分细致、清晰、明确的形式一一给出。

**例 2-1-3** 函数信号发生器的电气技术指标摘录如下。

3. 电气技术指标

3.1 矩形波输出信号

频率范围：1Hz～2MHz

频率稳定度：$5 \times 10^{-4}/h$

输出电压：0～10V

输出阻抗：50Ω

占空比调节范围：5%～95%

电平偏移调节范围：+3V

由例 2-1-3 可以看出，"电气技术指标"是电子系统中电路级设计的重要依据。电子系统一般只给出整体级的相关电信号的电气技术指标。在设计过程中，下层电路也必须依照电气技术指标进行设计。与系统相关指标不同的是，这些指标要由设计者自行确定。

### 4. 设计条件

用户在对电子系统提出各种功能、结构和电气技术指标的同时，往往还会提出一些限制性条件。例如，如果要求设计的设备在电信系统的机房中工作，为了统一供电，就会限定设备使用-48V直流电源。在此情况下，设计者必须选用-48V 直流电源。如果系统中适用的电源是+5V，则应通过 DC-DC 转换电路将-48V 转换为+5V。

本书考虑到实践类课程的教学特点，在电子系统或综合电路设计时也会提出一些限制条件，如元器件选用的范围、实验电路板类型等。

## 2.1.2 技术指标分析及可行性论证

技术指标分析的第一步是逐项分析各个指标的含义，明确具体要求。实践中常会遇到用户提出的某些技术指标条款叙述不清的问题，这时必须与用户沟通，以保证技术指标在理解上没有歧义。到目前为止，还没有一套规范的方法可以绝对避免数字电子系统逻辑要求的歧义，所以必须依靠自然语言、逻辑流程图、时序图等多种方式来描述逻辑要求。设计者必须将自己的理解清楚地表达出来，得到用户认可后才能着手设计。

技术指标分析的第二步是找出设计的关键性问题和技术难点，因为关键性问题往往关系到后续算法研究的目标和方向，而技术难点（也可能是关键点）往往能决定电子系统的可行性。

技术指标分析结束后，就要对电子系统技术指标的可行性进行论证。论证过程中必须综合考虑1.4 节所提到的各个因素，同时寻找论据，最后得出可行性论证结果。如果发现系统技术指标中个别款项不合理，可与用户协商修改；如果发现系统整体上不具备可行性，则应结束整个设计工作。

## 2.2　算法研究

算法原指解决数学问题的方法，电子领域则将这一词汇用来表示满足电子系统或者某局部电路技术要求的方法。

确定电子系统技术方案的途径有很多种，可以仿制或在已有电子系统的基础上进行修改，也可以综合各种相关系统的优点进行新的整合，还可以自行研究新的算法，从而研制具有创新意义的电子系统。

算法研究是一种创造性的工作，到目前为止，还没有一种通用的规范方法，只能依靠设计者的知识、经验和创造性。在以研制出设备为目标的工程实践中，还必须考虑现有理论的局限性、元器件的分散性、测量仪表的功能和精度的非理想性。

从图 1-12 所示的电子系统设计流程中可以看出，算法往往要经过多次反复研究才能最后确定。设计者在设计初期可能会提出多种算法，然后分析各种算法的优缺点，通过取长补短、结合等方式，最后找出一种最优化的算法。

下面通过两个例子来说明算法研究的过程。

**例 2-2-1**　设计一个数字式频率计数器，要求测量频率范围为 0.1Hz～10MHz，测量相对误差 $\Delta f / f$ 不大于 $5 \times 10^{-3}$。试给出实现这些技术指标的算法（注：为了突出算法的研究过程，有一些技术指标没有涉及）。

### 1. 测频常见算法

（1）算法一：直接测频法

已知频率的定义：周期信号每秒内所含的周期数。直接测频法通过计算在确定时间内待测信号的周期数，根据频率的定义计算待测信号的频率。

直接测频法的示意图和方框图分别如图 2-2 和图 2-3 所示。由图 2-3 可知，在测试电路中设置了一个闸门产生电路，用于产生脉冲宽度（简称脉宽）为 $T_s$ 的闸门信号。该闸门信号可控制闸门的导通与断开。被测信号 $U_x$ 通过输入电路送入闸门。当闸门信号到来时，闸门导通，被测信号通过闸门被送至计数电路进行计数。当闸门信号结束时，闸门关闭。计数电路记录了 $T_s$ 时间内被测信号的周期数 $N$。根据频率的定义可知，被测信号的频率为 $f_x = N / T_s$。

直接测频法的测量误差主要由两项组成：±1 量化误差和标准频率误差。总相对误差可写成这两项误差的绝对值之和。

$$\frac{\Delta f_x}{f_x} = \pm \left( \frac{1}{N} + \left| \frac{\Delta f_s}{f_s} \right| \right) = \pm \left( \frac{1}{f_x T_s} + \left| \frac{\Delta f_s}{f_s} \right| \right)$$

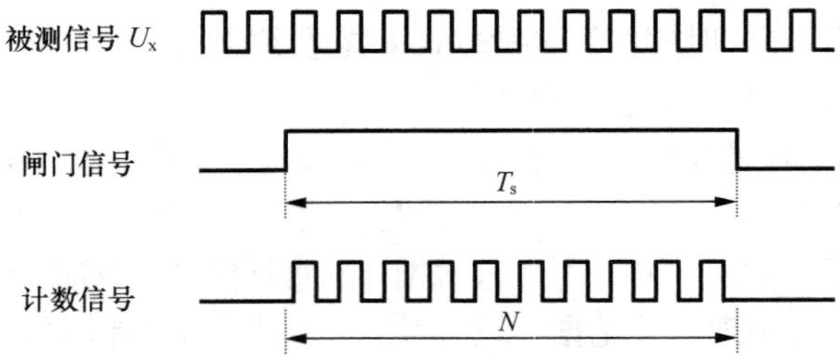

图 2-2　直接测频法示意图

被测信号 $U_x$ → 输入电路 → 闸门 → 计数电路 → 显示电路

时基 → 闸门产生 → 闸门

图 2-3　直接测频法方框图

等式右边第一项是 ±1 量化误差，由于闸门时间与第一个被测计数脉冲到来的时间关系随机，因此最大计数误差为 ±1，量化误差示意图如图 2-4 所示。显然，被测频率越高，闸门越宽，±1 量化误差越小。等式右边第二项是标准频率误差（也称闸门时间误差），它是由时基信号频率误差引起的闸门时间 $T_s$ 的误差。在实际应用中，一般要求时基信号的精度比测量要求的精度高 1～2 个数量级。

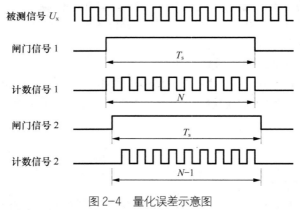

图 2-4　量化误差示意图

（2）算法二：间接测周法

间接测周法是指在被测信号 $U_x$ 的一个周期内记录下时基信号脉冲（周期为 $T_b$）的个数 $N$，通过计算被测信号周期 $T_x = N \times T_b$，得出信号频率 $f_x$。间接测周法的示意图和方框图分别如图 2-5 和图 2-6 所示。

间接测周法的误差同样也由 ±1 量化误差和标准频率误差两项构成。

$$\frac{\Delta f_x}{f_x} = \pm \left( \frac{1}{N} + \left| \frac{\Delta f_s}{f_s} \right| \right)$$

其中 ±1 量化误差即 $\pm \dfrac{1}{N} = \pm \dfrac{T_b}{T_x} = \pm f_x T_b$。显然，被测频率越低，时基信号周期越大，间接测周法的 ±1 量化误差越小。

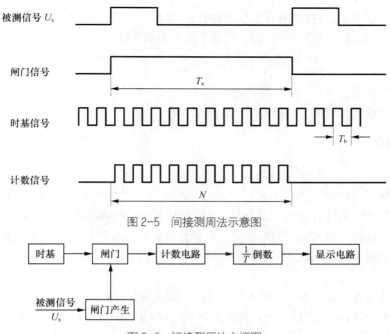

图 2-5　间接测周法示意图

图 2-6　间接测周法方框图

（3）算法三：分段法

分段法指直接测频法和间接测周法相结合的方法。分段法将所测信号分成高、低两个频段，对高频信号采用直接测频法，对低频信号采用间接测周法。此方法的目的在于兼顾从低频到高频整个频段的测量精度。高频与低频的划分可由测频和测周的误差表达式和系统设计的测量误差要求决定。

#### 2. 算法分析

例 2-2-1 中，需设计的频率计数器的测量频率范围为 0.1Hz～10MHz，测量误差要求不大于 $5 \times 10^{-3}$。

若采用直接测频法，为了保证测量误差不大于 $10^{-3}$ 量级，其 ±1 量化误差和标准频率误差需均不大于 $10^{-3}$ 量级。标准频率误差主要由时基信号误差引起，目前晶体振荡器精度可以达到 $10^{-4}$ ～ $10^{-5}$ 量级，能够满足要求。而 ±1 量化误差等于 $\dfrac{1}{f_x T_s}$，要不大于 $10^{-3}$ 量级，$f_x T_s$ 需大于 $10^3$ 量级。

这对于低频的信号而言，则意味着闸门时间需非常长，例如，0.1Hz 信号需 $1 \times 10^4$ s 的闸门时间，测量时间过长，不符合测量习惯。所以直接测频法适合测量频率较高的信号，不适合本例。

间接测周法与直接测频法类似，它的误差也由 ±1 量化误差和标准频率误差组成。它的量化误差 $f_x T_b$ 需不大于 $10^{-3}$ 量级。对于高频信号，如 1MHz 信号，时基周期 $T_b$ 需小于 $10^{-12}$ 量级，即时基频率需要达到 1000MHz，这使得器件成本过高，且抗电磁干扰设计难度太大。所以间接测周法比较适合测量频率较低的信号，不适合本例。

分段法将所测信号分成高、低两个频段，对高频信号采用直接测频法，对低频信号采用间接测周法，这增加了系统的复杂度，但可以兼顾高频和低频的测量精度，能满足例 2-2-1 的要求。例如，可取中界频率为 1kHz，1kHz 以上采用直接测频法，闸门时间取 1s，1kHz 以下采用间接测周法，时基频率取 1Mz，这样即可满足本例的精度要求。

**例 2-2-2** 试设计一数字电子系统，完成 7 阶多项式求值：

$$P_7(x) = \sum_{i=0}^{7} p_i x^i$$

试确定该系统的算法。

实现多项式求值可用的算法较多，此处给出 3 种。

### 1. 常见算法

（1）算法一

多项式展开为 $P_7(x) = p_7 x^7 + p_6 x^6 + p_5 x^5 + p_4 x^4 + p_3 x^3 + p_2 x^2 + p_1 x^1 + p_0$。直接按此式计算多项式的值，需要 6 个能计算 $x^i$ 的运算部件、7 个能计算 $p_i x^i$ 的乘法器及 7 个加法器。该算法的优点是速度快，但硬件成本太高，因为仅实现 $x^i$ 运算的硬件成本就非常高。该算法不需要控制器，因此设计出的电路不能称为数字电子系统。

（2）算法二

将该多项式分解为 $ax+b$ 形式的多个子算式，依次进行计算。

$$P_7(x) = ((((((p_7 x + p_6)x + p_5)x + p_4)x + p_3)x + p_2)x + p_1)x + p_0$$

首先计算 $p_7 x + p_6$，然后计算 $(p_7 x + p_6)x + p_5$，依次计算直至得到 $P_7(x)$。该算法每次仅完成 1 个 $ax+b$ 的计算，需经过 7 次计算才能求得 $P_7(x)$ 的值，运行时间较长，但硬件成本很低。如果忽略存储器和用于循环次数控制的计数器，则该算法仅需要 1 个乘法器和 1 个加法器。这种分解算法称为霍纳（Horner）算法，其流程图如图 2-7 所示。

（3）算法三

将该多项式分解为 $ax+b$ 和 $x^2$ 形式的子算式，一次可同时进行几个计算。

$$P_7(x) = [(p_7 x + p_6)x^2 + (p_5 x + p_4)]x^4 + (p_3 x + p_2)x^2 + p_1 x + p_0$$

设 $A = x^2 = x \times x$, $B = p_1 x + p_0$, $C = (p_3 x + p_2)$, $D = (p_5 x + p_4)$, $E = (p_7 x + p_6)$, $F = x^4 = A \times A$, $G = AC + B$, $H = AE + DF$，则第 1 次首先并行计算 $A$、$B$、$C$、$D$、$E$ 这 5 个子算式，第 2 次并行计算 $F$、$G$、$H$ 等子算式，第 3 次通过计算 $H+G$ 就可得到 $P_7(x)$。如果不计存储器，该算法需要 5 个乘法器和 4 个加法器，硬件成本稍高，但运行时间很短。这种分解方法称为埃斯特林（Estrin）算法，其流程图如图 2-8 所示。

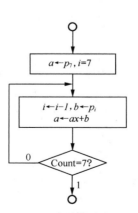
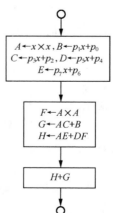

图 2-7　霍纳算法流程图　　　图 2-8　埃斯特林算法流程图

### 2. 算法分析

在满足系统要求的前提下，系统结构复杂度与算法的复杂度往往呈负相关。系统算法越复杂，系统结构往往越简单。需根据系统提供的硬件条件来选择相应的算法。

## 2.3 电子系统整体方案设计

电子系统的算法给出了完成系统功能要求的基本方法和思路，为了使算法得以实现，必须设计出对应的电路。但实践表明，直接依据算法设计电路是很不方便的，可行的方法是分析算法中所含的处理信号方法的类别（如放大、整形、计数、显示等），将系统划分为若干个功能模块。各个模块功能单一，便于进行电路级设计；各个模块合理分工，可以共同完成整个系统的设计要求。根据算法要求，将电子系统划分为若干个功能模块，这一过程称为整体方案设计。

在表示整体方案时，常用一些矩形方框表示不同的功能模块，方框内部用文字说明该方框所代表的模块的功能，方框之间用带有箭头的直线表示信号的流向或控制关系，用文字来表示传输的信号的名称。这种用方框和直线表示电子系统构成以及其内部各模块及信号相互关系的图称为方框图（简称框图）。由于方框图有利于从整体上描述电子系统的构成原理和信号处理过程，所以设计者常用方框图及对其的说明文字来描述电子系统整体方案。

实践中，根据算法来设计所需的电子系统整体方案还没有统一的规范和方法，由同一种算法设计出的整体方案也不是唯一的，但是在设计整体方案时，有些要求具有共性。下面介绍一些电子系统整体方案设计时应考虑的原则。

### 1. 自顶向下，逐步细化

自顶向下是一种设计策略，在设计整体方案时，可根据系统的功能和复杂程度，先将系统划分为几个大的模块。若仍嫌模块复杂（例如，该模块是一个子系统），则可将其再划分为更小的模块，直至模块的大小与复杂程度便于电路级设计为止。

### 2. 模块功能单一，大小适度

模块是依据功能上的差别来划分的，为了使整体方案中的各个模块分工明确，应尽量使一个模块只完成一个主要功能。模块的电路复杂度和规模应适中，以便于分工设计。一些大型的电子设备往往是由许多模块构成的，在设备中，这些模块称为"盘"，每个盘都是一个独立的部件，可以从设备上拔出。这些盘的尺寸相同，机械结构一致，可通过设备的背板将它们联结成一个整体。设计时往往以盘为单位分配设计任务。

### 3. 模块之间的信号传递尽可能关系简单

从提高设备的可靠性考虑，为了缩短电子系统中故障的查找时间，系统中各个模块之间的联系越简单越好。如果一个模块只有一个输入信号和一个输出信号，则只需检查这两个信号是否正常即可判断此模块是否有故障。而多个模块之间都有信号联系，信号之间又互为因果关系，只要其中一个有故障，其他所有模块的信号都会受影响。在这种情况下，故障判断将十分困难。这会增加故障的修复时间，从而会使系统可靠性下降。

为了提高系统的可靠性和可测性，应该使划分后的模块之间的关系尽量简单。尽管这样可能会增加模块的数量，甚至会增加设备成本，但是，系统可靠性的提高会使设备更具市场竞争力，可测性的提高有助于加快设备研制速度，从总体上看往往是有利的。笔者曾作为设备的验收方参加过一个通信设备的技术转让项目的工作，验收时发现设备的某些重要指标达不到要求。设计方查找问题时，所有的单盘（模块）设计者都声称自己设计的盘没有问题，但由于总设计师在整体方案设计时没有充分考虑可测性，最后难以对各个盘进行测试和评价，导致该设备研制失败。

### 4. 电路类型有利于电磁兼容性设计

电磁兼容性，以前常称为电路抗干扰问题。为了减小电路之间的相互干扰，设计方案时常要求模拟电路与数字电路尽可能不安排在一起，功率大的信号与功率小的信号不要靠得太近，高频信号尽可能相对独立。总之，电路的电磁兼容性设计在整体方案设计时就应认真考虑。

**例 2-3-1** 采用直接测频法，设计一个简易频率计数器，被测信号频率范围为 1Hz～10MHz，输入信号幅度 $U_{OPP} \geqslant 100\text{mV}$ 时应能测量频率。

简易频率计数器整体方案设计说明如下。

根据直接测频法，并考虑到被测信号的幅度变化及人机界面的一些操作需要，设计简易频率计数器的整体方案。简易频率计数器直接测频法方框图如图 2-9 所示。

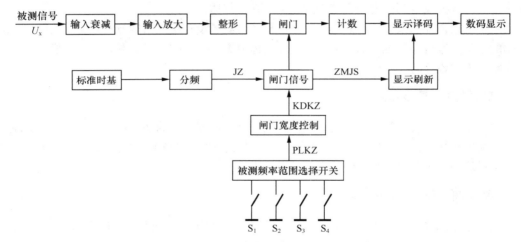

图 2-9　简易频率计数器直接测频法方框图

实际设计中，设计者应对方案的方框图进行详尽的说明。这里为使举例简洁，仅对其中部分模块进行说明。

（1）输入衰减。当输入信号电压幅度较大时，通过输入衰减电路将电压幅度降低。

（2）输入放大。当输入信号电压幅度较小，前级输入衰减为零时仍不能驱动后边的整形电路，则调节输入放大的增益，使被测信号得以放大。

（3）整形。被测信号可能是正弦波、三角波、锯齿波等各种波形的信号，而后面的闸门或计数电路要求被测信号为矩形波，所以需要设置一个整形电路，以便将各种波转换为矩形波。

（4）被测频率范围选择开关。由于被测信号频率范围为 1Hz～10MHz，如果只采用一种闸门信号，则闸门宽度必须至少大于 1s。此时若被测信号频率较高，计数电路的位数要很多，而且测量时间过长，给用户带来不便。所以可将频率范围设为 4 挡：1Hz 挡（见图 2-9 中 $S_1$）采用 10s

闸门宽度；10Hz～1kHz 挡（见图 2-9 中 $S_2$）采用 1s 闸门宽度；10kHz 挡（见图 2-9 中 $S_3$）采用 0.1s 闸门宽度；100kHz～10MHz 挡（见图 2-9 中 $S_4$）采用 0.01s 闸门宽度。设置了这 4 挡后，可使后面的计数器位数适中，测量时间只是在 $S_1$ 挡较长。

（5）显示刷新。频率计数器工作时每隔一段时间测量一次，测量后将上一次显示的测量结果消除掉，更新并显示新的测量结果。刷新时间与闸门宽度有关，一般为 1～2s 刷新一次。但是，当闸门宽度为 10s 时，刷新时间必须大于 10s。

（6）ZMJS。ZMJS 是表示闸门结束的信号，闸门脉冲结束后，这个信号会通知显示刷新电路对显示译码进行刷新。

（7）KDKZ。KDKZ 是表示闸门宽度控制的输出信号，它用于控制闸门信号产生电路输出的闸门宽度。

需要说明的是，图 2-9 所示的方案不是唯一的整体方案，同时各方框之间的信号也没有详尽列出，这里只是通过例 2-3-1 告诉读者整体方案的描述形式，以供参考。

## 2.4  整体技术指标的分解与单元电路技术指标的确定

整体方案确定后，电子系统已被划分为多个模块，各个模块将承担不同的功能。在设计这些模块之前，必须为其设立可以量化的技术指标，以作为设计依据和验收标准。为整体方案中各个模块确定技术指标，实际上是对整体技术指标的分解。一般情况下，整体技术指标是由用户提出的，而模块技术指标大都由设计者确定，因此，整体技术指标的分解和模块技术指标的确定是设计过程中的重要环节。

在分解整体技术指标、确定各模块技术指标时，应注意以下两个方面的问题。

### 1. 根据整体要求，合理确定模块技术指标

现举例说明如何合理地确定模块技术指标。

**例 2-4-1**  试确定图 2-9 所示的方案中"计数器"模块的技术指标。

**设计说明**

整体技术指标要求频率测量误差在 1kHz 以上时不高于 $5 \times 10^{-3}$。由这一要求可知，若要反映这一精度的频率测量值，必须使显示的数字不少于 4 位。另一整体技术指标要求被测信号的频率最高为 10MHz，而若要反映 10MHz，则需要 6 位数字。由于计数电路和显示电路成本较低，位数多一些有利于测量，故确定计数器为 6 位十进制 8421BCD 码计数器。

**例 2-4-2**  试分析如何确定图 2-9 中时基电路的技术指标。

**设计说明**

由于整体技术指标中 1kHz 以上的频率测量误差要求低于 $5 \times 10^{-3}$，而误差产生的主要原因之一是闸门宽度的精度不足。闸门宽度是由时基电路产生的，其精度取决于时基信号的精度。因此，时基信号必须有较高的频率准确度和稳定度。一般来讲，要求时基信号的精度比测量误差要求高 1～2 个数量级，即要求时基电路产生的信号误差低于 $10^{-4} \sim 10^{-5}$。目前晶体振荡器可以达到 $10^{-5}$ 误差要求，故可确定时基电路的频率误差低于 $5 \times 10^{-5}$。此外，考虑到闸门宽度（0.01s、0.1s、1s 和 10s）均是 10 倍关系，为了便于多次 10 分频，时基信号频率应是 10 的 $N$ 次方。综合考虑晶体的体积、振荡与分频电路的性价比等因素，时基信号振荡的频率为 10MHz 较为合理。输出电平为 TTL 电平，以便于与后续的电路相接。

**例 2-4-3** 试确定图 2-9 所示的方案中输入放大模块的技术指标。

**设计说明**

整体技术指标要求输入信号电压 $U_i \geq 100\text{mV}$ 时能够测量频率。据有关资料，采用标准数字器件时，整体电路输入信号的触发电平 $U_+ = 3\text{V}$ 较好，而输入信号的峰值电压 $U_{OP} = 100\text{mV} \times 1.4 = 140\text{mV}$，故放大器的放大倍数最小应为 $\dfrac{U_+}{U_{OP}} \approx 21.4$ 倍，可取 22 倍。由于输入信号的幅度是随机的，为了适应不同的输入信号，取放大器的放大倍数可调范围为 $1 \sim 22$。另外，为了减少放大器对被测信号源的影响，要求放大器输入阻抗应大于 $100\text{k}\Omega$。

### 2. 合理分配误差，各模块技术指标要留有余量

在有些电子系统中，整体误差要求分配给了相关模块，换言之，相关模块的误差累加将成为整个电子系统的误差。因此，拟定各相关模块误差值时，不但要合理地将整体误差要求分配给各模块，还应使各模块的误差更小一些，留出一定的余量。所谓误差的余量，可以这样说明：若分配给某模块的放大倍数的误差是 3%，实际要求的误差小于 1%，此时，该放大器的误差留有 2% 的余量。

**例 2-4-4** 若要求图 1-4 所示的交流电压表中频段电压测量误差 $\leq 2.5\%$，试为图 1-4 中的各模块分配误差指标。

**设计说明**

表头误差是出厂时已经确定的，电路设计者只能根据误差要求购买合适的表头。本例可选用误差为 1% 的表头，即分配给表头的误差为 1%。

前级衰减器和后级衰减器可由无源器件构成，可通过选用稳定性好的金属膜高精度电阻，将它们衰减值的误差均控制在 0.1% 以内。

前级放大器的放大倍数不高，可以采用深负反馈电路，故其电压放大倍数的误差也控制在 0.1% 以内。

后级放大器一般与交流检波电路共同调测。由于后级放大器的放大倍数较大，而且交流检波电路易受器件非线性影响，误差控制较其他电路要难一些，故这两级放大倍数转换为有效值，总的误差为 0.7%。同时，为了调整整个系统的误差，放大器中要设放大倍数调节电路。

上述 6 个模块在极端的情况下的误差之和约为 2%，距系统总误差尚有约 0.5% 的余量。当各模块均留有余量时，只要各模块误差在调测时达到要求，整个系统的技术指标就容易达到要求。此外，在相关模块中可以设置一些误差调节电路，一旦发现整体技术指标不合格，可以通过调节使其达到要求。

# 第 $3$ 章　电路设计

前面两章已介绍了电子电路各类单元电路、分析方法、设计方法及实验技术，这里将不再重复这些内容。本章主要介绍电子电路设计中的一些共性要求。此外，本章还将介绍电路设计中有关电磁兼容性的基本知识。

通过本章的学习，读者能大概地了解电子电路设计中的一些原则，并能运用这些原则来进行后续的实验课题的设计。

## 3.1　模拟电路的设计

了解模拟电路的特点是掌握模拟电路设计方法的前提。本节将先介绍模拟电路的特点，然后对模拟电路的设计原则进行概述。

### 1. 模拟电路的特点

模拟电路有如下几个特点。

（1）通过传感器将各种物理量（温度、声波、速度、转速、辐射等）转换为电信号，电信号的各种参数（频率、相位、电压、电流、波能等）可以模拟（代表）对应的某一物理量，再利用模拟电子技术对电信号进行处理，以达到对原始物理量进行测量与控制的目的。

（2）模拟电信号的参数较多，处理电信号的各种模拟电路的参数更多。例如，放大器就有电压放大倍数、功率放大倍数、输入阻抗、输出阻抗、幅频特性、相频特性、非线性失真系数、最大输出功率、放大器效率等诸多参数。

（3）模拟电路功能较多，例如，从电路功能上区分就有放大、滤波、均衡、调幅、检波、调频、鉴频、混频、整流、稳压等几十种模拟电路。同一功能的电路结构也是多种多样的，仅正弦波振荡器就有文氏电桥振荡器、双 T 型振荡器、电容三点式振荡器、电感三点式振荡器、变量器反馈振荡器、晶体振荡器等结构，这些电路结构大都还有各种改进形式。

（4）由于前两个特点的制约，模拟集成电路集成度的发展受到了很大限制。数字电路目前已发展到几百万门的集成规模，一个数字电子系统可容于 1 个芯片中，而模拟电路还远远达不到这一点。目前的规模集成电路大都只具有单一的功能。

（5）模拟电路的设计工具自动化程度不高，这些工具目前能对分立元件构成的电路进行较准确的分析，对运算放大器（简称运放）和模拟乘法器可进行理想情况下的宏模型分析。严格地说，用于模拟电路设计的工具（如 PSPICE）目前只具备分析能力，而不具备自动设计能力。只有在设计人员给出电路结构和元器件参数的情况下，计算机软件才能进行分析。

（6）从方法学角度可以看出，人们在工程技术工作开始的时候将提出各种各样的要求，通过设计，使产品达到所有的要求，这是一个综合过程。目前数字电路的综合方法十分成熟，已普遍用于数字电路设计，而模拟电路的综合理论还不成熟，人们在实践中还会使用试凑法。

（7）模拟电路的设计难度往往不取决于功能的复杂程度或电路规模的大小，而取决于电路技术指标的要求高低。一些看似简单的电路，由于技术指标要求苛刻，设计将十分困难，甚至无法达到设计要求。

由上述特点可知，模拟电路设计者必须具有综合应用各方面知识和经验的能力。一些初学者将模拟电路设计视为"畏途"，其根本原因是他们综合应用知识和经验的能力有限。

### 2. 模拟电路的设计原则

尽管模拟电路的电路结构众多、电路参数各异，但是，在进行电路设计时，仍有以下应共同遵守的原则。

（1）模拟电路设计的第一步就是选择符合电路功能要求的电路结构，而只有从理论上充分了解哪些电路结构具备所需的功能、这些电路之间有什么差异，才有可能做出合理的选择。此外，设计者的实践经验对电路结构的选择也有着重要的作用。

（2）在分立元件构成的电路与集成器件之间应该尽量选用集成器件。因为在同一等级电路特性下，集成器件的元件少、焊接点少、体积小，有利于提高系统的可靠性。

（3）满足某一功能的集成器件往往有成百上千种，从中选择时应按照"先粗后细"的原则，即先找出大概符合功能要求的集成器件型号，然后根据其主要技术参数进行初步筛选，再根据使用方便性（如外围电路少、稳定性高）进行筛选，最后要查阅集成器件所处的生命周期和厂商，避免选用已停产器件或已倒闭的厂商的产品。

（4）电路设计完成后，一定要进行核算，以便了解所设计的电路与预期的技术指标是否吻合。有一些专用的集成器件（如鉴频器），其外围电路已基本限定，一般不允许随意改变，对于这些电路，一定要通过实验对其实际性能进行测试。

（5）模拟电路中的电阻、电感、电容、电位器等分立元件取值时尽可能取标称值。设计者必须十分熟悉这些常用元件的性能，否则极易犯常识性错误。

## 3.2 数字电路的设计

了解数字电路的特点是掌握数字电路设计方法的前提。本节将先介绍数字电路的特点，然后对数字电路的设计原则进行概述。

### 1. 数字电路的特点

数字电路有如下几个特点。

（1）数字电路的电气参数较少，一般只有工作最高频率、器件时延、工作电压和驱动电流等几项。这些电气参数往往由数字器件性能决定。为满足设计要求，设计者需要选择符合电气特性要求的器件，而不像模拟电路那样需要通过电路设计来满足电气参数要求。

（2）在器件电气参数确定后，设计者仅需考虑逻辑"1"、逻辑"0"和高阻"Z"3 种状态变量。相对于模拟电路而言，数字电路的参数要简单得多。

（3）数字电路设计主要集中在各种信号的逻辑关系的完成上。数字电路中的信号较多，各模块之间的关系较复杂，所以，当数字电子系统规模较大时，大都以总线方式规范各种信号的传输。

（4）数字电路集成度已相当高，几百万门的集成器件已被广泛使用，现在已达到将一个数字电子系统集成在一块芯片中的水平。此外，嵌入式系统可将 CPU、简单的外设和操作系统组装在由几个集成电路组成的体积很小的印制电路板上，这进一步提高了数字电子系统的智能性、灵活性和设计的方便性。

（5）数字电路可以很方便地提供智能器件接口，使它们发挥各自的长处，极大地方便了电子系统的设计、调试和应用。

（6）由逻辑要求到具体电路的设计方法已十分成熟。目前，数字电子系统可用高级语言（如 C 语言）或专用语言（HDL）进行逻辑关系的描述，计算机可直接将逻辑语言描述转换成电路设计，电路自动化设计已经具有相当高的水平且已实用化。

（7）数字电路设计软件已具有相当准确的仿真能力，不但有功能仿真，而且有定时仿真（考虑器件延迟后的仿真），仿真结果十分逼近实际情况。这使得数字电路的开发时间大为缩短，大部分的设计工作可在计算机上完成。

（8）由于数字电路变量多、关系复杂，因此对其进行测试是一大难点。有关资料介绍，一些数字电子系统的测试费用会占整个开发费用的 50%～70%。

**2．数字电路的设计原则**

数字电路的设计方法在前文已有较为系统的介绍，现将数字电路的设计原则归纳如下。

（1）电路设计的第一步是选择符合电气参数要求的数字器件，即要考虑最高工作频率、工作电压、接口电平、驱动能力、时延等参数。初学者往往只重视逻辑要求的设计而忽略电气参数的选择，这种做法极易造成设计返工。

（2）合理选择器件类型。目前可供选择的有标准数字器件（如 74 系列、4000 系列等）、可编程逻辑器件（如 GAL、CPLD、FPGA 等）和半定制的 ASIC，选择时应考虑器件性能、系统可靠性要求、开发时间和成本等因素。例如，如果预计设计的产品有上万的产量，则可用半定制的 ASIC 来降低成本。目前可编程逻辑器件已基本替代了标准数字器件，在选择可编程逻辑器件时，应根据逻辑电路类型和对器件时延的可接受性要求选择 CPLD（Complex Programmable Logic Device，复杂可编程逻辑器件）或 FPGA（Field Programmable Gate Array，现场可编程门阵列）。例如，如果逻辑电路中组合逻辑较多且要求器件管脚之间的时延可预知，则选择 CPLD。

（3）选择适用的 EDA 开发软件。在选择可编程逻辑器件的同时，还必须考虑与其配套的开发软件。选择 EDA 开发软件时应考虑其逻辑描述方式是否完备（是否提供原理图、ASM 图、HDL 等）、HDL 是否为国际标准语言（如 VHDL、Verilog 等），还要考虑该软件是不是当前市场的主流产品。

（4）充分考虑可测性问题。目前大规模的数字集成器件都支持边界扫描等测试技术，选用器件和设计软件时，应尽量选用这类器件和软件。

（5）设计完成后，必须整理好设计文档，以便以后的生产、维修和再次利用。数字电路的原理图描述法的可读性较差，电路复杂时，其逻辑关系仅从图上是难以读懂的。因此，美国军方在 1989 年就已规定，所有的数字电路设计必须以 VHDL（Very-High-Speed Integrated Circuit Hardware Description Language，超高速集成电路硬件描述语言）来描述逻辑关系，否则不予验收。我国正向这一要求过渡。

## 3.3 电路的抗干扰设计

电子电路的抗干扰技术是电磁兼容性的主要组成部分。抗干扰设计是电子系统设计中不可忽视的重要内容。

本节将从电磁干扰的基本要素出发，介绍电子电路的抗干扰设计，以及在电子系统设计和实验中常用的抗干扰技术。

### 3.3.1 电磁干扰的基本要素

要形成电磁干扰，必须具备 3 个基本要素，即干扰源、耦合路径和电磁干扰的受体，如图 3-1 所示。

图 3-1　电磁干扰模型

**1. 干扰源**

干扰源指产生电磁干扰的任何元件、器件、设备、系统或自然现象。电子系统受到的干扰甚广，有外部干扰，也有系统内部干扰。

外部干扰由使用条件和外部环境因素引起：天电干扰，如雷电或大气电离作用及其他气象引起的干扰电波；天体干扰，如太阳或其他星球辐射的电磁波；电气设备的干扰，例如，广播电台或通信发射台、动力机械、高频炉、电焊机等都会产生干扰；此外，荧光灯、开关、电流断路器、过载继电器、指示灯等具有瞬变过程的设备也会产生较大的干扰；来自电源的工频干扰也可视为外部干扰。

系统内部干扰则是由系统的结构布局、制造工艺所引起的，如分布电容、分布电感引起的耦合感应，电磁场辐射感应，长线传输造成的波反射，多点接地造成的电位差引起的干扰，装置及设备中各种寄生振荡引起的干扰，以及热噪声、闪变噪声、尖峰噪声等引起的干扰，甚至元器件产生的噪声，等等。

**2. 耦合路径**

干扰被耦合到电路中最简单的方式是通过导体传递（传导耦合），例如，一条导线在一个有干扰的环境中经过，这条导线通过电磁感应接受这个干扰并将它传递到电路的其余部分。

耦合（共用阻抗耦合）也能发生在有共享负载的电路中。例如，两个电路共享一条提供电源电压的导线，并且共享一条接地的导线，如果一个电路中出现一个突发的电流，由于两个电路共享电源线和一个电源内阻，则另一个电路的电源电压将会下降。这种情况也会发生在接地的导线中。在一个电路中流动的返回电流在另一个电路的接地回路中会导致地电位的变动。

同样，每个电路都共享的电磁场的辐射也能产生耦合（辐射耦合）。当电流改变时，就会产生电磁波，这些电磁波能耦合到附近的导体中并干扰电路中的其他信号。

**3. 受体**

所有的电子电路都会受到电磁干扰。严格地讲，干扰信号的受体不仅仅是电子设备，动物和植物也是干扰信号的受体。由于这个原因，电气和电子设备都会规定对外产生的电磁干扰限度。目前，电磁兼容性已有国内和国际的强制性标准，不符合标准的电子产品将不允许上市出售。

为了减少电磁干扰的影响，应从电磁干扰的基本要素着手：一是了解干扰源是如何产生的，并设法消除它或尽可能抑制它；二是了解干扰信号的耦合路径，并尽可能地在耦合路径中对干扰信号加以消除或抑制；三是研究电子系统自身的抗干扰能力，力求在干扰作用时电路本身能在相当程度上抵抗干扰信号的影响。

下面将介绍电路设计中的常见干扰及其抑制方法，关于电磁兼容性较为系统的介绍请参阅相关文献。

### 3.3.2 共阻干扰及其抑制方法

有关电工电子的课程中通常所采用的元器件模型如表 3-1 中的低频模型所示，这些模型是集总电路中的模型。这些模型成立的条件是，流经这些元器件上的信号的波长 $\lambda$ 远大于元器件长度 $l$，即 $\lambda \gg l$（$\lambda = c/f$，$c = 3 \times 10^8 \text{m/s}$）。当信号频率增高时，这些元器件模型如表 3-1 中的高频模型所示。以导线为例，电路分析课程中一直认为导线的电阻（或阻抗）为 $0\Omega$，而实际上并非如此。表 3-2 所示为铜线直径 $D = 0.64\text{mm}$、长度 $l = 10\text{cm}$，传输不同频率（$f$）的信号时导线呈现的阻抗值。由表 3-2 可以看出，实际电路中所有导线都将呈现出一定的阻抗。

**表 3-1**　　　　　　　　　　　　　　　　　**常用元器件及导线模型**

| 元器件 | 低频模型 | 高频模型 |
|---|---|---|
| 电阻 | | |
| 电容 | | |
| 电感 | | |
| 导线 | | |

**表 3-2**　　　　　　　　　**直圆铜线阻抗**（铜线直径 $D = 0.64\text{mm}$，长度 $l = 10\text{cm}$）

| $f$ | 10Hz | 1kHz | 10kHz | 100kHz | 1MHz | 10MHz | 100MHz | 700MHz | 1GHz |
|---|---|---|---|---|---|---|---|---|---|
| $Z$ | $5.29\text{m}\Omega$ | $5.34\text{m}\Omega$ | $8.89\text{m}\Omega$ | $71.6\text{m}\Omega$ | $714\text{m}\Omega$ | $7.14\Omega$ | $71.4\Omega$ | $500\Omega$ | $714\Omega$ |

公共通道上的导线阻抗称为公共阻抗。信号流经公共通道引起的干扰称为共阻干扰。公共阻抗是电路内部干扰信号传播的一个重要途径。

以图 3-2 所示的放大电路为例。3 个放大电路 $A_1$、$A_2$ 和 $A_3$ 之间的公共阻抗分别为 $Z_1$、$Z_2$ 和 $Z_3$，电源 $E_C$ 加在靠近 $A_1$ 放大电路一端。输入信号 $U_S$ 经 $A_1 \sim A_3$ 逐级放大，各部分电流也逐级放大（$I_1 < I_2 < I_3 < I_L$），总电流 $I = I_1 + I_2 + I_3 + I_L + i_S$，其中 $i_S = U_S / R_{\text{in}}$，流经共阻 $Z_1$ 的电流等于总电流 $I$。这样，在 $Z_1$ 上必将产生压降 $U_{Z_1} = I \cdot Z_1$，它是由共阻 $Z_1$ 产生的干扰信号。这个干扰信号将作用在 $A_1$ 的输入电路中，与 $U_S$ 相加后共同作用在 $A_1$ 输入端。由放大器工作原理可知，在每一级放大过程中，信号都会产生一定的相位移动。如果共阻产生的信号 $U_{Z_1}$ 的相位恰好与 $U_S$ 相同，那么必然会引起整个放大系统的自激振荡。

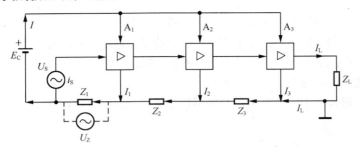

图 3-2　放大电路共阻干扰示意图

导线阻抗的存在是难以避免的事实，完全消除共阻干扰是十分困难的。但是，人们可通过一定的技术措施减少共阻干扰的影响。图 3-3 所示为放大电路共阻干扰抑制示意图。

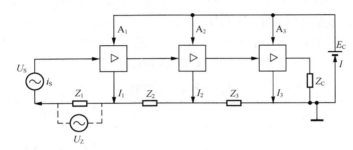

图 3-3　放大电路共阻干扰抑制示意图

图 3-3 与图 3-2 的区别仅在于图 3-3 将电源 $E_C$ 移至靠近整个放大系统的输出端。图 3-3 中共阻 $Z_1$ 上的电流不再是总电流 $I$，而仅为 $i_S$（$i_S = U_S / R_{in}$），此时 $U_{Z_1} = i_S \cdot Z_1$，远比图 3-2 中的 $U_{Z_1}$ 要小，同时 $U_{Z_1}$ 不再含后级的信号，由此造成自激振荡的可能性要小得多。尽管 $Z_2$ 和 $Z_3$ 上也会产生相似的干扰信号，但是，对整个放大系统影响最为严重的是第一级放大器 $A_1$ 的输入回路的信号。所以图 3-3 中 $E_C$ 位置的变动有效地改善了第一级放大器 $A_1$ 抗干扰的性能。

由上文可以得到一个普遍适用的减少共阻干扰的方法：在模拟电路中必须认真分析各个电路内部共阻及其产生的影响，尽可能避免大电流通过影响较大的共阻，一般情况下，电源应在靠近输出电路大功率电路的一侧。

### 3.3.3　接地

所谓的"地"，一般定义为电路或系统的零电位参考点。保证接地良好的主要目的有两个：一是防止机壳带电导致操作人员遭到电击，即保障安全；二是减小由公共地阻抗、电场或其他干扰耦合造成的电磁干扰。前者属于安全问题，不在本书讨论范围内，这里着重讨论后者。有关接地问题更为全面的介绍请参阅相关文献。

#### 1. 接地及接地干扰

信号传输过程中电压的高低是相对于零电位而言的，在理想化的电子系统中，地线为参考电位点，同一系统中各个电路所有的地线应具有相同的参考电位，并且为 0V。然而，实际的电子系统并非如此。由于地线阻抗的存在，当电流流过地线时，会在地线上产生电压，导致各个电路地线的实际电位不等。特别地，当两个电路共用一段地线时，一个电路的地电位会受到另一个电路工作电流的影响，形成公共地阻抗干扰，如图 3-4 所示。当两电路相距较远且导线上电流较大时，这个电流会在两电路、连接导线和地上产生地环路电流，由于电路的不平衡性，每根导线上的电流不同，因此会产生差模电压，形成地环路干扰，如图 3-5 所示。为提高系统的抗干扰能力，应根据实际情况，合理地应用接地技术。

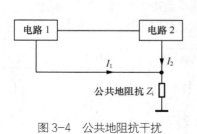

图 3-4  公共地阻抗干扰

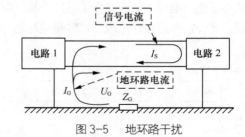

图 3-5  地环路干扰

### 2. 接地的基本方式

接地的基本方式有单点接地、多点接地和混合接地 3 种。

（1）单点接地

单点接地指只有一个物理点被定义为接地参考点，其他各需要接地的点都直接接到这一点。单点接地可以分为串联单点接地和并联单点接地两种。

① 串联单点接地：就是把各模块的地线串接在一起，然后将某一点接到电源的地线上，如图 3-6 所示。

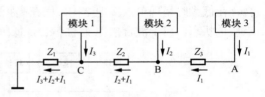

图 3-6  串联单点接地

通常地线的直流电阻不为零，特别是在高频情况下，地线的交流阻抗比其直流电阻大，因此公共地线上，A、B 和 C 点的电位不为零，并且各点电位受所有流入地线电流的影响。A、B、C 3 点电位分别为：

$$U_A = I_1 Z_1 + (I_1 + I_2) Z_2 + (I_1 + I_2 + I_3) Z_3$$
$$U_B = (I_1 + I_2) Z_2 + (I_1 + I_2 + I_3) Z_3$$
$$U_C = (I_1 + I_2 + I_3) Z_3$$

从抗干扰的角度来讲，这种接地方式是最不适用的。但这种接地方式接线简单、布线方便。如果各个电路信号电平差别不大且频率不高，可以采用这种方式接地。

采用串联单点接地时，要把低电平的电路放在最靠近接地点的地方，即图 3-7 中 C 点位置，以使 A、B 点的接地电位受到的影响最小。使用时接地线尽量加粗，尽可能减小地线公共阻抗，从而减小因公共阻抗耦合而产生的干扰。

② 并联单点接地：就是各模块地线端集中在一点上，在这个点上与公共地线连接，如图 3-7 所示。显然，A、B、C 点的电位分别为：

$$U_A = I_1 Z_1, U_B = I_2 Z_2, U_C = I_3 Z_3$$

在此接地方式中，A、B 和 C 点上的参考地电位只与其自身的地线阻抗和地电流有关，互相不会造成耦合干扰，有效地解决了公共地线阻抗的耦合干扰问题。但是，此方式布线复杂、走线长、不容易实施。而且当系统中信号的频率较高（如大于 10MHz）时，地线的导线将等效为一个电阻和一个电感的串联。汇集在一起的地线将可能成为发射电磁波的天线，且地线导线中的感抗部分将产生相互间的感性干扰。

（2）多点接地

多点接地是指所有地线都连到就近的地线面上，以缩减地线长度，如图 3-8 所示。多点接地的优点是减小了地线电感，从而减少了感性干扰。但与串联单点接地类似，多点接地会产生公共阻抗耦合问题。此外，多点接地形成了许多接地环路，会引起地环路干扰，设计时应予以重视。

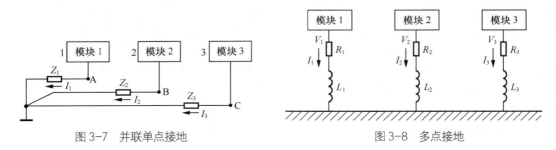

图 3-7　并联单点接地　　　　　　　　　　图 3-8　多点接地

（3）混合接地

当电路的工作频率范围较宽时，常使用混合接地方式。混合接地是在单点接地的基础上，通过一些电容或电感多点接地，利用电容、电感等元器件在不同频率下有不同阻抗的特性，使地线系统在不同频率下具有不同的接地方式。图 3-9 所示为两种混合接地方法。对于混合接地-容性耦合，在低频时呈现单点接地结构，而在高频时由于电容对交流信号的低阻抗特性，电路会呈现多点接地状态。对于混合接地-感性耦合，低频时呈多点接地状态，而高频时呈现单点接地结构。

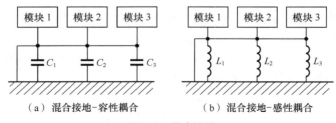

（a）混合接地-容性耦合　　　　　（b）混合接地-感性耦合

图 3-9　混合接地

### 3. 接地方式的选择

不同情况下接地方式的选择如下。

（1）低频电路的接地

在低频（1MHz 以下）电路中，如果地线中流过的电流不大，且没有对地电位非常敏感的器件，就可以采用串联单点接地方式，使用该方式时接地线尽量加粗，以尽可能减小地线公共阻抗，从而减小因公共阻抗耦合而产生的干扰；当地线流过电流较大，或存在对地电位非常敏感的器件时，则需采用并联单点接地方式。

（2）高频电路的接地

高频电路的接地原则是多点接地，即将各电路接地端连到就近的地线面上，同时接地引线尽可能短而粗。另外，为了减弱高频电路的趋肤效应，可在地线导体表面镀银，以降低地线的电阻。

一般而言，工作频率为 1MHz 以下的电路多采用单点接地，工作频率为 10MHz 以上的电路多采用多点接地。当电子系统的工作频率为 1MHz～10MHz 时，应根据接线导线的长度来确定接地方式。选用接地方式的原则是，如果接地导线长度小于工作信号波长的 1/20，则采用单点接地方式为宜，否则应采用多点接地方式。

（3）电子系统的接地

电子系统的接地是十分复杂的，它不但与系统工作频率、导线长短相关，还与信号的类型、信号功率、地线位置、对干扰信号的灵敏度等诸多因素相关，所以，一个电子系统往往采用多种接地方式。选用接地方式时，一般还要考虑以下因素。

① 信号类型：按照工作对象和用途的不同，电子系统的地可以分为信号地、模拟地、数字地。

信号地（SGND）是信号源的地线，可为传感器和各类其他信号源本身的零信号电位提供基准。信号源电路输出的信号一般都较弱，易受外界的干扰。

模拟地（AGND）是模拟电路零电位的公共基准。由于模拟信号电平有高有低，信号频率范围广，还涉及各种振荡器电路，因此模拟电路既容易接收外来的干扰信号，又较容易产生自激而形成噪声干扰。

数字地（DGND）也称逻辑地，是数字电路零电位的公共基准。数字电路处理的数字信号波形多为矩形波。由信号分析理论可知，矩形波可分解为众多的正弦信号。因此，数字信号在地线共阻上将产生较多的干扰信号。由于数字电路中门电路具有一定的门限制，所以，数字电路本身受到的共阻干扰不大，但这些干扰对信号较弱的电路会造成严重的影响。

一般来说，数字地、模拟地与信号地要分别接地，然后相连，以消除因公共阻抗而产生的干扰。

② 信号功率：电磁干扰是从高电平电路向低电平电路侵入的，因此在进行电路组合时，必须将高电平电路与低电平电路分组接地，即低电平电路经一组共同地线接地，高电平电路经另一组共同地线接地。不要将功率、噪声电平相差很大的电路接入同一组地线。

通常在整机系统中，至少要有 3 条分开的地线：一条是低电平电路地线；一条是高噪声电平电路地线（如电动机、继电器和大功率电路的地线）；一条是金属件地线（如设备机壳、机架、机座的地线），如图 3-10 所示。

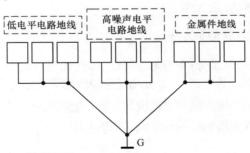

图 3-10　整机系统的 3 条地线

电子系统的接地是一个十分重要的问题。正确、合理地处理接地问题，不但需要扎实的电磁兼容理论知识，还需要丰富的实践经验。实践中，接地往往需要经过反复调整和修改才能获得满意的效果。

### 3.3.4　电源干扰及其抑制方法

在电子系统中，电源是一个重要部分。电源能为各有源电路提供能量，所以它是一个与各部分都有关系的模块，其电磁兼容性能的好坏对整个系统都有影响。电子设备一般是将 220V 交流市电经整流、稳压后变成直流电来作为电源使用，故电源中的干扰一部分来自 220V 交流市电中的杂波，另一部分来自整流和稳压电路。本小节主要介绍电子系统内部直流电源干扰及抑制方法。

### 1. 电源纹波及其抑制方法

交流市电为频率为 50Hz、有效值为 220V 的电源，它需要先经过全波整流电路变为频率为 100Hz 的全波整流波形，再经滤波电路变为近似直流的波形，直流电源中的纹波信号如图 3-11 所示。由于整流和滤波电路的性能的限制，直流中或多或少地有一定的交流成分，主要为 50Hz 的市电频率干扰和 100Hz 的工频干扰（一般后者起主要作用）。虽然经过后续的稳压电路，纹波信号可进一步得到抑制，但是，完全没有纹波的情况是不存在的。目前广泛使用的开关电源也有类似问题，开关电源在交直流变换中将产生几十千赫兹~几百千赫兹的信号。因此，最终输出的直流电源将含有这些信号。

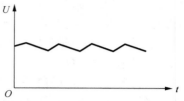

图 3-11　直流电源中的纹波信号

直流电源的纹波幅度一般为零点几毫伏~几十毫伏，可视直流电源的设计要求而定。由于直流电源中的纹波干扰信号难以根除，因此电子系统设计往往会对直流电源的纹波电压提出具体要求，或者在电路上通过一定的技术措施将其限定在许可范围内。

此外，直流电源中的纹波干扰信号对不同电路的影响也有差异。例如，数字电路工作在开关状态，其状态的转换电平有一定的门限值。一般情况下，纹波电压作用到数字电路的输入端或输出端时造成的影响较小，不一定会引起数字电路的逻辑错误。对于高增益的模拟放大器，纹波的影响往往不能忽略。例如，电视机的输入信号往往在微伏数量级，电视机中设有增益为上千倍的放大器，当直流电源中的纹波信号通过电源加至放大器输入时，如果不采取措施，纹波信号将对整个电视机造成严重的干扰，屏幕上会不停地滚动黑白条纹。

抑制电源纹波干扰的基本方法是对电源的纹波做出技术指标上的限定，在多数情况下，只要纹波被限制在一定值内，其影响即可减小到允许的范围内。如果要进一步抑制电源中纹波的影响，还可采取后面介绍的去耦等方法。

### 2. 电源线产生的干扰及其抑制方法

由于电源线也是位于公共部分的导线，因此电源线的电阻也会产生共阻干扰信号。图 3-12 体现了电源线产生共阻干扰，其中 $Z_1 \sim Z_3$ 分别是电源线的等效导线电阻。

为了减少不同模块之间由电源线共阻造成的干扰，可采用图 3-13 所示的电源线和地线的布线方式。这种布线方式可有效地抑制电源和地线造成的共阻干扰。

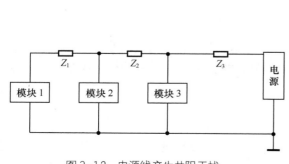

图 3-12　电源线产生共阻干扰

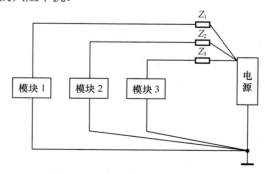

图 3-13　电源线共阻干扰的抑制

在较大的电子系统中，电源线和地线的布置往往由专人（如设备工艺师）设计，以满足电磁兼容性要求。

### 3. 直流电源内阻产生的干扰及其抑制方法

理想直流电源的内阻为 0Ω，而实际直流电源的内阻一般为几毫欧到几十毫欧。当直流电源存在内阻时，输出的电压值不再是恒定值，其大小与输出电流（或叫负载）大小有关，内阻上产生的压降将使输出的直流电压降低。此外，直流电源的内阻还将是干扰信号产生的一个原因，会对电子系统造成不利影响。图 3-14 所示为电源内阻形成干扰信号的示意图。

图 3-14 中 $R_0$ 为等效的电源内阻。如果电源是由电池组成的，那么 $R_0$ 将是一个变量，即随着电池电能的不断释放而逐渐加大；如果电源是由电子电路构成的（如将市电变为稳定直流的电源电路，或者是将某一电压值变为另一电压值的直流-直流变换电路），其内阻 $R_0$ 基本上为一定值。

电源内阻与导线共阻的影响十分相似，当图 3-14 中 3 个电路的电流流经内阻时，将产生 $U_N = (I_1 + I_2 + I_3)R_0$ 的干扰信号，这一信号将同时作用在电路 1～电路 3 中。与共阻干扰不同的是，电源内阻形成的干扰作用于电源内部，难以像处理共阻干扰那样通过合理布线来进行抑制。所以，为抑制电源内阻产生的干扰信号，多采用增加电源去耦电路的方法。

图 3-15 所示为未采取措施时的电源内阻干扰示意图。由图 3-15 可知，在内阻 $R_0$ 上产生的干扰信号将同时作用在 A 与 B 之间的放大电路 1 和 C 与 D 之间的放大电路 2 上。加在 A、B 之间和 C、D 之间的干扰信号为 $U_N$。

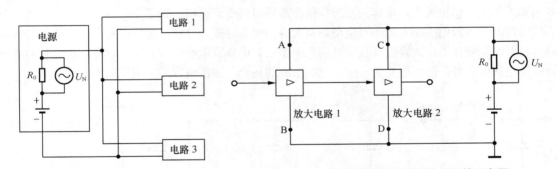

图 3-14　电源内阻形成干扰信号的示意图　　　　图 3-15　未采取措施时的电源内阻干扰示意图

图 3-16 所示为用去耦电路抑制电源干扰，即在电源线上加入 $R_1$、$C_1$ 后所组成的去耦电路。该去耦电路实际上是滤波电路。这种滤波电路中的 $R_1$ 将对干扰信号 $U_N$ 起到分压作用，而电容 $C_1$ 又可进一步旁路 $U_N$ 信号，最终使加到 A、B 两端的干扰信号 $U_N$ 得到较大的衰减，从而减少干扰信号 $U_N$ 对放大电路 1 的影响。据分析，图 3-16 中 A、B 两点的干扰信号 $U_N$ 远小于 C、D 两点的干扰信号。

去耦电路中的 $R_1$ 越大，对内阻干扰信号 $U_N$ 的抑制效果越好。但是，由于 $R_1$ 是串联在电源回路中的，$R_1$ 增大将减小放大电路 1 的直流电压值，故两者应兼顾。一般情况下可这样设计去耦电路，先分析 $R_1$ 上可能流过的直流电流的大小，在满足放大电路 1 直流电压值的前提下尽量将 $R_1$ 取大一些，再按照

$$R_1 \approx (10 \sim 20) \frac{1}{\omega_L C_1}$$

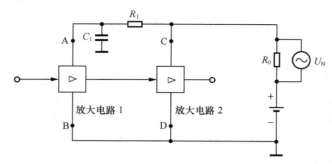

图 3-16　用去耦电路抑制电源干扰

选择电容值。式中 $\omega_L$ 是放大电路的下限频率。$R_1$ 值的范围一般为几百欧至几千欧，电容 $C_1$ 一般在零点几微法至几十微法范围内。

　　图 3-16 中只为放大电路 1 设置了去耦电路，在实践中，尤其是在高频电路中，往往会为多个局部电路加上去耦电路。当去耦电路中的电阻 $R$ 增加时，将影响电路的直流工作，因此，在高频电路中多用电感 $L$ 替代电阻 $R$。这是因为电感对直流呈现的电阻最小，而对高频的交流信号将呈现较大的感抗。

　　图 3-17 所示为常用 LC 去耦电路。其中，图 3-17（a）中用电感 $L$ 替代了图 3-16 中的电阻 $R$，图 3-17（b）为一种常用的 π 型去耦电路。图 3-17（c）在 $C_1$ 和 $C_2$ 两个电容旁边并联 $C_3$ 和 $C_4$ 两个电容，是基于这样的考虑：当选用的 $C_1$ 和 $C_2$ 容值较大（零点几微法到几十微法）时，高频时电容内部的等效电感也较大，电容的滤波作用在高频段将受到影响。为了克服这一缺点，另选一个高频特性好（等效电感小）的小容值电容与大容值电容并联，这样，可使电容在高、低频时都能具有良好的滤波作用。大容值（几微法到几十微法）电容有电解电容、钽电容等。钽电容的高频特性比电解电容好，但价格要贵一些。在要求高的场合，去耦电容常采用钽电容。

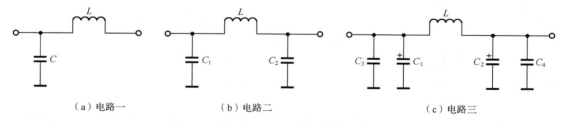

（a）电路一　　　　　　（b）电路二　　　　　　（c）电路三

图 3-17　常用 LC 去耦电路

### 3.3.5　数字电路中的干扰及其抑制方法

　　数字电路有很多种类，它们各自有不同的制造工艺、性能特点和用途。这里仅从抗干扰角度讨论数字电路中一些常见干扰及其抑制方法。

**1．数字电路的噪声容限**

　　对于模拟电路，在正常的输入信号上即使混有很小的噪声，在其输出中也一定会看到这种噪声的影响。然而，在数字电路中，即使在输入信号中混有噪声电压，只要它的幅度不超过这个电路的阈值电压，那么在输出中就不会看到这种噪声的影响。从图 3-18 所示的非门可见，数字电路在高电平输入和低电平输入时，对噪声电压存在一个容限值，只要噪声不超过这个容限值，就不会对电路形成干扰。这个容限值称为数字电路的噪声容限。

显然，噪声容限的大小意味着电路抗干扰性能的好坏。对于 TTL 电路，噪声容限的典型值范围为 0.4～0.6V；COMS 电路噪声容限约为电源电压的 0.3 倍，即如果采用 5V 供电，噪声容限为 1.5V。

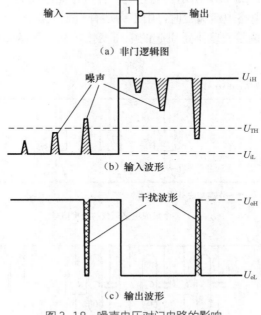

（a）非门逻辑图

（b）输入波形

（c）输出波形

图 3-18　噪声电压对门电路的影响

## 2. 数字电路输出级产生的干扰及其抑制方法

数字电路大多由门电路构成且工作在开关状态。门电路内部输出级通常采用图腾式输出结构，如图 3-19（a）所示。这种结构在电路处于稳定状态时，$VT_1$ 和 $VT_2$ 这两个三极管一个导通，另一个截止。但是在电路输出翻转的瞬间，这两个三极管会同时导通，从而产生很大的冲击电流，电流峰值可达到 30～100mA，会使电源上产生一个很大的电压降，如图 3-19（b）所示。

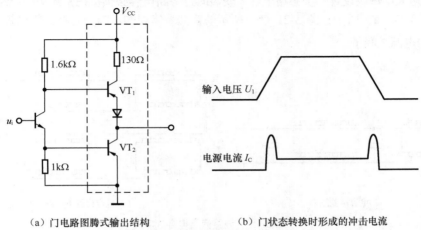

（a）门电路图腾式输出结构　　　　　　（b）门状态转换时形成的冲击电流

图 3-19　图腾式输出结构及冲击电流

如果电路中有多个集成电路，则系统将有多种冲击电流。这些电流不但会引起电源电压的变化，而且会在电源线和地线的共阻上形成干扰信号，如图 3-20（a）所示，严重时会干扰其他部分电路的正常工作。

为了克服这种因电源调整速度有限而产生的电压波动，可在紧靠集成电路的电源与地之间设置一个旁路电容，如图 3-20（b）所示。电容是一种可存储电能的元件，其特性是两端电压不能突变。当紧靠它的集成电路电流突变时，由于旁边有一个电容，其两端电压不能突变。这样，可在一定程度上弥补电源调整速度不足引起的电压变化，从而可减弱电源电流冲击引起的干扰信号。

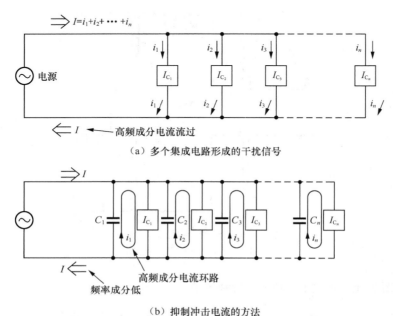

（a）多个集成电路形成的干扰信号

（b）抑制冲击电流的方法

图 3-20　干扰信号及其抑制方法

一般情况下，每 3～5 块中小规模集成电路设置 1 个旁路电容，容值范围为 0.01～0.1μF。大规模集成电路大都每块设置一个旁路电容。安装时，旁路电容必须接在紧靠集成电路的电源和地之间，如图 3-21（a）所示。图 3-21（b）所示的接法是错误的，因为它将旁路电容 $C_1$ 加在 $I_{C_1}$ 的地线与 $I_{C_4}$ 的电源之间了。

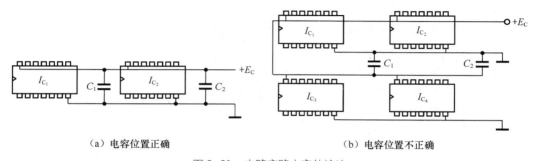

（a）电容位置正确　　　　　　　　　（b）电容位置不正确

图 3-21　电路旁路电容的接法

### 3. 信号输入回路上的干扰及其抑制方法

数字电路中最常见的干扰是信号输入回路上因种种原因所耦合的噪声。可以在电路的输入处采取相应措施将噪声与信号区分开来。

若信号与噪声在幅值上有较大差别，例如，信号幅度大、噪声幅度较小，可用电平鉴别法将噪声滤除。若信号脉宽和噪声脉宽有较大差别，例如，一般数字信号脉宽要比具有高频成分的噪声脉宽大得多，则可采用波形鉴别法将噪声滤除。由于篇幅原因，这里仅对波形鉴别法在开关消抖（消除抖动）中的应用进行简单介绍。

在开关、按钮、键等元件接通或断开瞬间，簧片的抖动会造成开关波形的边沿混有频率成分较高的毛刺状噪声。若不对这个噪声进行处理，必将对电路造成干扰。对于这种情况，由于开关信号的脉宽远大于噪声脉宽，因此可以用积分电路将噪声滤除，如图 3-22 所示。

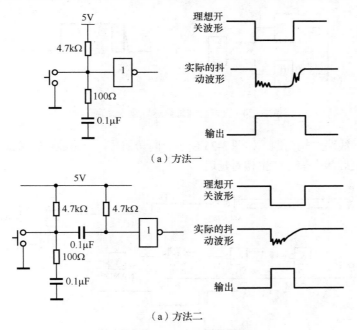

图 3-22　积分电路滤除噪声

也可利用 R-S 触发器消除抖动，如图 3-23 所示。图 3-23（b）在图 3-23（a）的基础上增加 $R$ 和 $C$，使电路能更加可靠地工作。

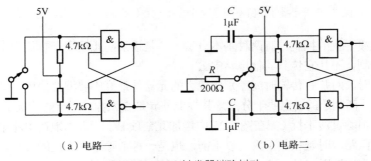

图 3-23　R-S 触发器消除抖动

### 4. 数字电路过渡干扰及其抑制方法

数字逻辑电路在信号传输的动态过程中，常常会因电路传输时间变化等原因，出现不合逻辑的尖峰脉冲，对电路产生各种干扰。这种因电路传输参数等原因产生的干扰常称为过渡干扰。这种干扰与外界电磁环境基本无关，但与电路的设计、器件的选择和装配、环境温度的变化因素有关。过渡干扰的原因繁多复杂，这里仅对最常见的传输延迟导致的过渡干扰及其抑制方法加以举例说明。

同一信号经不同路径传输时，会因传输时间不一而产生过渡干扰。这是产生过渡干扰的较常见的原因。造成传输时间不一的一般都是元器件的参数离散性。如图 3-24 所示，同一信号分成 A、B 两路传输，所经电路的形式和个数也相同，但因两电路的传输特性差异，信号在进入下一级电路 C 时存在相对延迟而产生干扰脉冲。

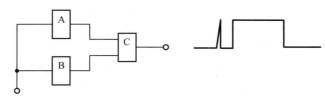

图 3-24　元器件传输延迟导致的过渡干扰

另一个原因是线路结构问题，如图 3-25 所示。同一信号，一路经过较多的电路，一路经过较少的电路，导致最后两个信号产生相对延迟。

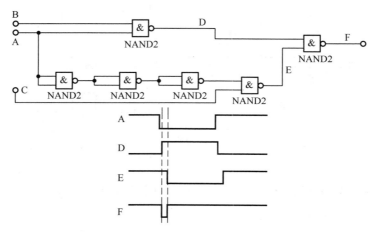

图 3-25　元器件数目不同导致的过渡干扰（图中 B、C 恒为高电平）

对于这类过渡干扰的抑制，有两种基本方法：一是设法防止这个干扰的产生；二是当产生这种干扰时及时抑制，不让它传到其他电路中去。

在设计电路时，对那些传输时间差别比较大的元器件最好不要混合使用，即便是同种型号的电路，如是不同厂商制造的，也要十分注意其性能差异是否太大。在一些情况下，改变逻辑设计、增加冗余项可以消除过渡干扰（如在图 3-25 中增加冗余项 BC）。人为地在电路中增加一些电路或延迟元器件，使两路因时延相差不大得以平衡，也是一种消除过渡干扰的方法。

对于已经产生过渡干扰的电路，可以在输出处接对地旁路电容来抑制这个脉宽较小的干扰脉冲。对于输出端平时为"1"、有信号时为"0"的电路，则可在输出处与电源间接旁路电容。旁路电容一般为 100～500pF，或再稍微大一些，但不可太大，否则会影响正常信号。脉宽非常小的过渡干扰脉冲有时只要通过六非门或缓冲器就可以自行消除，特别对于 COMS 电路，其反向器或缓冲器的输入门电容范围为 5～10pF，可以有效地吸收这个过渡干扰脉冲。

### 3.3.6  模拟电路的干扰及其抑制方法

与数字电路不同，模拟电路没有噪声容限，不管噪声多小，原则上对电路都会造成影响。加上模拟信号的幅度可以从几微伏（甚至更小）到几十伏，频率可以从低频到高频，所以模拟电路的抗干扰设计比数字电路要难得多。在不同类型的模拟电路中，必须针对其电路的特点，采取有效的抗干扰措施，才能将干扰对电路的影响抑制到最低。

本小节以低噪声放大器为例，说明采用分立元件构成的模拟电路在抗干扰设计中的几个关键点。

#### 1. 元器件的选择

我们对电路中元器件的基本要求是具有满足设计要求的电气特性。然而，受杂散电容、固有电感和电阻等参数及非线性特性的影响，元器件在不同频率下具有不同的特性，这妨碍了电路整体性能的实现。同时，一些元器件在工作时会产生干扰，或在干扰环境中元器件性能会受到影响。所以，根据设计条件合理选择元器件是电子系统实现电磁兼容的第一步。

对于一般由晶体管组成的低噪声放大器，其晶体管的噪声系数对其性能起着十分关键的作用，必须选用噪声系数 $N_f$ 低的晶体管或场效应管。值得注意的是，噪声系数 $N_f$ 一般是指在某一特定频率附近一定带宽内所测得的数值。实际噪声系数与工作频率、工作电流及信号源内阻相关，所以使用时应合理安排晶体管的工作条件。

除了晶体管外，电路的其他元器件也对低噪声放大器的性能有很大影响。以图 3-26 所示的二

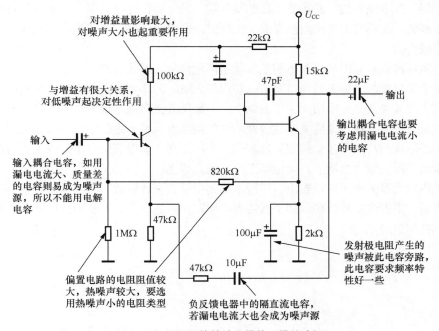

图 3-26  二级晶体管放大器的元器件选择

级晶体管放大器为例。对于二级晶体管放大器，决定低噪声性能的主要是第一级放大器，而第二级放大器相对就不那么重要。在第一级放大器中，除了晶体管的低噪声系数外，第一级放大器集电极电阻对放大器增益起较关键作用，所以也要用低噪声的元器件。应考虑用低噪声、温度特性稳定的电阻，例如，采用金属膜电阻，而不采用碳质实心合成电阻。其次是偏置电路电阻，为了不使信号被旁路而衰减太多，需选用较大的偏置电阻，然而电阻越大噪声越大，这就要求选用低噪声的电阻来弥补。电路中的其他电阻可用一般电阻，它们对噪声的影响不大。另外选择电阻时，尽可能不用电位器，因为电位器滑动触点的接触不良往往是噪声的主要来源之一。选择电容时，应考虑用漏电电流小、频率特性好、温度特性稳定的电容，如采用钽电容和瓷介电容。尽量不要采用铝电解电容，因为铝电解电容的漏电电流较大、长期稳定性较差。

### 2. 对电源的处理

低噪声放大器对电源要求较高，例如，要求电源本身含有的交流纹波和随机噪声都要小，而各级信号互相的窜扰要尽量小。可采用 3.3.4 小节中介绍的电源干扰的抑制方法，对各级电源进行处理。

### 3. 自激振荡及其抑制方法

自激振荡是放大器的一种常见噪声。电路发生自激振荡时，用示波器可以看到自激波形通常都是有规则的，有时幅度较大，甚至会导致放大器截止饱和，而有时幅度较小，叠加在有用波形之上。

低频自激产生的原因多为电源内阻大或者地线线阻太大，信号通过电源或地线产生正反馈造成电路自激。而产生高频自激的原因多为装配或布线不当，或者是放大器增益太高。

可用交流短路的方法判断电路自激振荡的位置：用不同容量的电容，试着逐级使放大器的输入端对地短接，即令电容的一脚接放大器的输入端，另一脚接地，观察自激现象是否消失；当接到某点自激消失，而再往后短接自激现象又出现时，则自激环路以该点为界，在该点之前电路的闭合环路形成自激。

找到自激环路点及原因后，剩下的工作就是消除自激。消除自激的方法有很多，但是根本的解决方法是消除自激源。如果低频自激是电源内阻大引起的，则要设法改善电源的性能，减小电源内阻，或者在各级放大器中增加 RC 去耦电路；如果低频自激是地线线阻大引起的，则要设法减小地线线阻，例如，加大地线宽度或改变地线的接地点以减小地线的长度。如果高频自激是装配或布线不当造成的，则要改变装配工艺和改动布线走向；如果高频自激是放大器增益太高引起的，则可以适当降低放大器增益，使电路工作在稳定状态。

由低噪声放大器的例子可以看出，模拟电路的抗干扰设计较数字电路复杂得多。对于具体电路需具体分析，根据电路特性和具体干扰特点，采取相应的、有效的抗干扰措施，才能将干扰对电路的影响抑制到最低。

# 第二篇　技术篇

　　电子系统设计的最终目的是实现电气产品的各项技术指标。本篇从电子系统实现技术出发，介绍电路的装配方法（主要是面包板的安装方法）、基本调试原理和故障处理的原则、故障检测的方法，以及文档资料的查找和整理等。

第 **4** 章 **电子系统的装配**

综合性电路或电子系统设计完成后，必须通过实验证实设计是否合理可行。由于综合性电路或电子系统元器件多、规模大，所以必须选择适用的实验电路板（简称实验板）将电路装配起来。本章将介绍电子系统实验板的选择、实验电路的布局和安装。

通过本章的学习，读者能够合理选用实验板，正确装配规模较大的综合性电路或电子系统。

## 4.1 实验板的选择

目前，常用的实验板有下列几种。

### 1. 直接设计的印制电路板

采用直接设计的印制电路板（Printed-Circuit Board，PCB），一是因为电路中有大规模集成电路，若采用下文中的几种实验板将无法安装；二是因为对于高频电路，需要减少各种干扰的影响。图4-1所示为已装配好的专用PCB。

### 2. 万能实验板

如果觉得直接设计的PCB成本较高，可以去市场上购买所谓的"万能实验板"。这种实验板是一种按照标准IC间距2.54mm（100mil，英制）布满焊盘，可按自己的意愿插装元器件及连线的PCB。它的元件面与焊接面分别如图4-2（a）、（b）所示。装配时，先将中小规模集成电路（封装形式为双列直插封装式）和分立元件焊接在焊盘上，再用外层为绝缘塑料的多股导线将元件管脚连接起来。万能实验板上的元件和焊接面上的连线分别如图4-2（c）、（d）所示。

图4-1 已装配好的专用PCB

万能实验板的优点是价格便宜、接触比较可靠（因为元件和导线是通过焊接固定在实验板上的），缺点是不能采用表面贴方式的集成电路元件、实验板大都不能重复使用（因为PCB上焊盘的焊接次数有限）。

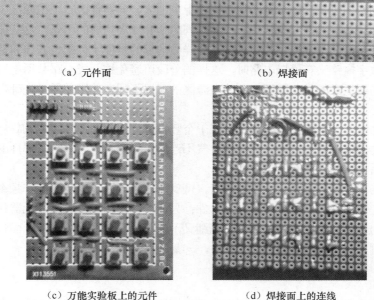

（a）元件面　　　　　　　　　　（b）焊接面

（c）万能实验板上的元件　　　　　（d）焊接面上的连线

图 4-2　万能实验板

### 3. 面包板

面包板如图 4-3 所示。它是专为电子电路的无焊接实验设计制造的，其正面如图 4-3（a）所示，其上的小方格为插孔，用于插入元器件管脚或导线，其背面如图 4-3（b）所示，其上的粗黑线是内部的导体。使用时，各种元器件和导线可根据需要随意插入或拔出插孔。面包板和元器件均可以重复使用，所以面包板在学校的实验室中得到广泛使用。

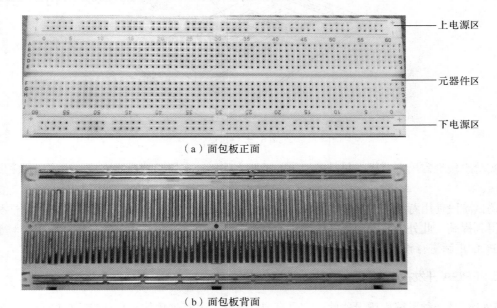

———上电源区

———元器件区

———下电源区

（a）面包板正面

（b）面包板背面

图 4-3　面包板

从图 4-3（a）中可看出，常见的面包板由上电源区、元器件区、下电源区 3 部分组成。

上、下电源区是一或两行由若干个横向排列的 5 孔孤岛构成的窄条。这些孤岛被划分成若干段，每段内部是连接的，各段之间不连接。这样做的目的是便于分配电源线和地线。例如，一块面包板上既有数字电路又有模拟电路时，这样的分段可避免这两类电路共用电源线和地线，以减少共阻干扰。需要注意的是，不同产品的电源区的布局不同，使用前需要先确定产品的具体布局情况。

元器件区由中间一个隔离凹槽和上下若干个竖直排列的 5 孔孤岛组成。孤岛内部有一个铜条，以保证 5 个孔之间是相通的，而各孤岛间电气不连通。每个孔内有一个有弹性的铜片，元器件的管脚插入孔内后，就和孤岛有了电连接。

面包板作为实验板的优点是不需要焊接，可反复使用多次。缺点是工作频率不高，一般只能达到几兆赫兹；耐热性差，不能用于发热部件；只适合特定粗细的管脚的元器件，元器件管脚稍粗就会插不进面包板甚至会损坏面包板，稍细又不能接触面包板里的铜片；面包板使用次数过多或者其内部的铜材质量不好造成弹性欠佳时，容易接触不良。

### 4. 背板

背板是通信设备中的重要部件，用来将各个模块连接成一个整体，由于它在设备的背后（后部），故称之为背板。如图 4-4 所示，背板上有多个插座，各个插座与背板上的印制导线连接。当安装在 PCB 上的各个模块插入背板上的插座时，背板上的导线会将各模块连接成一个整体。

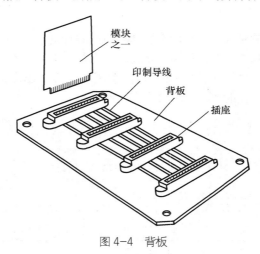

图 4-4　背板

实验阶段也常用到背板，只是背板上的插座之间不一定用印制导线连接，也可以用多股软导线连接。

调试阶段使用背板的主要优点是，可以将电子系统设计成多个模块，使系统的可测性和可维护性得到提高。此外，实验中局部电路设计有误时，只需修改更换相关的模块，而不必对整个系统的 PCB 重新进行设计。

### 5. FPGA 开发板/实验板

FPGA 是一种可编程逻辑器件。它具有灵活性高、并行速度快和集成度高的特点，已成为实现数字电子系统的主流器件之一。目前主流 FPGA 芯片厂商有 Xilinx、Intel、Lattice Semiconductor

和 Mixrosemi。不同 FPGA 实验板在采用具体芯片的同时，集成了不同的外围资源，如 Basys 3、EGo1 实验板集成了大量的 I/O 设备和 FPGA 所需的支持电路。用户可以查询官网，根据功耗、成本等实际应用需求选择合适的 FPGA 实验板，也可以结合 FPGA 实验板和面包板，根据需求搭建特定的电路系统。

图 4-5 所示为 Xilinx XC7A35T-FTG256 实验板及其版图。其中 XC7A35T-FTG256 是 Xilinx Artix®-7 系列的 FPGA 芯片，基于 Virtex 系列架构，可实现 DSP 功能和串行收发功能，具有低成本、低功耗的优势。实验板提供了 48MHz 时钟晶振信号，由芯片 N11 脚输入。Xilinx XC7A35T-FTG256 芯片管脚与实验板插座对应关系如表 4-1 所示。其中 XC7A35T-FTG256 芯片的 D13 和 C11 为芯片的全局 CLOCK 管脚，也可以当作一般管脚使用。若是一般管脚用作时钟，需在约束文件中添加语句：set_property CLOCK_DEDICATED_ROUTE FALSE [get_nets {xx}]。其中，xx 为编程代码中定义的管脚名称。

 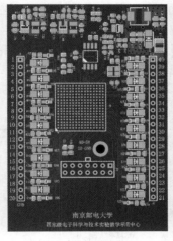 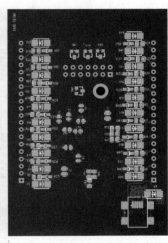

（a）实验板　　　　　　　　（b）实验板版图正面　　　　　　（c）实验板版图背面

图 4-5　Xilinx XC7A35T-FTG256 FPGA 实验板及其版图

**表 4-1**　　　　　　　　**Xilinx XC7A35T-FTG256 芯片管脚与实验板插座对应关系**

| 实验板插座 | 1 | 2 | 3 | 4 | 5 | 6 | 7 | 8 | 9 | 10 |
|---|---|---|---|---|---|---|---|---|---|---|
| XC7A35T | B16 | B15 | B14 | C14 | D13 | C12 | C11 | C9 | C8 | C7 |
| 实验板插座 | 11 | 12 | 13 | 14 | 15 | 16 | 17 | 18 | 19 | 20 |
| XC7A35T | B1 | B2 | C1 | C2 | D1 | E2 | E1 | F2 | G1 | GND |
| 实验板插座 | 21 | 22 | 23 | 24 | 25 | 26 | 27 | 28 | 29 | 30 |
| XC7A35T | T2 | T3 | T4 | T5 | T7 | R1 | R2 | R3 | R5 | R6 |
| 实验板插座 | 31 | 32 | 33 | 34 | 35 | 36 | 37 | 38 | 39 | 40 |
| XC7A35T | T8 | T9 | T10 | R13 | T13 | T14 | T15 | R15 | R16 | Vcc |

使用 FPGA 实验板时，需要借助相应的辅助软件开发配置 FPGA，将执行文件转移到 FPGA 内存单元中实现逻辑功能和电路互联。FPGA 开发流程一般包含设计输入、功能仿真、设计综合、布局布线、门级仿真、时序分析、系统验证等。使用 FPGA 开发的主要优点是可定制、可反复编程、设计灵活、易于维护、移植扩展方便、具有高速并行处理能力、集成度高。

## 4.2 实验电路的布局

在装配实验电路之前，应该对电子系统各部分在实验板上放置的位置、元器件的朝向进行统筹安排，这一工作称为布局。保证实验电路布局合理是进行装配的首要条件，否则待元器件装配完毕并进行调试时才发现布局不合理，由此产生的电磁兼容性差、电路调整不便等问题，往往会造成装配返工，延误调试进程。装配前的布局应考虑以下几个方面。

### 1. 便于操作，符合人体工程要求

电子系统中往往设有作为人机界面的按键和显示电路，此外还有一些外电路的接口插座，布局时首先要保证这类电路所处的位置及朝向便于操作。

图 4-6（a）所示的人机界面和接口的布局比较合理：键盘在右下角符合大多数人右手操作的习惯；显示电路在上面，位置和朝向都便于用户读数；接口在实验板边缘部分，可避免接口的外部连线碰到实验板内部电路，也便于插拔。而图 4-6（b）所示的布局不合理：当操作键盘时，手臂难免挡住显示电路，造成读数不便；显示电路的朝向不合适，也会造成读数不便；接口放置在实验板中央，使得插拔不便，同时接口与外部的连接也容易碰及实验板上的电路。

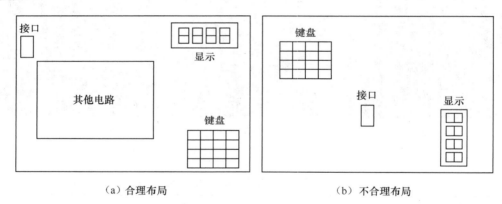

（a）合理布局 （b）不合理布局

图 4-6 实验电路布局示意图

### 2. 按同一功能模块相对集中的原则布局

一个电子系统大多由若干个功能模块组成，一个功能模块往往又由多个单元电路构成，调试时也多以模块为单位逐块测试。为了减小同一模块中各个电路元器件管脚连线的长度，并使调试方便，布局时应将同一模块相对集中在某一局部，避免同一模块的元器件分散在多处。

### 3. 模拟电路与数字电路隔离

为了避免模拟电路与数字电路的相互影响，尤其是数字电路对模拟电路的影响，在电磁兼容设计时，要求这两类电路的电源和地相对独立。因此，装配布局时，这两类电路之间最好有一定的间隔，电源线和地线尽可能先分开设置，最后汇集在一点。

#### 4. 按信号的流向布局

电子系统中的各个模块是按处理信号时的功能划分的，在许多情况下（尤其是在模拟电子系统中）各模块对信号的处理有明显的承接关系，一个模块的输出是另一个模块的输入，这时可根据处理过程中信号的流向确定各模块的位置。图 4-7 所示为简易频率计数器实验电路布局示意图，放大模块和整形模块采用模拟电路，其上的模块均采用数字电路。各模块按信号流向从左向右放置，各模块内部电路元件也应按信号流向放置，最好是从左向右，与人们的读图习惯一致。

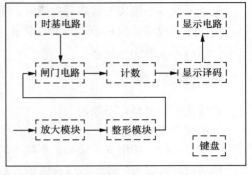

图 4-7　简易频率计数器实验电路布局示意图

#### 5. 电源线和地线的引入

3.3 节介绍了电源线和地线的共阻对电路的影响，由此可见，在布局时，对电源线和地线的引入位置应给予高度重视。以面包板为例，地线的连接方式有两种，如图 4-8 所示。图 4-8（a）中将 4 个面包板的地线串接在一起，其等效为图 3-6 所示的串联单点接地方式。而图 4-8（b）中则将 4 个面包板的地线汇集在一点上，属于图 3-7 所示的并联单点接地方式。类似地，电源线的设置也有这两种方式。布局时应根据电磁兼容性进行分析，选用合适的电源线和地线的连接方式。

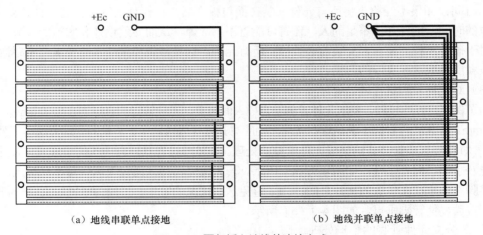

（a）地线串联单点接地　　　　　　　　　（b）地线并联单点接地

图 4-8　面包板上地线的连接方式

#### 6. 设置各模块的测试点和预留安装空间

调试电路时，各模块的输入、输出端需要与外接仪表连接，为了方便地接入仪表，应在布局时就考虑留出位置。此外，对于模块中某些需要经常调整和测试的电路部分（如数字电路的时钟端、清零端、置数端）也应留出调整空间。考虑到在调整过程中有时会增加一些元件或电路，应尽可能为各模块预留一些装配空间。

## 4.3　实验电路的安装

面包板实验电路的
安装与固定

电子系统各个模块安装布局完成后，便可开始将元件安装到面包板上。现以面包板为例说明元件和导线的安装要求。其中，面包板实验电路的安装与固定可扫描右侧二维码观看。

**1. 元件的安装**

元件的安装遵循以下原则。

（1）逐个模块安装

安装元件时，应根据各模块在系统中的作用及它们之间的相互关系逐一安装。安装并调试好一个模块后再安装另一模块，这样做的优点是一步一个脚印，较为稳妥。调试过程出现故障时，由于前面的模块已证实调试合格，故障出现在新安装模块中的可能性最大，因而缩小了故障的查找范围，有利于提高电子系统的调试效率。

（2）安装前必须逐一测量元件

元件质量是电子系统设计成功的物质基础，所以，无论是设计实验阶段还是生产阶段，必须严格检查所有的元件，只有在元件型号、参数都符合要求的情况下才能将其安装在面包板上。

初学者往往有这样的想法：先不管元件如何，安装后如果有问题，通过检查再找出问题即可。这种想法是错误的。据有关资料介绍，若安装前逐一检查元件，则检查出一个问题元件需要 1 个单位的时间；如果不经检查将所有元件安装在面包板之后，再检查出这个问题元件将要花费 10 个单位的时间，硬件知识不足的人，还有可能查不出故障，从而导致设计和实验的失败。

对于硬件工程师而言，安装前必须检查所有元件。这是常识和最基本的要求，希望读者在学习阶段就能养成这一良好的习惯。

（3）对元件管脚进行适当处理

为了保证良好的接触，要求元件管脚垂直插入面包板，元件管脚的直径为 0.4～0.6mm，长度不小于 5mm。如果元件管脚不满足这些条件，则应对其进行适当处理。常见的处理方法有下列几种。

① 对双列直插封装式的集成元件管脚的处理。封装形式为双列直插式的集成元件，新元件的管脚呈八字形，向外张开，如图 4-9（a）所示。若直接将其插入面包板，一是不易插入，二是插入后管脚不一定在面包板的簧片之间。为了避免这些情况的发生，可用镊子同时夹住一排管脚，向内侧拨动，使管脚垂直，如图 4-9（b）所示。

② 对分立元件管脚的整形处理。图 4-10（a）所示为一些管脚整形前的元件，图 4-10（b）所示为管脚整形后的元件。为便于插入面包板，应将管脚头部斜剪成 45° 角。

③ 对元件管脚直径和长度的处理。面包板要求插入的元件管脚直径为 0.4～0.6mm，长度为 5～8mm。如果元件管脚过粗或过细，过长或过短，则应对管脚进行处理。

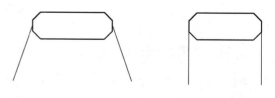

（a）整理前的管脚形状　　　　（b）整理后的管脚形状

图 4-9　对双列直插封装式的集成元件管脚的处理

对管脚直径不合格的元件可这样处理：选用直径为 0.5mm 的单股铜线，将其焊接在元件管脚上，使铜线比元件管脚长 5～8mm，再将铜线插入面包板即可。

对于管脚长度不够的元件，也可以通过焊接铜线的方法延长管脚长度。如果集成电路管脚较多却过短，则可以选用长管脚的双列直插封装式插座，先将插座插在面包板上，再将集成电路插入插座。这种方法的缺点是接续环节多，增大了出现接触式故障的概率。

（a）整形前的分立元件管脚形状

### 2. 导线的安装

面包板上各元件的管脚之间必须通过外接的导线连接，连接导线一般应选用单股的带有外层绝缘塑料包层的铜芯导线，导线铜芯的直径应为 0.5～0.7mm。

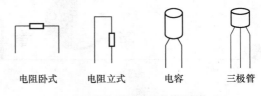

（b）整形后的分立元件管脚形状

图 4-10　对分立元件管脚的处理

安装前应将单股铜芯导线的前端剪成 45° 角，并将绝缘层剥去 5～8mm，使导线铜芯露出并折成 90° 角，以便插入面包板，处理好的导线如图 4-11（a）所示。

导线走线尽可能横平竖直，这样不仅美观，也便于更换器件。

导线只能在元件之间的空白部分通过，应尽量避免导线从元件上部或下部通过，否则将会给元件更换或元件测量带来不便。

导线要拉直平贴在面包板的表面上，否则导线本身的张力将影响导线与面包板的接触。当某处通过多根导线时，导线将发生重叠现象，此时应用一短裸线整理成 U 形，将多根导线固定在面包板上，如图 4-11（b）所示。

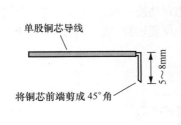

（a）处理好的导线

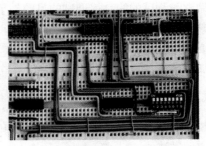

（b）当有多根导线时应将它们用裸线固定住

图 4-11　面包板上导线的插接与固定

当有多根导线并排安装时，为了便于区分，应尽量不用同一种颜色。

### 3. 安装后的检查

在元件装配过程中难免会出现安装错误，所以，初步安装完成后不能急于加电进行电路调试，而应反复检查安装情况，在确认安装无误后再进行调试。

在电子系统装配实践中常会出现这种情况：尽管安装前对所有的元器件都进行了检查，但安装时却将元器件放错了位置，或管脚颠倒，或导线错接。装配中最为严重的错误是集成器件的电源和地端接线错误。如果两者接反，一旦加电，极易造成集成电路永久性损坏。如果贸然替换集成器件，将可能造成换一块损坏一块的"恶果"。

# 第 5 章 电子系统的调试和故障处理

由于电子设计的近似性、元器件参数的离散性和装配工艺的局限性，装配后的电子系统一般都需要经过调试才能够达到相应的功能要求，因此调试在电子系统制作中必不可少。调试过程中会不可避免地出现故障，因此故障检测和处理是调试工作中重要的一部分。

本章将介绍电子系统的调试和故障处理的有关知识。通过本章的学习，读者能在调试电路时做到步骤正确、操作规范，当电路出现故障时，能够通过测试明确故障现象，通过分析找出故障原因并最终排除故障。

## 5.1 电子系统的调试

调试是调整与测试的简称，调试的目的是了解电路和系统的实际参数和功能，通过对测得参数的分析来判断电路或系统是否达到功能要求，若未达到功能要求，则必须进行调整。电子系统的调试就是通过一系列的"测试-分析-调整-再测试"的反复过程，发现和纠正系统中的缺点，然后采取措施加以改进。

### 1. 调试方法

电子系统的调试方法有两种：分块调试法和整体调试法。

（1）分块调试法

分块调试法是把系统按功能分成若干个模块，对每个模块分别进行调试的方法。调试时，应根据各个模块的相互关系确定调试顺序，逐级调试各模块，使其参数基本符合设计指标，并在此基础上逐步扩大调试范围，最后完成整个系统的调试。

实施分块调试法有两种方式：一种是边安装边调试，即按信号流向组装一个模块就调试一个模块，然后继续组装其他模块；另一种是将总体电路一次性组装完毕后，再分块调试。

分块调试法的优点是可以避免模块之间电信号的相互干扰，当电路工作不正常时，能大大缩小搜寻故障的范围。对于新设计的电路，一般采用这种方法。

（2）整体调试法

整体调试法是把整个系统组装完毕后实行一次性调试的方法。这种方法适用于定型产品或某些需要相互配合、不能分块调试的产品。

值得注意的是，如果一个电子系统中包括模拟电路、数字电路和单片机系统，由于它们输出电压和波形不同，且对输入信号的要求各不相同，故一般不允许直接连接进行整体调试。如果盲目地把它们接在一起，可能会使电路出现不应有的故障，甚至导致元器件大量损坏。因此，一般情况下，需把各个部分分开，按设计指标对各部分分别调试，再经过信号电平转换电路实现系统统调。

## 2. 调试的步骤

不论是采用分块调试法还是整体调试法，其调试步骤都大体如下。

（1）通电前检查

任何组装好的电子电路在通电之前，必须先直观检查电路各部分接线是否正确，检查电源、地线、信号线、元器件管脚之间有无短路，检查元器件（特别是带极性的元器件）有无错接，等等。可借助万用表电阻挡或数字万用表带声响的通断测试挡进行辅助测试。

（2）通电观察

确认电源电压是否符合要求，然后将电源接入电子系统。观察各部分元器件有无异常现象，包括有无冒烟、烧焦、元器件发烫等。如果出现异常现象，要立即切断电源，分析原因，确定故障部位。必要时，需先断开可疑的部位再进行试验，看看故障是否已消除。然后测量每个集成块的电源管脚电压是否正常，以确保集成电路正常工作。

（3）静态调试

静态调试一般是指在没有外加信号的条件下，测试电路直流工作状态并加以调整。如静态测试模拟电路的静态工作点和数字电路的各输入端和输出端的高、低电平值及逻辑关系等。通过静态调试可以及时发现已经损坏的元器件，判断电路工作情况，并及时调整电路参数，使电路工作状态符合设计要求。

（4）动态调试

动态调试是在静态调试的基础上进行的。动态调试的方法是在电路的输入端接入适当频率和幅度的信号，也可利用自身的信号检查各个动态指标是否满足要求，并循着信号的流向逐级检测各有关点的波形、参数和技术指标，必要时进行适当的调整。

（5）技术指标测试

静态和动态调试正常之后，即可对系统要求的技术指标进行测试，确认技术指标是否符合要求。如有不符，应仔细检查问题所在，一般需先对某些有问题的元器件参数加以调整，若仍达不到要求，则需对某部分电路进行修改，甚至对整个系统加以修改。

## 3. 调试中的注意事项

调试中的注意事项如下。

（1）合理安排调试计划

由于电子系统中电路种类众多，各个模块的相互关系复杂，在进行分块调试时，必须依据各个模块的相互关系拟定调试顺序和步骤，做出计划，再按计划逐步调试。

现以简易频率计数器为例，说明如何拟定调试计划。方便起见，将图2-9重画为图5-1，图中带圆圈的数字表示调试步骤。

简易频率计数器的调试可分7个阶段。

第一阶段进行第①～③步调试，将幅度高低不同的被测信号$U_x$作为输入信号，看输出信号是否为符合TTL电平要求的数字矩形波信号。

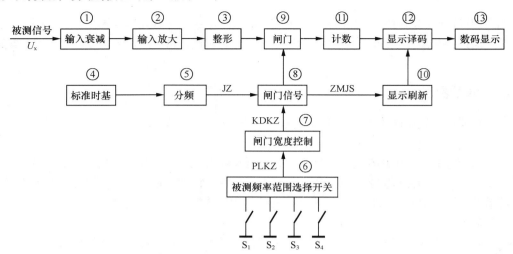

图 5-1　简易频率计数器方案——方框图

第二阶段进行第④步和第⑤步调试，看是否能得到所需的各种时基信号。

第三阶段进行第⑥～⑨步调试，看在 $S_1$～$S_4$ 控制下是否能产生各种要求的闸门宽度控制信号。

第四阶段进行第⑩步显示刷新电路的调试，看刷新所用控制信号是否正确。

第五阶段进行第⑪～⑬步调试，看数码显示是否正常。需要注意的是，此时计数电路尚未接入刷新信号，所以一直显示为累加数值。

第六阶段将显示刷新电路与显示译码电路接通，此时如果所有电路正常，数码显示将显示被测信号频率值。

第七阶段对整个系统进行整体调试。例如，测试频率范围是否符合要求、测试输出信号电压范围是否符合要求及整机电源总功耗等。

（2）正确使用仪器

正确使用仪器包含两方面的内容：既要保障人机安全，又要完成调试任务。调试之前先要熟悉各种仪器的使用方法，并仔细加以检查，避免由于仪器使用不当或出现故障而做出错误判断。例如，若用 MF-30 型万用表测量上限截止频率 $f_H$ =100kHz 的放大器的幅频特性，测试结果就不能反映放大器的真实情况，因为 MF-30 型万用表的交流电压挡工作频率范围为 20～20kHz。

（3）理论联系实际

调试过程中要不断分析测试结果，并根据测试结果调整电路。无论是分析还是调整，都需要理论知识（包括专业知识、电子电路知识和实验技术知识）作为依据。当出现故障时，要认真查找出现故障的原因，仔细分析并做出判断。切忌一遇到故障，不加分析就拆掉线路重装，或者盲目更换元器件。因为即使重新安装，线路可能仍然存在问题，况且原理上的问题不是重装就能解决的。

（4）考虑电磁兼容性对电路性能的影响

由于电子系统或综合性电路中的电路种类各异，单元电路数量众多，电源线、地线、连接导线较长，电路中的电源干扰、导线和地线的共阻干扰、电磁耦合干扰将呈现出来。如果在电路调试时遇到一些难以用过去所学知识解释的现象，这时应考虑电磁兼容性对电路性能的影响。

（5）做出准确、细致、完整的测试记录

在测试电路参数时，不但要保证测试方法正确、仪表操作规范，还应及时、准确、细致地将所测数据记录下来。记录的内容包括实验条件、观察的现象、测量的数据、波形和相位关系等。有了大量可靠的实验记录，将其与理论结果进行比较，才能发现电路设计上的问题，从而完善设计方案。测试数据是分析问题的依据，数据记录中的错误、遗漏都会直接导致分析陷入困境，甚至得出错误的分析结果。

## 5.2　电子系统的故障处理

本节将介绍电子系统故障处理的基本原则和故障检测的基本方法。

通过本节的学习，读者能初步了解电路故障处理的基本原则，掌握综合性电子系统故障检测的方法。

### 5.2.1　故障处理的基本原则

当电子系统或某一电路的技术指标与正常值有较大误差，而这种误差既不是设计问题也不能用系统测量误差来解释时，这种现象称为故障。人们在调试电子设备时可能面对的是整个设备，也可能面对的是某一局部电路，一旦某一局部电路出现故障，不但会影响局部电路的指标，而且会影响整个设备。所以，电子设备故障的处理大都要落实到电路级故障上。因此，在处理电子设备故障时，人们总是把各种故障笼统地称为电路故障。

任何电子系统在设计（包括仿真）阶段结束后，必须将设计图纸变成实物。在变成实物的过程中要经历元件选购、电路装配、电路调试等环节，每个环节都可能出现问题，有些情况下，设计失误也会导致电子系统变成实物后无法实现预想的功能和指标。

在实践中，极少有不出任何问题而一次成功的例子，尤其是在学习和训练过程中，电路设计者在完成任务过程中难免会遇到电路故障。因此，处理电路故障的能力是每一个电路设计者必须具备的能力。

电子系统和电子电路的种类繁多，目前还没有一种一定能找出故障的规范的方法或程序，只有一些原则性的故障处理的思路和方法。电子领域中有涉及电子设备和电路故障诊断或自测的课程，但这些内容已超出了本书的教学范围，故这里不予介绍，有兴趣的读者可参阅相关文献。

电路故障处理的基本原则：分析为主，动手为辅；先查自身，后查设备；先查装配，后查参数；先查仪表，后查电路；先测直流参数，后测交流参数；先查主要参数，后查次要参数；先划分模块，后逐块检查；先查有源电路，后查无源电路。

上述原则分述如下。

#### 1. 分析为主，动手为辅

电路故障的处理应该是建立在分析的基础上的，这一道理本应是不言而喻的，但是，初学者往往难以做到这一点。在电子电路实验中，有些同学发现测量结果与预期值不相符，当即将电路拆掉再重新装配。这样做的结果是，虽经多次装配，但仍然无法找出故障。这种处理故障方法的错误所在，就是不加分析地以为只要是故障就是装配出了问题。一个有经验的硬件工程师，其对电路故障的判断和处理必定是建立在分析的基础上的。

对初学者而言，在处理故障前，首先要分析、判断是否存在故障，既不能找不到故障导致漏判，也不能将正常情况当作故障而导致错判。

### 2. 先查自身，后查设备

在处理电路故障时，首先要明确查找对象，查找对象中不仅有电路和仪表，还有电路设计者本身。电路设计者和实验者对电子系统的概念的理解错误或操作失误，都会使电路实验出现测试数据与预期值不符合的情况。

**例 5-2-1** 某同学在数字电路中，采用数字双踪示波器测试某计数电路的多个 Q 端输出波形，以计数器的输入时钟信号 CP 为示波器的内触发信号，第一路接收 CP 信号，第二路分别接收 QA～QD，并以此来确定 QA～QD 之间的关系。这样测出的各信号的波形关系往往是错误的。

如果实验者的电子测量知识欠缺，意识不到故障的原因是设计和实验者本身，在电路上是找不出这类"故障"的原因的。由例 5-2-1 可知，发现问题时，首先应从自身查起，反思一下有无设计方法、测量原理和仪表操作方面的人为错误。

### 3. 先查装配，后查参数

电路元器件的装配错误是初学者常犯的错误，装配错误必会导致电路故障。在正规的电子产品生产线上，产品装配成部件后，紧接着的一道工序就是在线测试。在不加电的情况下，利用在线测试仪检查产品的装配情况，尽可能地提早发现装配错误，可减少装配错误造成的故障。

在电子电路实验中，装配错误是难免的，在测量电路的技术指标之前必须先检查电路装配是否有误，通过测量找出电路故障。在动手查找故障时，也应先检查装配，然后进一步检查电路参数。

### 4. 先查仪表，后查电路

仪表是检查电路参数的工具，测试信号源要由仪表提供，测量结果也要由仪表反映。因此，实验者在测量电路和寻找故障的过程中必须将电路和仪表看作被测试的一个整体，当发现所测电路参数存在问题时，首先应检查测量仪表是否有误。

**例 5-2-2** 某同学在测试放大器噪声时，在放大器输入短路的情况下交流电压表仍能在输出端测得 20mV 电压，该电压值远大于放大器许可的噪声值。该同学认为放大器电路产生了自激振荡，于是反复查找自激振荡的原因，但无结果。辅导老师检查后发现输出信号波形为近似的锯齿波，频率为 100Hz，当即判定该同学使用的直流稳压电源出了故障，直流输出的纹波电压（又称工频干扰）过大。

从例 5-2-2 可看出，仪表故障会使测量值远离预期值，在这种情况下，若从电路上查找故障原因，则难以奏效。

### 5. 先测直流参数，后测交流参数

在各类模拟电路中，静态下的直流工作状态是它们正常工作的基础，因此，进行电路调试时，首先要调试电路的各种直流参数，在此基础上再进一步调试各类交流参数。由此可见，一旦模拟电路发生故障，在着手进行电路参数调试时，必须首先调试电路的主要直流参数。例如，查找分立共射放大电路的故障时，应先调试直流电源电压 $U_{CEQ}$、$U_{CQ}$、$U_{EQ}$ 等直流参数。在查找双电源供电的集成运算放大器构成的电路时，应首先测试直流电源电压 $+E_c$ 和 $-E_c$，接着在输入信号与地短路的情况下，测量静态的直流输出电压。对于各类专用的模拟集成电路（如集成乘法器、集成鉴频器等），都应按照器件手册给出的各管脚处直流参考电压值一一进行核对，在直流参数无误

的条件下才可进行后面的交流参数测试。

脉冲电路用于各种非正弦信号的产生、整形、波形交换、鉴别等。由于该电路本质上是模拟电路，所以，处理脉冲电路故障的原则与模拟电路相仿，也必须先区分电路的静态和动态，调试时也应先从静态着手，在静态无误的情况下进一步调试交流信号（或动态信号）。

数字电路的特点是电路工作在开关状态，其输入、输出信号不外乎 3 种状态："1"（高电平）、"0"（低电平）和 "Z"（高阻）。它不像模拟电路那样存在直流偏置状态（即静态工作点）。在查找数字电路的故障之前，首先应检查直流电源以及信号的高电平或低电平的电压值。目前，数字电路大都由集成电路构成，而集成电路对直流电源有严格的要求，数字集成电路手册会给出器件的直流电源极限参数。例如，74LS 系列数字电路的电源电压为+5V，误差不能超过 0.5V，高电平要求大于或等于 3.6V，低电平要求小于或等于 1.4V，这些基本参数都可用数字电路的静态测试法测试出来。

在数字电路实验中，人们习惯用动态测试法测试电路的逻辑关系，因为动态测试法效率较高。但是，一旦电路出现故障，则应首先对数字电路，主要是数字器件的电源值、高电平的电压值和低电平的电压值进行测试。数字电路在电源电压和高、低电平电压正常的情况下进行逻辑关系测试才有意义。

### 6. 先查主要参数，后查次要参数

模拟电路的特点是电路参数众多，例如，一般的放大器就有放大倍数 $A_u$、输入阻抗 $R_i$、输出阻抗 $R_o$、频率范围 $f_L$ 和 $f_H$、最大不失真输出信号动态范围 $U_{OPP}$ 等。在检查交流参数时，应先检查影响全局的主要参数。例如，检查放大器时，应先检查放大倍数，如果放大倍数不正常，测出的其他参数很可能没有意义。又如，某电压串联负反馈放大电路出现故障，它的开环电压放大倍数对闭环电压放大倍数、输入阻抗 $R_i$、输出阻抗 $R_o$ 以及闭环的 $f_L$ 和 $f_H$ 都有直接影响，因此，检查电路交流参数时应先检查这类主要参数。

电路的主要参数及各参数间的因果关系和主次关系需要依据电子电路理论进行认真分析才能弄清。因此，水平高的设计者能根据故障现象选择必要的关键测试点和参数，通过分析就可找出故障；而缺乏理论指导又不善于分析的人，往往盲目测试，难以甚至无法找出故障。

### 7. 先划分模块，后逐块检查

电子系统大都由多个模块组合而成，各模块间的衔接有串联、并联、混联、总线等方式。在查找电子系统故障时，应先将整个系统按功能划分成若干模块，区别主次，先主后次地逐块检查。

**例 5-2-3** 图 5-2 所示为模拟式交流电压表的方框图。图中电压表出现故障，故障现象是，不管输入信号如何变化，表针始终不动。试说明故障的查找顺序。

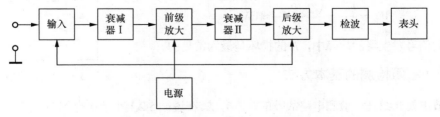

图 5-2 模拟式交流电压表的方框图

故障查找方法说明如下。

第 1 步，检查电源电路，如无问题则进行下一步。

第 2 步，从电压表输入端输入一个被测信号，在检波电路输出端查看有无直流输出。若有直流输出，则可能表头损坏，或检波电路与表头之间断路；若无直流输出，说明前面电路有故障，再进行下一步。

第 3 步，检查后级放大器是否有正弦信号输出，输出信号的电压幅度是否符合要求。若符合，则可能是后级放大器与检波电路之间断路；若没有断路，则可能是整流电路出现故障；若后级放大器无输出，则应进行下一步。

第 4 步，在衰减器 II 之后测量其输出信号电压是否正常。若正常，则可能衰减器 II 与后级放大器之间的电路有断路故障，或后级放大器有故障；若衰减器 II 输出不正常，则进行下一步。

依此类推，如果输入电路没有输出信号，则要检查输入电路输入端的信号。因为被测信号是通过接线柱引入交流电压表的，如果接线柱本身或它与输入电路间的连线有问题，也会没有输出信号。

通过逐块检查，可将故障定位在某一模块内或某两模块之间。在此基础上对定位处电路进行检查，可最终找出故障原因。

例 5-2-3 是按逐块检查的方法检查故障的，这种方法可逐步压缩故障范围并能找出故障模块。这是一种电子系统故障的常用检测方法。

### 8. 先查有源电路，后查无源电路

电路中的三极管、集成电路正常工作时需要外接电源，故称其为有源器件。以有源器件为核心构成的电路称为有源电路。与有源电路相对应的是无源电路。其特点是无有源器件，仅由电阻、电容、电感等器件构成。

在查找某一模块的故障时，如果这一模块中既有有源电路也有无源电路，则应先检查有源电路。这是因为，有源电路与无源电路相比，电路中元器件的功耗较大，而功耗大的元器件出现故障的概率也较大。

在同一模块的有源电路中，应先查功耗大的部分，后查功耗小的部分。例如，在查找功率放大器的故障时，应先查最后一级的功放输出电路，后查前级放大电路。

需要注意的是，某些电路的个别元器件被设计为需要承受较大的功耗，这些元器件不管是有源的还是无源的，都是需要重点检查的对象。例如，在函数信号发生器的输出端往往会串联一个 $50\Omega$ 的电阻 $R$ 来保证输出阻抗达到要求，在信号最大输出电压 $U_{\mathrm{OPP}} = 20\mathrm{V}$，且输出连线短路时（见图 5-3），$R$ 上的功耗为

$$W_{\mathrm{R}} = \frac{U^2}{R} = \frac{\left(\dfrac{U_{\mathrm{OPP}}}{2\sqrt{2}}\right)^2}{R} \approx 1\mathrm{W}$$

因此在函数信号发生器的故障中，$R$ 的损坏是最为常见的。

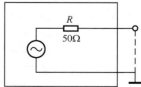

图 5-3　函数信号发生器输出短路

### 5.2.2　故障检测的基本方法

本小节主要介绍几种检测电路故障的基本方法。在遵循 5.2.1 小节所介绍的故障处理原则的前提下，应用这些方法有助于找出发生故障的具体原因。

### 1. 检查电路图的规范性，绘制出元器件网表

电路图是分析电路工作原理和电路元器件之间连接关系的重要依据，电路图画错或者画得不规范将直接导致电路的装配错误。所以，在查找电路故障之前，必须先检查电路图有无错误，如电路图的元器件符号、连线方式、信号的命名、管脚号码的标注等是否符合电气制图要求。

依据电路图检查电路的装配情况时，需要反复对照电路图各元器件之间的连接关系。如果遇到电路图上的元器件较多、导线采用总线、导线采用网络名方式表示连接关系等情况，而且元器件的连接关系不够直观，则可借助于网络表格进行分析。

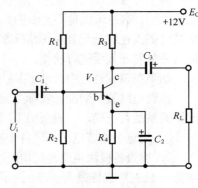

图 5-4  单级放大电路

网络表格简称为网表，它是反映元器件连接关系的一种表格。如果电路设计者采用 EDA 软件（如用 Protel 99）绘制电路图，则 EDA 软件可以自动生成网表。如果电路图是手动绘制的，则可参考例 5-2-4 绘制网表。

**例 5-2-4**  试绘制出图 5-4 所示电路的网表。

**解**  根据图 5-4 绘制出电路的网表如表 5-1 所示。

绘制网表是检查元器件连接关系的有效方法，尤其是设计出电路的 PCB 后，必须将电路图生成的网表与 PCB 生成的网表进行对照。当两者完全一致时，才能确定 PCB 上的元器件连接关系正确。

表 5-1　　　　　　　　　　　　　　单级放大电路网表

| 元器件名称 | 所连接的元器件名称 | | | | | | |
|---|---|---|---|---|---|---|---|
| $R_1$ | $C_1$ | $R_2$ | $V_{1-b}$ | $+E_c$ | | | |
| $R_2$ | $C_1$ | $R_1$ | $V_{1-b}$ | GND | | | |
| $R_3$ | $+E_c$ | $V_{1-c}$ | $C_3$ | | | | |
| $R_4$ | GND | $V_{1-e}$ | $C_2$ | | | | |
| $C_1$ | $U_i$ | $R_1$ | $R_2$ | $V_{1-b}$ | | | |
| $C_2$ | $R_4$ | $V_{1-e}$ | GND | | | | |
| $C_3$ | $R_3$ | $V_{1-c}$ | $R_L$ | | | | |
| $V_1$ | $R_1$ | $R_2$ | $R_3$ | $R_4$ | $C_1$ | $C_2$ | $C_3$ |
| $R_L$ | $C_3$ | GND | | | | | |

### 2. 电路装配检查

电路装配检查必须在不加电的情况下进行，检查时应区分以下几种情况。

（1）刚装配完毕时的检查

在电路刚装配完毕而未调试之前，必须对照电路图或网表对电路装配进行全面检查，每个元器件和每根连线都要检查到，不能有疏漏。在电子电路实验教学中，有少数同学怀有这样的心理：先不检查，加电后如果电路不正常再回头来检查装配。实践证明，这种想法是错误的，因为装配错误

可能会使某些元器件加电后损坏。例如，元器件的电源接反、管脚接错，功率器件输出端对地短路，都极易造成元器件的永久性损坏。省去检查步骤可省去几分钟时间，但一旦电路造成元器件损坏，则将要用几倍，甚至几十倍的时间才能查出，还可能因元器件损坏造成整个设计的失败。

（2）电路先正常后又出现故障的情况

在电路调试过程中常会遇到电路已正常工作，但随即又出现故障的情况。遇到这种情况时，一些同学往往会以为，既然电路曾经正常工作过，这说明电路装配无误，因此不再检查装配情况。实践证明，这种认识是不全面的。实际情况是，电路装配好后，元器件插座松动、导线接触不良、调试时更改连线忘记复原等情况都会引发故障。因此，即使电路曾经正常工作，一旦出现故障也应首先从装配入手进行检查。

如果在调试过程中改动了某些连线，随后出现了故障，那么，应首先检查改动过的连线部分。

检查电路装配情况，实际上就是检查元器件的型号、参数、位置，以及元器件各管脚之间的连接关系是否正确，一般采用下列步骤。

① 先逐个检查电子系统各个模块内部的装配情况，再检查各个模块之间的连接关系。

② 检查各模块电路装配情况时，应先检查所有元器件的型号、参数（如电阻的阻抗、电容的容值）、位置和极性是否正确。为了避免遗漏，可按元器件编号顺序逐个检查。如果已绘制出网表，则可根据网表中元器件名称栏所列元器件逐一检查，结果无误时打钩，作为已检查过的标记。

③ 检查元器件型号、参数、位置和极性后，可根据网表进一步逐个检查某一元器件管脚与其他相关元器件的连接关系。如果未画出网表，则应根据电路图上信号传输的方向（从输入到输出）逐个检查元器件的连接情况。

检查元器件管脚的连接情况时，要考虑到在实验板（如面包板、实验箱、PCB）上一个元器件管脚到另一个元器件管脚之间大都有多个连接环节。以面包板为例，元器件 A 的管脚与面包板之间有一个连接环节，元器件 B 的管脚与面包板之间也有一个连接环节。当用导线连接元器件 A 和元器件 B 时，导线一端插在元器件 A 管脚对应的插孔上，会产生第 3 个连接环节，导线另一端插在元件 B 管脚对应的插孔上，会产生第 4 个连接环节。由此可以看出，元器件 A 与元器件 B 之间至少产生了 4 个连接环节，这 4 个连接环节中的任一个出现问题，都将导致 2 个元器件的接线错误。因此，在检查 2 个元器件管脚之间的连接是否正确时，应该用万用表电阻挡直接测量 2 个元器件管脚是否连通。如果出现不连通现象，则再分别测量第 1 个环节与第 2 个、第 3 个、第 4 个环节是否连通，从而可找出连接故障点。

### 3. 利用在线测试法查找故障

在线测试法是电子产品批量生产中广泛应用的一种方法，它主要用来查找 PCB 上的元器件装配错误。这一测试方法的思路是，当电子设备设计样机调试完毕且设备已处于正常工作状态时，将样机设备中安装元器件的 PCB 的外接电源和外部交流信号去掉，测量一些关键元器件管脚的对地阻抗（可以是直流电阻，也可以是交流电阻）。记录下这些对地阻抗并将其存储在计算机中，以作为测量数据样值。在批量生产过程中，利用铜制探针逐点测试刚焊接完的 PCB 上的关键点，得到各点的对地阻抗，再将测得的值与计算机存储的样值一一对照。当发现某点测量数据与该点样值不符时，给出提示信号，维修人员即可对与该点相关的元器件和连线进行检查。目前，在专业化生产线上，在线测试仪是一种自动化程度很高的设备，各测试点探针的接入和测试数据的发送/接收，以及与样值的比对都是自动进行的。

这种测试技术的特点是测试时所有被测元器件都不需焊下来，即仍在 PCB 上，故称之为"在线测试"。目前，在线测试不仅被用在大批量的电子产品生产线上，也有一些专门用于实验的在线测试仪。这类在线测试仪借助示波器，采用手动方法测试两端元器件或三端元器件的电压/电流曲线（V/I 曲线）。先测试一个正常电路某两点的 V/I 曲线，再测试另一个相同电路的相同两点，得到另一个 V/I 曲线，通过比较两个曲线，判断被测点是否存在故障。

在没有在线测试仪的情况下，人们大多采用万用表测量直流电阻的方法进行比对。具体方法是，找一个相同且正常工作的电路，用万用表电阻挡测试某一点对地电阻，或者测试某一两端元器件的两个管脚，得到一个阻值。根据万用表工作原理，电阻挡测得的是直流电阻。将有故障的电路与正常电路的测试值进行比对，可找出装配故障或某些因元器件损坏而造成的故障。用模拟万用表电阻挡进行在线测试时，不可选用 R×1K 挡或 R×10K 挡，因为这两挡或为大电流或为高电压，易造成被测元器件的损坏。目前，一些家用电器维修人员由于没有示波器等专业仪表，常用这种方法来查找故障。有些参考书提供了家用电器中万用表测得的数值（如直流电阻、直流电压、电流值等），可供维修人员参考。

**例 5-2-5** 利用在线测试法的思路给出检测图 5-5 所示 LC 滤波电路故障的方法（设 $C_3$ 有短路故障）。

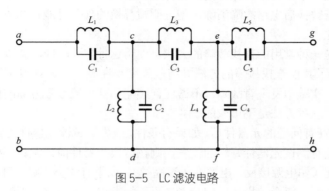

图 5-5 LC 滤波电路

检测方法如下。

第 1 步，测量 $a$、$c$ 间的直流电阻（$L_1$ 线圈的直流电阻 $r_1$）和 $e$、$g$ 间的直流电阻（$L_5$ 的线圈直流电阻 $r_5$），并与正常电阻相应值进行对比结果一致，表明 $L_1$、$L_5$ 所在支路直流电阻正常。

第 2 步，测量 $c$、$d$ 间的直流电阻即 $r_2//(r_3+r_4)$，$e$、$f$ 间的直流电阻即 $r_4//(r_3+r_2)$，与正常电路对比后发现结果有差异且均小于正常电路的对应值，说明 $L_2$、$L_3$ 和 $L_4$ 所在支路中至少有一个支路在线直流电阻有问题。

第 3 步，测试 $a$、$g$ 间的直流电阻（$r_1+r_3+r_5$）后发现被测电阻的值小于正常电路的值。由第 1 步测试可知 $L_1$、$L_5$ 所在支路直流电阻正常，故可判断出 $L_3$ 所在支路有问题。进一步测试 $c$、$e$ 间的电阻，发现阻抗为零，说明 $L_3$ 或 $C_3$ 出现短路。当故障范围缩小到很小时则可焊下 $L_3$ 或 $C_3$，测出故障所在。

**例 5-2-6** 调试过程中发现图 5-5 所示电路的滤波特性与设计值的差异较大，用在线直流电阻对比法未发现问题，试用在线交流阻抗对比法找出故障（设故障是 $C_3$ 容值偏大）。

检测方法：在被测滤波电路输入端接入一个信号源和一个辅助电阻 $R$，如图 5-6 所示。信号源频率和电压 $U_i$ 可在滤波电路工作范围内选择一个，辅助电阻 $R$ 与滤波电路输入阻抗相仿。为了对比，除故障滤波电路之外还需一个正常工作的相同的滤波电路。

第 1 步，在选定信号频率后测出正常滤波电路的电压（$U_z$）值（见图 5-6）和故障滤波电路的电压值。若值一致，则说明问题可能出在 $L_5C_5$ 支路；若值不一致，则进行下一步。

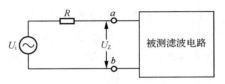

第 2 步，将短路线分别接在正常滤波电路和故障滤波电路的 $e$、$f$ 两端，测出两个电压值。若值一致，则说明 $L_4C_4$ 支路有问题；若值不一致，则进行下一步。

图 5-6　滤波电路故障的查找

第 3 步，将短路线分别接在正常滤波电路和故障滤波电路的 $c$、$e$ 两端，测出两个电压值。若值一致，则说明 $c$、$e$ 间的 $L_3$、$C_3$ 有误；若值不一致，则继续进行测试。

这种方法的思路是，在逐一短路可疑元器件的条件下，比较正常电路与故障电路，若短路故障元器件后两个对比的电压值一致，则说明被短路的元器件有问题。这种方法在测试无源元器件构成的电路尤其是交流参数有误时十分有效。

### 4. 替代法

（1）元器件替代法

在查找故障的过程中，可用一完好的元器件或正常工作的模块将故障电路中被怀疑的元器件或模块替换下来。若替换后电路故障消除，则证明被替换的部分可能有故障，这种查找故障的方法称为元器件替代法。

元器件替代法是一种常用的查找故障的方法，使用这种方法时应注意以下两点。

① 必须在使用了其他查找故障的方法并将故障缩小在某一元器件或某一模块范围内后才能使用元器件替代法。实验中发现有故障，不做任何装配和交直流参数方面的检查，便逐个替换元器件以期找到故障，这种方法是不可取的。

② 在拆下被怀疑有问题的元器件后，如果有条件，应先测试该元器件的好坏。若元器件损坏，则进行替换。如果没有测试元器件好坏的仪表，则在替换元器件前，尤其要检查有无可能造成元器件损坏的错误接连（如电源接反、电源电压过高等）。如果有这类故障，可以想象，新的正常元器件替换故障元器件后，仍会被损坏。实验者如果不能意识到这一点，不但会做出此元器件无故障的错误判断（因为替代前、后电路没有变化），还会损坏原来完好的元器件。

**例 5-2-7**　一时钟显示电路如图 5-7 所示。故障现象是分显示的个位不正常，试用元器件替代法查找故障。

检测方法：可用分显示个位的译码器替换其他显示部分的译码器，如果故障位置也随之交换，则说明原分显示个位的译码器损坏；否则，故障在计数器或 LED 数码管中。

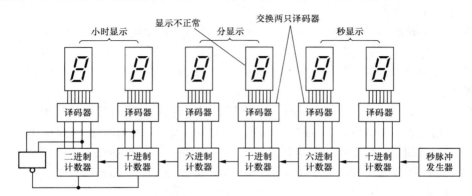

图 5-7　时钟显示电路

（2）信号替代法

在测试电路参数时，为了查找故障，用外接信号替代电路中的某处信号，这种方法称为信号替代法。

**例 5-2-8**　图 5-8 所示电路为文氏桥电路，故障现象是该电路不起振，试用信号替代法查找故障。

检测方法：根据文氏桥的工作原理，振荡器需满足反馈信号相移为零和 $A_uB_u>1$ 的起振条件才能振荡。检测时，可将正反馈支路断开，用一个外接信号源 $U_i$ 与 $R_1$ 连接替代 $U_o$，如图 5-9 所示。

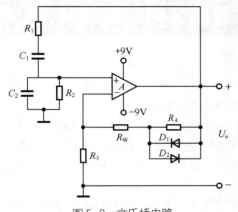

图 5-8　文氏桥电路

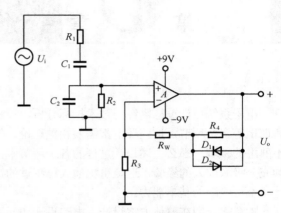

图 5-9　用信号源 $U_i$ 与 $R_1$ 连接替代 $U_o$ 后的电路

令 $U_i$ 的频率等于文氏桥的振荡频率 $f_o$，测量运算放大器的同相端 $U_+$ 信号的相位与 $U_i$ 是否相同，即是否满足反馈信号相移为零的条件。然后令 $U_i$ 幅度较小（几毫伏），以替代起振过程中的信号，再测试 $U_o$ 值，分析放大器是否满足 $A_uB_u>1$ 的起振条件。通过信号替代，可找出哪一条件不满足振荡器的工作要求，从而检测出故障所在。

### 5. 降低或简化测试条件测试法

通过测试电路参数来查找故障时，有时会受到仪表或其他测试条件的限制，测试较为困难，这时可采用降低或简化测试条件测试法来查找故障。

**例 5-2-9**　序列信号发生器如图 5-10 所示，其模值 $M=256$，CP 频率为 10MHz，测试时只有示波器，试说明测试串行信号码值正误的方法。

由于模值 $M=256$，用示波器无法完整测量整个序列长度，因而难以判断该电路输出序列码的码值是否有故障。此时，可将 CP 频率由 10MHz 降为 1Hz，示波器的一路送入 CP 信号，另一路送入序列信号。这时，CP 频率每变化一次，输出序列码的码值也会出现一次。由于 CP 频率已

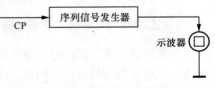

图 5-10　序列信号发生器

降低为 1Hz，故每一秒可测出一个序列码的码值，经过 256s 就可测出序列码所有的码值。

采用该方法查找故障时，要考虑到测试条件变化后，某些测试结果会随之变化。例如，在例 5-2-9 的序列信号中如果出现纳秒级的"毛刺"，由于示波器测量 CP 信号和输出信号的[TIME/DIV]处于秒或几十毫秒级的挡位，所以"毛刺"是无法测出的。

# 第6章 电子系统设计中资料的查找与技术文档的整理

电子系统设计过程需经历技术指标分析、算法研究、整体方案设计、电路设计、元器件选用和调试等多个环节，这些环节都需要相关理论、技术和经验来支撑。如果设计的课题是设计者所不熟悉的领域，那么上述设计过程的各个环节中都必须查找相关资料，以保证理论知识完备，还须充分吸取前人的经验，避免重犯他人已犯过的错误。由此可见，资料查找是每一个电子系统设计者不可或缺的基本能力。

本章将介绍在整体方案设计、电路设计和元器件选用这3个主要环节中如何进行资料查找和技术文档的整理。

通过本章的学习，读者能基本掌握电子系统设计过程中资料查找的方法和技术文档的整理方法。

## 6.1 电子系统整体方案资料的查找

在电子系统整体方案设计阶段，一般要解决4个方面的问题：①整个系统的工作原理；②到目前为止有哪些已采用过的算法和整体方案；③在算法实现或整体构建时要采用哪些主要的技术手段（或称电路类型）；④当前同类电子系统的技术水平或性价比评价。通过这4个方面的调查，达到总体上初步了解电子系统的目的，即可对电子系统的可行性有初步的判断。

电子系统整体方案资料的查找可采用下列方法。

### 1. 通过教科书查找电子系统原理性资料

如果设计者要完成的电子系统设计课题不是原创的，而是要在已有的类似产品的基础上进行仿造、改造或新型号设计，换言之，电子系统的工作原理是已公开的，那么，应首先查找该电子系统相关的专业教科书。专业教科书的特点是其内容和深度都是经本专业专家集体审定的，内容上比较全面，讲述上注重循序渐进。

但是，一般教科书在讲述某电子设备（或系统）时，只注重原理介绍，往往不涉及技术上的细节，这与教学目的有关。此外，不同时期的教科书的内容与当时主导的教育思想有关，当强调专业划分并强化专业课程教育时，教科书对设备的原理的讲述较细致；当强调重基础、宽口径的教育思想时，教科书对设备原理的讲述就比较概括。例如，我国二十世纪六七十年代的教科书，其内容对设备原理的讲述比较深入、细致，而目前的教科书中的内容对设备原理的讲述则比较粗略。这不是为了评价教科书和教育思想的优劣，只是为了告诉读者，要注意教科书的时代特点。例如，要初步了解直流稳定电源的工作原理，可以先查阅《常用电子仪表工作原理》《电子测量与仪表》等教科书。

### 2. 通过电子设备相关专著和科技期刊深入了解设备的原理

在中文科技书籍中，有一类是专著。与电子设备相关的专著中，有的对某一种设备进行了全面而深入的阐述，如《直流稳压电源》《开关式直流稳压电源》等；有的仅以电子设备中的某一部分为专题进行阐述，如《直流开关稳压电源的软启动技术》。针对专用电子设备的专著，通过《中国图书馆分类法》可以很方便地找到它们在图书馆中的索书号。此外，这些专著的书名往往会含有电子设备的名称，当我们以设备名称为关键词并利用计算机或其他检索工具进行检索时，便可以方便地找到所需的图书。

从科技期刊中也能查找到电子设备原理、研制、构成、算法等方面的资料。科技期刊中的一些文章可反映某一电子设备（系统）较新的研制信息，包括原理、算法、整体方框图及已达到的技术指标等内容。科技期刊文章的特点是能反映当前国内或国际较新的研究成果，具有先进性。有的文章是综述性的，对国内外某一设备的性能或发展情况进行了综合性评述，这类文章有助于人们了解某一设备的科技发展情况。

科技期刊上的文章有着明显的时代特征。例如，在查找标准数字集成电路（如 74 系列）测试设备资料时可以发现：1970—1980 年，反映集成电路测试设备的文章大都是关于如何利用数字电路构成测试系统的；1981—1990 年，由于微型计算机开始在我国普及，因此数字集成电路测试系统大都采用由计算机控制、以数字电路为接口的工作原理；1991—1995 年，由于单片机在我国已很普及，因此数字集成电路测试系统多为由单片机控制、以数字电路为接口的模式；1995 年后，关于标准数字集成电路测试系统的文章就比较少了，主要原因是标准数字集成电路的测试技术已十分成熟。

了解电子领域科技发展的脉络，对于相关资料的查找是很有帮助的。

### 3. 通过查找国家标准或国际标准，明确对电子设备的规范性要求

当某一种设备的技术已基本成熟时，相关机构往往会为该设备制定国家标准或国际标准。标准的制定有利于产品质量的控制，可保证设备的通用性和零配件的互换性。

在电子设备中，信号传输和处理都必须遵循统一的标准。如果没有标准，各个厂商自行其是，则各厂之间的设备难以互通，通信网将难以组建。

标准有强制性和建议性之分，标准本身也在不断更改和完善。新的标准制定时，不但要反映出技术的新进展，还要兼容旧的标准。一些电子设备的标准对设备的整体结构、数据格式、电气参数等都有明确要求。

一些标准不但在设计上提出了要求，还提出了对应的测试标准，对测试方法、使用的仪表及性能都有明确的规定。例如，使用干电池性能测量仪测量电池的内阻和电容量时，查找相关电池测试标准可以发现，需将 1kHz、50mA 的交流恒流源信号施加在电池上，用四线法测出交流恒流源信号在电池内阻上的压降 $U_s$，通过 $R_o = U_s/50mA$ 的关系间接测出输出内阻 $R_o$。标准中的测量方法明确了干电池性能测量仪的算法及整体方案。

**4. 通过查找市场现有设备的技术指标，了解设备当前的技术水平和性价比情况**

在电子系统整体方案设计阶段，首先要明确课题技术指标的可行性，而判断可行性的一个便捷方法就是查找目前市场上同类设备的技术指标和价格。产品说明书中应有该设备的技术指标，这些技术指标是厂方对顾客的承诺，是必须达到的。正规的生产厂商大都建立了自己的厂内标准。厂内标准一般比国家标准或国际标准更严格，以便保证产品的质量。产品说明书上的技术指标不应低于国家标准。通过了解技术指标，可以了解、比较现在上市设备的水平，为课题技术指标可行性提供判断依据。

## 6.2　电子电路资料的查找

电子系统的整体方案确定后，各类电信号的采集、存储、运算、处理、传输和控制需要通过各种电子电路来实现。这一阶段的设计工作称为电路设计。

设计电子电路之前需要查找相关资料。在查找电路资料时，可根据不同的查找目的从教科书、专著、科技期刊、电路手册、专利和元件手册等方面去查找。

**1. 电路原理性资料的查找**

电路设计的第一步就是选择适用的电路类型和结构，而选择电路类型和结构的基础就是对各种电路工作原理有一定的了解。教科书是查找电路原理性资料的首选。教科书大都会全面介绍各种典型的电路类型、结构和原理，讲解时循序渐进、概念清楚，内容都是基础性的。从教科书上了解电路工作原理，从而确定适用的电路类型和结构是最基本的方法。但是，也应认识到，教科书主要涉及的是基本原理，较少深入讨论技术细节。

**2. 实用性电路资料的查找**

有许多专著对电路的理论和实用两个方面都进行了详细的阐述。例如，《集成运算放大器原理与应用》不但对集成运算放大器的工作原理进行了详细阐述，还对影响集成运算放大器的精度的因素进行了深入分析，此外还给出了多种实用电路及设计公式。

专著中还有一类在书名中含有"实用"二字，如《集成运放的实用技术》等。这些专著对电路应用中应考虑的一些具体的细节以及扩展性的应用都进行了详细的说明。

模拟电路和数字电路类书籍中还包含了一些电路集锦式的资料，如《电子电路实用手册——模拟电路》《电子电路实用手册——数字电路部分》《电子线路 300 例》。这类集锦式的电路书籍展示了大量的实用电路，并且大都有原理简述和电路参数。参阅这类书籍，对于扩展设计者的思路和眼界以及查找电路参数设计参考值是十分有益的。

**3. 从集成器件手册查找应用电路和参数**

目前，无论模拟电路还是数字电路，大都是以集成电路为主要器件构成的。生产集成电路的厂商在给出集成电路参数的同时，往往还会给出该器件的一些典型应用电路和外围器件参数。器件手册上的参考电路有助于该器件在电路设计中的应用，有时手册给出的外围器件参数对设计者来说也是非常有用的。

**例 6-2-1**　设计一个输入为 8V、输出为 5V 的直流稳压电路，输出最大电流为 1A。

可考虑选择 7805 系列的集成电路进行设计。经过查找，发现有多家厂商生产 7805 系列三端稳压器。对照手册可知，ST 公司的 L7805A 和东芝公司的 TA7805SB 都符合要求。若进一步查找两个公司的器件资料，则可知这两个公司对这两个器件的外围器件 $C_1$ 和 $C_2$ 的要求是相同的，即均要求 $C_1$=0.33μF，$C_2$=0.1μF，而 TA7805SB 还要求另加一个 $C_3$=10μF，如图 6-1 所示。

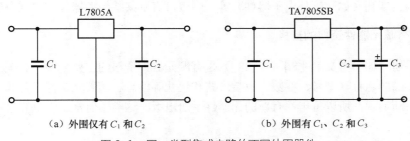

（a）外围仅有 $C_1$ 和 $C_2$　　　　　　（b）外围有 $C_1$、$C_2$ 和 $C_3$

图 6-1　同一类型集成电路的不同外围器件

有一些集成电路的外围电路（如集成鉴频电路 TA7176）不需要用户设计，器件厂商已确定了外围器件的参数，设计电路时只能按要求使用。

**4. 从科技期刊和专利中查找**

科技期刊论文中不但会介绍某一设备的构成原理、整机方案，有些论文还会给出具体的电路。有些论文尽管未给出具体电路，但会给出设计电路的思路。因此，科技期刊也是电路设计参考资料的重要来源。

专利也是查找电路资料的重要来源。目前已有将电路方面的专利汇集在一起的图书，如《实用电子电路专利 300 例》。

## 6.3　元器件资料的查找

查找元器件资料的目的：①查询某类元器件的基本工作原理；②根据功能和参数需求寻找适用的元器件型号；③根据已知型号查找其功能和参数；④已知型号和参数时寻找可替代的元器件；⑤某一元器件的应用。

**1. 元器件基本工作原理相关资料的查找**

元器件是工业产品，由于接触元器件的人有生产者和应用者之分，有关元器件工作原理的资料也有生产和应用之分。《中国图书馆分类法》中有专门的电子元件条目，根据该条目可查找涉及元器件基本物理特性和生产工艺的图书，如《电阻器》《电容器》《晶体管工作原理》等。对于应用电子技术解决实际需求的人来说，应用元器件是目的。笔者编写本书时也是以应用元器件为目的来查找相关资料的。

有关元器件原理的资料可从涉及实验或实践类的教科书中查到。例如，一般的电气装配、模拟电路（数字电路）实验等主题的教科书中都会介绍常用的电阻、电容、电感、晶体管、运算放大器、乘法器、数字集成器件等的原理和基本参数。另外，一些普及性读物（如《如何选用无线电元件》等）也会讲述元器件的原理。

有一些专著（如《555 时基集成电路原理与应用》《锁相环集成电路原理与应用》《CMOS 集

成电路原理与应用》等）以应用为目的专门介绍某一种元器件的原理和应用。

由于集成电路的飞速发展，集成器件的功能和规模不断扩大，一个小系统集成在一个专用芯片上已屡见不鲜。这种集成电路的原理要由厂商提供，这类器件说明书的页码常常有几十页甚至数百页。

在一些科技期刊（如《国外电子器件》等）中也可查到某些新型器件的原理及应用举例。

### 2. 分立有源元器件资料的查找

元器件手册（如参考文献［8］～［38］）是有源元器件资料的主要来源。这些手册包含国内外众多厂商产品的名称、型号、参数、封装形式和尺寸等信息。随着元器件工艺和技术的发展，新的元器件不断涌现，所以每年都有新的元器件手册出版。这类手册常以"世界最新××手册"为书名。

《半导体器件数据手册》（*D.A.T.A. Digest*）由美国 IHS（Information Handling Services Inc.）下属 D.A.T.A. Business Publishing 出版。该手册提供了全世界各个主要半导体器件公司的各种产品与信息，早期名为 *D.A.T.A BOOK*，1988 年前后改名为 *DIGEST*，随后又改名为 *D.A.T.A. Digest*。该手册是当今世界上最为完整的半导体器件数据手册，有几十个分册，每年都会更新，同时提供已经停产的半导体器件型号以及可以代换的器件。该手册中有型号、主要参数、封装形式、生产厂家、厂商标识等信息，其分册如下。

① 《索引大全》（*Master Type Locator*）。

② 《应用札记手册》（*Application Notes Reference*）。

③ 《数字集成电路手册》（*Digital ICs*）。

④ 《接口集成电路手册》（*Interface ICs*）。

⑤ 《线性集成电路手册》（*Linear ICs*）。

⑥ 《存储器集成电路手册》（*Memory ICs*）。

⑦ 《微处理机集成电路手册》（*Microprocessor ICs*）。

⑧ 《半导体二极管手册》（*Diode*）。

⑨ 《光电子器件手册》（*Optoelectronics*）。

⑩ 《功率半导体手册》（*Power Semiconductor*）。

⑪ 《闸流晶体管手册》（*Thyristor*）。

⑫ 《晶体管手册》（*Transistor*）。

⑬ 《高可靠性电子器件手册》（*High Reliability Electronic Components*）。

⑭ 《停产集成电路手册》（*Discontinued Integrated Circuits*）。

⑮ 《停产分立半导体元器件》（*Discontinued Discrete Semiconductors*）。

⑯ 《表面安装集成电路手册》（*Surface-Mounted ICs*）。

⑰ 《表面安装分立器件手册》（*Surface-Mounted Discretes*）。

⑱ 《备用与代用集成电路手册》（*Integrated Circuits-Integrated Circuits-Alternate Sources and Replacements*）。

⑲ 《直接备用的分立半导体元件手册》（*Discrete Semiconductors-Direct Alternate Sources*）。

⑳ 《建议代用分立半导体元件手册》（*Discrete Semiconductors-Suggested Replacement Alternate Sources*）。

㉑ 《黏合剂手册》（*Adhesives*）。

*D.A.T.A. Digest* 各分册编排方法基本相似，为了查找方便，可以首先查阅《索引大全》（*Master Type Locator*），通过索引进一步查找相关的分册。如果对各个分册比较熟悉，也可以直接从相关分册中查找信息。

*Master Type Locator* 包括以下 5 个部分。

① 功能索引（Function Index）：根据半导体器件名称或功能，引导读者查阅不同的分册；按名称或功能字顺排列，列出对应的分册代码，每一页面底端列出代码对应的分册名称。

② 半导体器件目录（Semiconductor Directory）：按集成和分立半导体器件编号（厂商自订编号）顺序排列，列出相应的分册代码及简单描述、器件生产厂商名称缩写。

③ 生产厂商名录（Manufacturer Directory）：按名称字顺列出所有厂商，提供地址、电话和传真。目录前会列出所有厂商名称缩写和全称对照。

④ 电子协会名录（Electronics Associations）：按名称字顺列出全世界重要的电子协会，提供地址、电话、传真等信息，并解释各协会的电子器件编码系统。

⑤ 厂商标识（Manufacturers Logos）：按厂商名称字顺列出其标识。

在选定某一分册后，可以根据该分册的索引项目查找。现以《功率半导体手册》（*Power Semiconductor*）为例，介绍其提供的索引项目。该分册提供了以下 8 类索引项目。

① 功能索引（Function Index）：按字顺列出功率半导体器件名称或功能，引导读者进一步在本分册（或其他分册）查阅详细技术信息；列出对应的详细信息条目页码（或其他分册代码）。

② 器件编号索引（Part Number Index）：按功率半导体器件编号顺序排列，列出对应的详细技术信息条目页码和行，以及器件生产厂商的名称缩写。

③ 技术信息（Technical Section）：按半导体器件名称和功能的逻辑次序排列，分别列出各类所有器件，提供器件编号、相关参数、生产厂商名称缩写、包装样式等信息。

④ 包装样式（Package Styles）：列出器件外壳样式示意图。

⑤ 建议代用元件（Suggested Replacements）：按编码列出元件和厂商名称缩写。

⑥ 生产厂商名录（Manufacturer Directory）：按名称字顺列出所有厂商，提供地址、电话和传真。目录前会列出所有厂商名称缩写和全称对照。

⑦ 电子协会名录（Electronics Associations）：按名称字顺列出全世界重要的电子工业协会，提供地址、电话、传真等信息，并解释各协会的电子器件编码系统。

⑧ 厂商标识（Manufacturers Logos）：按厂商名称字顺列出其标识。

需要注意的是，2000 年以后 *D.A.T.A. Digest* 不再出版纸质书，元器件资料可以通过网络查询。

### 3. 集成电路器件的查找

我国的电子工程手册编委会曾出版了一套较全面的集成电子器件手册（如参考文献[8]～[20]）。这套手册不但提供了器件参数，还提供了应用方面的内容。

上述 *D.A.T.A Digest* 含有各类集成元器件分册（如参考文献[51]～[71]）。

### 4. 元器件的替代

元器件是有生命周期的，一般要经历新产品试用期、推广期、衰退期，直至停产。停产后的元器件难以买到。此外，由于货源关系，也可能买不到原来型号的元器件。还有可能出现更好且与原来型号兼容的新型元器件。在这几种情况下，往往要通过查找资料来寻找用于替代的元器件。

元器件手册类的书籍中有一种专门的替代手册，如《最新集成电路替代手册》及参考文献

[39]～[50]。如果已知原有器件的功能和参数，也可从一般的手册中寻找替代器件。

在寻找替代的元器件时，要特别注意以下几点。

① 管脚的兼容性。维修设备时，如果要用到替代的元器件，则寻找替代的元器件时首先要考虑替代元器件的管脚是否与原元器件的管脚兼容，不兼容将会给元器件安装带来麻烦。

② 参数的区别。有些元器件管脚和功能是兼容的，但元器件的电路参数不尽相同。例如，CD4046 与 74HC4046 的管脚和功能是兼容的，工作原理相同，都可作为锁相环使用，但是，CD4046 中压控振荡器（Voltage Controlled Oscillator，VCO）的最高频 $f_{max}$ 为 2MHz，而 74HC4046 的 $f_{max}$ 为 12MHz。因此两者外围电路参数的设计公式是有区别的，替代时一定要注意到这一点。

在标准数字器件的替代中要注意双极型器件与 CMOS 器件使用上的区别。例如，当 74LS00 用 74HC00 替代时，两者逻辑和管脚是兼容的，但是，74LS00 未用到的输入端允许悬空，悬空时输入电平等效为 "1"，而 74HC00 的输入端不用时必须接 "1" 电平。如果要在原来的设备中进行替代，则必须注意这一点，否则将造成逻辑错误。

## 6.4 查找电子资料的工具

前面几节介绍了电子系统设计资料和元器件资料的查找思路，给出了一些指导性的建议，本节将介绍元器件资料的查找方法和查找工具。

### 1. 科技期刊的查找

科技期刊文献检索是大学的一门课程，故本书不涉及其中的详细内容。如果读者尚未学习这门课程，建议自行阅读参考文献[75]～[84]）。

### 2. 元器件资料的查找工具

6.3 节已列出了众多的查找手册，除手册外，还可以通过厂商提供的数据光盘和网站来查找元器件资料。

一些元器件的生产厂商会提供该厂器件的数据光盘，例如，Maxim 公司每年都会出版一张光盘，并免费向用户发放。该公司还免费向用户发放器件手册，并可提供器件样片，供用户试用。

互联网的发展为元器件资料的查找提供了巨大的便利。目前已有许多元器件专业网站，如 "武汉力源" "芯天下" 等。此外，还可通过搜索引擎查找元器件资料。由搜索引擎搜到的器件资料大都是商业信息，如存货数量、价格、销售公司等。相关销售公司的网站往往也会提供元器件技术资料，供用户下载。

## 6.5 技术文档

技术文档的建立、收集和整理也是电子系统设计的重要内容。在实践中，除了电子系统的各项设计和实验测试要达到要求之外，设计者还必须提供完整、规范的技术文档。只有这样，设计工作才算真正完成。本节将简单介绍技术文档方面的知识。

### 6.5.1 技术文档及整理要求

电子系统的设计需要经过技术指标的分析和确认、资料的查阅和收集、算法研究及整体方案设计、电路设计和测试以及报告撰写等多个环节，每一环节都要建立各种相关的文档，这些文档的建立与整理是电子系统设计工作中不可缺少的部分。为了帮助读者明确技术文档建立及整理工作的意义和要求，培养读者严谨、细致的科技素质，现将电子系统设计过程中相关的技术文档的基本知识介绍如下。

### 1. 技术文档的种类

（1）收集的技术资料

在电子系统设计过程中，要不断收集与本课题相关的技术资料并对其进行筛选，以找出有参考价值的资料并将其以各种方式记录下来。有的资料可记录其出处，以便使用时查找；有的资料需要完整地复制（或下载），以便随时查用；有的资料可摘记其中部分内容（公式或电路图），以便设计时参考；有的元器件资料则需完整收集，以便作为元器件的设计依据。

统计资料表明，在电子信息技术尚不发达的年代，科技人员在研究（设计）过程中，收集、分析技术资料所花的时间要占到整个研究（设计）过程所花时间的三分之一。在电子信息技术高度发达的今天，收集技术资料的手段有了极大改进，数据光盘和互联网已广泛应用，查询效率极大地提高，较之以往，当前在设计过程中收集到的资料将更加丰富。将这些技术资料归类、建档，不但可用于当前的设计，还可作为以后各项设计的参考。电路设计经验丰富的人，往往备有丰富的资料库。

（2）设计过程中产生的技术文档

在设计过程中，算法研究、整体方案设计、电路设计和调试往往需进行多次，这些环节将产生大量的技术文档。具有良好科技素质的技术人员会及时、完整、准确地整理这些文档。

（3）总结性文档（报告）

设计任务完成后，应写出总结性报告向上级汇报任务完成的情况。总结性报告是设计任务验收和鉴定的重要依据，也是一种知识和经验的积累。

### 2. 整理技术文档的意义

（1）技术文档是设计任务的重要组成部分

人们对技术文档作用和意义的认识是不断发展的。以软件设计为例，20 世纪 70 年代，人们常用公式

软件设计=算法研究+编程

来表达软件设计的含义；而现在，则用公式

软件设计=算法研究+编程+提供完整的技术文档

来表达软件设计的含义。

之所以将提供完整技术文档作为软件设计的一部分，是因为缺少完整技术文档的软件很难具有可修改性、可维护性和可再利用性。可以设想，软件没有完整的技术文档，其设计人员会随着时间的推移将其编程和技术细节逐渐遗忘，当软件运行出现问题或者需要升级时，原设计人员常常会看不懂自己编写的程序。特别是，如果更换设计人员对程序进行修改或升级，工作将十分困难。

在电子电路硬件设计中也存在同样的问题。例如，美国国防部规定，任何为军方研究的数字设备，都必须用 VHDL 来描述数字电路的逻辑关系，否则不予验收。因为数字电路如果用电路图描述，其可读性较差，即便辅以自然语言，其逻辑关系也很难清楚地说明，所以必须用 VHDL 描述。

（2）技术文档是设计工作验收的主要依据

设计任务完成后，用户或上级工程师必须经过验收，才能确定任务完成的真实性。用户或上级工程师验收时，首先要对设计者提供的设计文档进行审核，从书面反映的情况入手，了解设计任务完成的情况。假如技术文档不完整、不规范，使审核者无法了解设计人员的设计思路、算法和方案的可行性、电路设计的水平以及测试结果，那么，即便是电子系统的技术参数达到了要求，也难以保证能通过验收。

笔者在教学实践中常见到这样的现象：一些同学毕业设计的电路设计水平较高，测得的技术指标也令人满意，但是，由于毕业设计报告撰写水平欠佳，因此参加答辩的老师无法从报告中清楚地了解毕业设计要求做什么、怎样做以及做得怎样，影响答辩成绩。

（3）技术文档是知识和经验的宝库

与一般的技术资料和教科书不同，由电子系统设计实践中产生的技术文档更具有针对性和实用性。不管是个人还是单位，其掌握的这类技术文档越多，在开发新的电子产品中的起点就越高。这是因为，后继的电子产品设计者可以通过技术文档充分享用前人积累的知识和经验。

### 3. 技术文档的建立与整理要求

技术文档的建立与整理工作伴随着设计工作的全过程，在进行这项工作时应做到以下几点。

（1）合理分类

技术文档的类型有多种，有的来自用户方（如技术指标、合同等），而多数是在设计过程中逐渐产生的。一般应按资料性质进行分类，例如，可分为如下几类。

① 用户文档。

② 收集到的技术资料（又可细分为整体方案、电路设计方案、元器件清单、测试方法细则等项）。

③ 设计文档（又可细分为设计算法研究报告、整体方案、电路设计方案等项）。

④ 调试文档（又可细分为单元电路测试报告、整体测试报告、例行试验报告等项）。

⑤ 总结性文档（又可细分为设计报告、测试报告、制造工艺报告、成本核算报告等项）。

⑥ 设计日志，用于记录工作进度和工作中的主要问题。

用户（或上级工程师）不一定要求设计者提供上述所有的文档，但是，作为设计者，在设计工作的开始阶段就应尽可能地将技术文档进行合理分类，以便建档和整理。

（2）及时建档和整理

设计过程中应将收集的资料及时分类归档，设计考虑、草拟的方案、电路设计过程等应及时记录。

（3）书写、绘图规范

在技术文档中，物理单位必须准确合理，例如，电阻单位有 $\Omega$、$k\Omega$、$M\Omega$ 之分，不能随意选用，因为这与所用仪表的精度、量程和电阻单位的表述习惯有关。

原理图的绘制必须符合电气制图国家标准，各单元电路在图上的布局应该便于自己和他人阅读。原理图的不规范，极易造成读图时的误解以及安装错误。

（4）工整、细致、清楚

在初学者中，绘制原理图和记录测试数据时最常见的问题是潦草、随意。一些同学这样做的理由是，应先将电路指标调出来，测试记录和原理图潦草一些没关系，待电路调通后再认真绘图和记录测量数据。但是，实践表明，这种做法反而会欲速则不达，由工作不严谨造成的错误会严重影响工作进度。

### 6.5.2　设计报告的撰写

本小节将介绍设计报告的撰写要求和格式。

#### 1. 设计报告的撰写要求

（1）明确撰写者的角色

设计报告的撰写者首先应明确自身在撰写报告时的角色，即作为一个汇报者，设计报告是交给用户（或上级工程师）审核的。初学者易在这一点上"站错位置"，常有人模仿教科书的口吻撰写报告，不自觉地将自己放在指导者的位置上。这是设计报告撰写时应首先避免的错误。

（2）按照设计工作的主要脉络确定撰写内容

设计工作的主要脉络：①我的设计目的是什么；②我是怎样做的；③做的结果如何。撰写报告时，设计报告内容的选择、顺序的安排和报告的层次关系都必须符合这一主要脉络。

撰写设计报告的另一常见问题是将一些常识性原理过多地写入报告，而在"我是怎样做的"以及"做的结果如何"这两个审核者最希望了解的方面着笔甚少。

（3）内容必须真实、客观

内容真实、客观是科技论文写作的基本要求。设计报告与实验报告有着同一特性，就是具有可重复性。只有当其他人员依据设计报告中提供的电路和测试方法，可重复实现所要求的电子系统，并达到指标要求，报告的真实性才能得到认可。

虚构设计、伪造测量数据，或者抄袭他人的报告都违反了报告的真实原则，这种行为是有悖于科学道德的。

（4）细致、完整和准确

设计报告中有关算法研究的过程和结论、工作原理以及各单元电路的设计过程都必须细致、完整地叙述出来，否则极易因设计各环节中某些关键点遗漏而造成设计"链条"的中断，从而使设计报告失去价值。

在撰写整体方案的构建考虑或工作原理时，应尽量说明各模块的作用、相互之间的关系以及信号处理的流程。有经验的设计者都知道，要透彻了解电子设备的工作原理及性能，首先应从整体上了解其构成及原理。

电路设计过程或者设计说明也必须详细。模拟电路设计过程必须反映出所依据的公式、元件取舍的理由。应尽量采用自然语言、布尔代数以及真值表、卡诺图等多种方法来说明数字电路是如何设计的（由于数字电路的原理图描述方式可读性较差，当电路规模较大时，很难仅依据原理图来判断其逻辑功能）。

测试的数据必须全面、完整。尤其要说明的是，一般电子系统的技术指标是对整体提出的要求，测试时必须测量技术指标要求的功能和参数。但是，仅有这些还不够，因为在设计过程中设计者还确定了各个模块（单元电路）的技术指标，整体测试前必须对各模块加以测量，其测量数据同样是必要的。

（5）简练

在内容详尽、完整的前提下，设计报告的文笔必须简练。内容详尽与文笔简练并不矛盾，用通俗一些的话来讲，就是要求撰写报告时该讲的一句不少，不该讲的一句不多。

### 2. 设计报告的格式

如前所述，设计报告主要应包含 3 方面的内容：①我的设计目的是什么——实现技术指标；②我是怎样做的——算法研究、整体方案设计和单元电路设计；③做的结果如何——测试记录分析及结论。因此，设计报告应按下列格式撰写。

目录
第 1 章　技术指标
1.1　系统功能要求
1.1.1　……
1.1.2　……
……
1.2　系统结构要求
1.2.1　……
1.2.2　……
……
1.3　系统电气指标
1.3.1　……
1.3.2　……
……


第 2 章　整体方案设计
2.1　算法设计（或数据处理流程分析）
2.2　整体方案
2.2.1　方案一……
2.2.2　方案二……
……
2.3　整体方框图及原理
……
第 3 章　单元电路设计
3.1　××电路设计
3.2　××电路设计
……
3.4　整体电路图
3.5　整机元件清单
……
第 4 章　调试
4.1　××电路调试
4.2　××电路调试
……

4.4　整体指标调试

……

第 5 章　设计小结

5.1　设计任务完成情况

5.2　问题及改进

5.3　心得体会（作为学生，特加此项要求）

附录

参考文献

# 第三篇 实践篇

　　　电子系统综合设计能力的培养离不开实践操作。本篇精选数字电路、模数结合等综合性设计课题，每个课题给出设计方案供参考，同时对调试也有系统的提示。本篇根据难易程度，将课题由浅入深地分为基础级、进阶级、竞赛级 3 个层次。读者可通过选择相应难度的课题开展分层次实践训练，系统掌握电子电路设计技巧，提高自身设计水平。

# 第 7 章　基础级课题

本章主要介绍针对电子电路理论课课时相对较少或初学电子电路的读者设置的基础级课题，包含数字电路设计课题、数字与模拟电路综合设计课题。这些课题的原理简单、设计难度较低，对电子电路入门学习有很大的帮助。

## 7.1　数字电路设计课题

本节课题的内容是以数字电路为主构成的电子系统模块。作为数字电路基础训练课题，设计方法建议采用试凑法。本章所有的课题主体器件均提供标准数字器件（74 系列或 4000 系列）备选。读者通过本节的学习，能提高数字电路的设计和实践应用能力。数字电路设计课题也可以作为可编程逻辑器件的实操训练课题。

### 7.1.1　多功能数字电子钟

**1. 技术指标**

（1）整体功能

多功能数字电子钟应能以秒为最小单位计时，同时用数字直观地显示当前时间（包括时、分、秒）。

（2）系统结构

多功能数字电子钟的系统结构框图如图 7-1 所示。其中秒信号电路产生 1Hz 的标准计时信号，计时电路记录当前的时间，数字显示电路以数字的形式显示当前时间，报时电路用于整点报时，时、分调整电路用于校正当前时间（时或分），系统复位键用于系统整体清零。

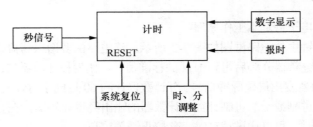

图 7-1　多功能数字电子钟的系统结构框图

（3）基本技术指标

① 最小计时单位为1s。

② 秒和分的计时范围为00～59，小时的计时范围为0～23或1～12。

③ 可以手动校准时、分。

（4）扩展技术指标

① 具有整点报时功能，报时要求整点鸣叫4次低音（500Hz）和1次高音（1kHz）。

② 可通过转换开关，使多功能数字电子钟实现秒表功能。最小计时单位为10ms，最长计时时间为59min。

③ 可手动将小时的二十四小时制转换为十二小时制。

④ 可通过按键切换显示年、月、日。

（5）设计条件

① 直流稳压电源提供+5V电压。

② 实现基本技术指标可供选择的元器件见表7-1。

**表7-1** 可供选择的元器件

| 型号 | 名称 | 数量 |
| --- | --- | --- |
| F555（或32.768kHz晶体） | 定时器（或石英晶体） | 1片 |
| 4511* | BCD码-七段码译码驱动器 | 6片 |
| 4029（或4060）* | 同步可预置十进制计数器（或14位二进制计数器） | 3片（或1片） |
| 74161* | 同步可预置十六进制计数器 | 4片 |
| 7400* | 四-2输入与非门 | 3片 |
| 7420* | 二-4输入与非门 | 2片 |
| 7404* | 六非门 | 2片 |
| GAL16V8* | 通用阵列逻辑 | 1片 |
| | LED | 1只 |
| | 1位数码管 | 6只 |
| | 不带锁按键开关 | 3个 |

电阻、电容及扩展技术指标的元器件根据需要自定；若用FPGA方案实现，标注*的器件则可省去。

### 2. 电路设计提示

（1）多功能数字电子钟基本工作原理

多功能数字电子钟主体电路框图如图7-2所示。该电路由多谐振荡器或晶体振荡器产生稳定的高频脉冲信号，经分频器分频后得到1Hz的标准信号，作为秒计数器的计数脉冲。秒计数器计数满60后，向分计数器发出进位脉冲信号。分计数器计满60后向小时计数器发出进位脉冲信号。小时计数器按二十四进制或十二进制计数。计数器的输出经过译码器，在显示器上显示时间。刚接通电源或计时错误时，可以通过拨动时、分校正开关校正。

（2）秒脉冲信号发生器

秒脉冲信号发生器是多功能数字电子钟的核心部件，它决定了多功能数字电子钟的稳定度和准确度，通常用晶体振荡器构成振荡电路。一般来说，振荡器的频率越高，计时精度越高，但耗电量也越大。

可以用 32.768kHz 的晶体通过 15 次二分频获得 1Hz 秒脉冲信号。秒脉冲信号发生器电路如图 7-3 所示，图中 $R_T$、$R$、$C_s$ 和 $C_T$ 的取值范围可参考相关资料。

如果作为实验电路，精度要求不高，也可以用 F555 集成定时器与 $R$、$C$ 组成多谐振荡器，具体电路如图 7-4 所示，图中 $R_1$、$R_2$、$C$ 的取值范围可参考相关资料。

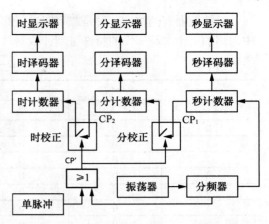

图 7-2　多功能数字电子钟主体电路框图

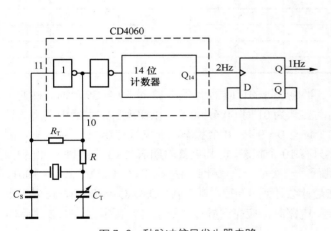

图 7-3　秒脉冲信号发生器电路

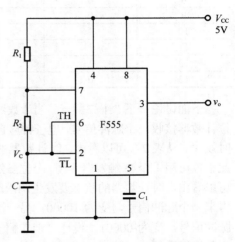

图 7-4　多谐振荡器电路

（3）分频器

分频器的功能主要有两个：一是产生标准秒信号；二是提供扩展技术指标电路所需的音频信号，如 1000Hz 的高音频信号或 500Hz 的低音频信号。例如，由 F555 产生 1000Hz 的脉冲信号可以直接作为高音频信号，经过 3 级 $M=10$ 的计数器分频得到 1Hz 标准秒信号。可以从第一级取出二分频 500Hz 信号作为低音频信号，如图 7-5 所示。

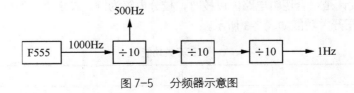

图 7-5　分频器示意图

（4）计数电路

分和秒的计时采用六十进制方式，计数规律为 00、01、…、58、59、00…。可以用十进制或十六进制计数器进行两级级联构成 $M=60$ 的计数器。

时计数器有两种：一种是二十四进制的计数器，计数规律和分、秒计数器相似；一种是生活中习惯的"十二翻一"的特殊进制计数器，详见表 7-2。

表 7-2                     "十二翻一"小时时序

| CP | 十位 | 个位 | | | |
|----|------|------|---|---|---|
| | $Q_E$ | $Q_D$ | $Q_C$ | $Q_B$ | $Q_A$ |
| 0 | 0 | 0 | 0 | 0 | 0 |
| 1 | 0 | 0 | 0 | 0 | 1 |
| 2 | 0 | 0 | 0 | 1 | 0 |
| 3 | 0 | 0 | 0 | 1 | 1 |
| 4 | 0 | 0 | 1 | 0 | 0 |
| 5 | 0 | 0 | 1 | 0 | 1 |
| 6 | 0 | 0 | 1 | 1 | 0 |
| 7 | 0 | 0 | 1 | 1 | 1 |
| 8 | 0 | 1 | 0 | 0 | 0 |
| 9 | 0 | 1 | 0 | 0 | 1 |
| 10 | 1 | 0 | 0 | 0 | 0 |
| 11 | 1 | 0 | 0 | 0 | 1 |
| 12 | 1 | 0 | 0 | 1 | 0 |
| 13 | 0 | 0 | 0 | 0 | 1 |

下面讨论一下"十二翻一"的计数器。当电子钟的计时器运行到 12 时 59 分 59 秒时，秒的个位计数器接收一个脉冲信号，电子钟应自动显示为 01 时 00 分 00 秒，以实现日常生活中惯用的计时规律。从表 7-2 可以看出，时计数器的个位有 0～9 共 10 个状态，十位只有 0、1 两种状态，因此十位可用 1 个 D 触发器实现。个位虽然只有 10 个状态，但其重复周期需要 13 个时钟脉冲信号。可以看出，时计数器的状态要发生两次跳跃：一次是计数器计到 $M=9$，即 $Q_E Q_D Q_C Q_B Q_A=01001$，再来一个脉冲信号，变为 10000；另一次是计数计到 $M=12$，即 $Q_E Q_D Q_C Q_B Q_A=10010$，再来一个脉冲信号，变为 00001。设计"十二翻一"电路时，应先选好计数器型号，再根据表 7-2 进行时序逻辑设计。

（5）校准电路

电子钟接通电源或出现误差时，需要校正时间，这是电子钟应该具备的一种基本功能。有时为了简单，只进行时、分校正（对多功能数字电子钟来说，还需要校年、校月、校日）。校正时、分电路的要求：在进行时校正时不影响分、秒计时；在进行分校正时不影响秒计时。校正脉冲信号可以用 1Hz 标准秒脉冲信号、单脉冲信号或低频连续脉冲信号等，根据需要由转换开关接入电路，校正完毕后开关复位，计数器正常计数。

校正电路的设计是组合逻辑电路，以校时、校分电路为例，设定"分"校正开关 $K_1$、"时"校正开关 $K_2$，校正开关功能如表 7-3 所示。

表 7-3                     校正开关功能

| $K_1$ | $K_2$ | 功能 |
|-------|-------|------|
| 1 | 1 | 计数 |
| 0 | 1 | 校分 |
| 1 | 0 | 校时 |

当 $K_1=1$、$K_2=1$ 时，正常计数；当 $K_1=0$ 时校分；当 $K_2=0$ 时校时。正常计数是分计时器的 CP 脉冲信号来自秒的进位信号 $CP_1$，时计时器的 CP 脉冲信号来自分的进位信号 $CP_2$。当校时、分时，需另外加入一个校时脉冲信号 $CP'$。为加快校时速度，可选择校时脉冲信号的频率为 2Hz、4Hz 等。$CP'$ 可以从分频器的输出中选择。

（6）整点报时电路

扩展技术指标中要求电子钟走到整点时会发出报时音，通常按照 4 低音、1 高音的顺序发出间断声响，以最后一声高音结束为整点时刻。只要把整点报时的时刻，即各计数器的状态分拣出来，控制报时电路就可以达到报时效果。下面分析计数器的报时状态：分十位计数状态为 $Q_DQ_CQ_BQ_A=0101$，分个位计数状态为 $Q_DQ_CQ_BQ_A=1001$，即 59 分 50 秒时准备报时，等待秒的报时信号到来即 59 分 51 秒开始鸣低音。低音发生在 59 分 51 秒、53 秒、55 秒、57 秒，每一低音持续 1 秒，间歇 1 秒。秒十位的计数状态为 $Q_DQ_CQ_BQ_A=0101$，秒个位的计数状态如表 7-4 所示。

表 7-4　　　　　　　　　　　　　　　　秒个位计数状态

| CP/s | $Q_C$ | $Q_C$ | $Q_B$ | $Q_A$ | 功能 |
|------|-------|-------|-------|-------|------|
| 50 | 0 | 0 | 0 | 0 | |
| 51 | 0 | 0 | 0 | 1 | 鸣低音 |
| 52 | 0 | 0 | 1 | 0 | 停 |
| 53 | 0 | 0 | 1 | 1 | 鸣低音 |
| 54 | 0 | 1 | 0 | 0 | 停 |
| 55 | 0 | 1 | 0 | 1 | 鸣低音 |
| 56 | 0 | 1 | 1 | 0 | 停 |
| 57 | 0 | 1 | 1 | 1 | 鸣低音 |
| 58 | 1 | 0 | 0 | 0 | 停 |
| 59 | 1 | 0 | 0 | 1 | 鸣高音 |
| 00 | 0 | 0 | 0 | 0 | 停 |

（7）秒表电路

扩展技术指标中要求最小计时单位为百分之一秒（10ms），此时秒表显示的最低两位应是秒的小数位，且为一百进制，原来的分位变为秒位，时位变为分位，并且显示 0～59 中的分钟值。此时，秒的小数计数器的时钟周期应为 10ms，即 100Hz。

（8）年、月、日电路

扩展技术指标中要求能显示年、月、日，在电子钟的基础上扩展计数功能。由于显示数码管有限，需要通过按键切换显示。

多功能数字电子钟基本技术指标加上扩展技术指标，电路总体会比较繁杂。推荐数字电路部分全用大规模可编程逻辑器件来实现。如果条件有限，可以借助 GAL 器件实现部分电路功能，以简化电路。

要充分利用 GAL 器件资源，就要先了解 GAL16V8 的内部结构及功能。该器件有 8 个输入缓冲器、8 个输出缓冲器、8 个输出反馈/输入缓冲器、1 个时钟输入缓冲器和 1 个选通信号输入缓冲器、8 个输出逻辑宏单元。与阵列中有 8×8 个与门，总共可实现 64 个乘积项。每个与门有 32 个输入端，其中 16 个为原变量，16 个为反变量。在 GAL16V8 中，有 8 个管脚（2～9 脚）只能作为输入端，还有8个其他管脚可配置成输入模式，因此它最多可有16个管脚作为输入端，输出端最多为8个。

根据GAL的结构特点，它实现复杂逻辑功能的灵活性较好。它的输出逻辑宏单元可配置成5种工作模式，各种模式对输出逻辑表达式的要求也不同。特别要注意的是，输出逻辑宏单元的内部有一个8输入的或门，或门的每一个输入对应1个乘积项（即1个与门的输出）。每个与门有多达32个输入端，在宏单元配置成不同的工作模式时，或门最多只能8个乘积项相加。当实现组合电路工作在反馈组合输出方式时，第一乘积项被三态选通信号占用，故或门只有7个输入端可用，即最多只能有7个乘积项相或。

**3. 调试提示**

（1）保证标准秒信号稳定准确，用示波器和频率计数器测量各级分频电路的输出。

（2）可以先将秒信号（或更高频率的信号）分别加到时、分、秒单元电路的时钟输入端，这样不仅能加快测试速度，而且便于观察电路的工作情况。

（3）校准电路的测试中，若使用单脉冲校时、分，则按键必须采用消抖电路。

（4）在多功能数字电子钟运行正常的情况下，测试整点报时电路。

（5）在使用CUPL编译时，可能会出现资源不够的情况，主要原因是GAL芯片的生产厂家不同，输出输入的管脚定义有所不同。例如，有的15脚、16脚只能作为输出端，不能作为输入端，而有的18脚、19脚只能作为输出端，不能作为输入端，要根据具体情况进行调整。

### 7.1.2 基于数字键盘的"十翻二"运算电路

**1. 技术指标**

（1）整体功能

人们要向计算机输送数据，可通过编码键盘或非编码键盘输入数字。在计算机中，数据的存储和处理是通过二进制数进行的，计算机会把输入值转换为二进制数。本课题实现将键盘输入的数字转换成二进制数的运算电路。

（2）系统结构

"十翻二"运算电路系统结构框图如图7-6所示。

（3）基本技术指标

① 具有将8421BCD码转换为二进制数的功能。

② 实现3位8421BCD码到二进制数的转换。

③ 能自动显示BCD码及对应的二进制数。

④ 具有手动清零和手动转换功能。

⑤ 8421BCD码可采用编码键盘并行输入。

（4）扩展技术指标

① 8421BCD码可采用编码键盘串行输入。

② 输入采用4×4非编码键盘。

（5）设计条件

① 直流稳压电源提供+5V电压。

② 基本技术指标中①、②项可供选择的元器件如表7-5所示。

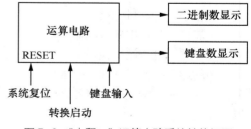

图7-6 "十翻二"运算电路系统结构框图

**表 7-5** 可供选择的元器件

| 型号 | 名称 | 数量 |
|---|---|---|
| 4511 | BCD 码-七段码译码驱动器 | 3 片 |
| 74283* | 4 位二进制加法器 | 6 或 7 片 |
| 7432* | 四-2 输入或门 | 1 片 |
| 74174* | 六-D 触发器 | 2 片 |
| | 8 位拨码开关 | 2 个 |
| | LED | 10 只 |
| C392 | 七段数码管（共阴） | 3 只 |
| GAL16V8* | 通用阵列逻辑 | 1 片 |
| | 1kΩ 排阻 | 2 个 |
| | 100Ω 电阻 | 13 个 |

扩展技术指标的元器件自定；若用 FPGA 方案实现，标注*的器件则可省去。

### 2. 电路设计提示

BCD 码至二进制数的转换电路俗称"十翻二"运算电路，有多种设计方案，这里仅介绍 3 种。

（1）方案一

用加法器实现 BCD 码至二进制数的转换，是基于这样的事实：将 BCD 码中各个为"1"的位所代表的权值的等值二进制数相加，即可获得该 BCD 码的等值二进制数。

例如，十进制数 36 的 BCD 码为 0011 0110，其中为"1"的位从高到低的权值依次为 20、10、4、2。

```
20  --------10100
10  --------01010
 4  --------00100
 2  --------00010  相加
---------------------------------
36  ------100100    (2⁵+2²)
```

其中的加法运算可以用 74283 加法器实现。下面以 74283 加法器构成的 BCD 码/6 位二进制数变换电路为例，说明如何实现上述方案。

表 7-6 所示为 BCD 码与 6 位二进制数及其权值的对应关系。

**表 7-6** BCD 码与 6 位二进制数及其权值的对应关系

| 二进制数 | | $b_0$ | $b_1$ | $b_2$ | $b_3$ | $b_4$ | $b_5$ |
|---|---|---|---|---|---|---|---|
| 权值 | | $2^0$ | $2^1$ | $2^2$ | $2^3$ | $2^4$ | $2^5$ |
| BCD 码 | | （1） | （2） | （4） | （8） | （16） | （32） |
| $D_{00}$ | 1 | × | | | | | |
| $D_{01}$ | 2 | | × | | | | |
| $D_{02}$ | 4 | | | × | | | |
| $D_{03}$ | 8 | | | | × | | |
| $D_{10}$ | 10 | | × | | × | | |
| $D_{11}$ | 20 | | | × | | × | |

实际进行加法运算时，最低位不必进行运算，可以直接以 BCD 码的最低二进制位输出。至于最低位以外的各个二进制位，也只需要将相同位置的"1"及相邻低位来的进位相加（次低位无最低位来的进位），而对于"0"则不必将其相加。从表 7-6 中可以得出二进制数各位与 BCD 码各权位之间的运算关系：

$b_0 = D_{00}$

$b_1 = D_{01} + D_{10}$

$b_2 = D_{02} + D_{11} + C_1$

$b_3 = D_{03} + D_{10} + C_2$

$b_4 = D_{11} + C_3$

$b_5 = C_4$

其中，$C_1$ 是 $D_{01} + D_{10}$ 产生的进位，$C_2$ 是 $D_{02} + D_{11} + C_1$ 产生的进位，同理，$C_3$ 是 $D_{03} + D_{10} + C_2$ 产生的进位，$C_4$ 是 $D_{11} + C_3$ 产生的进位。它们的运算关系用 74283 加法器即可实现，具体电路如图 7-7 所示。

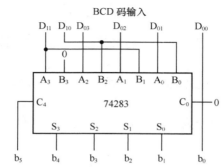

图 7-7 用一片 74283 加法器实现的"十翻二"运算电路

图 7-7 所示为用 74283 加法器实现的"十翻二"运算电路。下面再以两片 74283 加法器构成的 BCD 码/7 位二进制数变换电路为例。

表 7-7 所示是 BCD 码与 7 位二进制数及其权值的对应关系。

表 7-7 　　　　　　　　　　BCD 码与 7 位二进制数及其权值的对应关系

| 二进制数 | | $b_0$ | $b_1$ | $b_2$ | $b_3$ | $b_4$ | $b_5$ | $b_6$ |
|---|---|---|---|---|---|---|---|---|
| 权值 | | $2^0$ | $2^1$ | $2^2$ | $2^3$ | $2^4$ | $2^5$ | $2^6$ |
| BCD 码 | | （1） | （2） | （4） | （8） | （16） | （32） | （64） |
| $D_{00}$ | 1 | × | | | | | | |
| $D_{01}$ | 2 | | × | | | | | |
| $D_{02}$ | 4 | | | × | | | | |
| $D_{03}$ | 8 | | | | × | | | |
| $D_{10}$ | 10 | | × | | × | | | |
| $D_{11}$ | 20 | | | × | | × | | |
| $D_{12}$ | 40 | | | | × | | × | |
| $D_{13}$ | 80 | | | | | × | | × |

从表 7-7 中可以得出二进制数各位与 BCD 码各权位之间的运算关系：

$b_0 = D_{00}$

$b_1 = D_{01} + D_{10}$

$b_2 = D_{02} + D_{11} + C_1$

$b_3 = D_{03} + D_{10} + D_{12} + C_2$

$b_4 = D_{11} + D_{13} + C_{30} + C_{31}$

$b_5 = D_{12} + C_{40} + C_{41}$

$b_6 = D_{13} + C_5$

其中，$C_1$ 是 $D_{01} + D_{10}$ 产生的进位，$C_2$ 是 $D_{02} + D_{11} + C_1$ 产生的进位。由于加法器的任一位仅允许 3 个加法输入（被加数、加数、相邻低位来的进位），所以 $b_3$、$b_4$ 的逻辑值必须经过两次加法运算才能获得。先分析 $b_3$，第一次加法运算为 $D_{03} + D_{10} + C_2$，产生部分和 $S_{30}$ 与进位 $C_{30}$，第二次加法运算为部分和 $S_{30} + D_{12}$，产生和 $b_3$ 与进位 $C_{31}$。这就是 $b_4$ 的算式中有两个进位信号 $C_{30}$、$C_{31}$ 的原因。同理，$b_4$ 的第一次加法运算为 $D_{11} + D_{13} + C_{30}$，产生部分和 $S_{40}$ 与进位信号 $C_{40}$，第二次加法运算为 $S_{40} + C_{31}$，产生和 $b_4$ 与进位 $C_{41}$。

具体电路如图 7-8 所示。

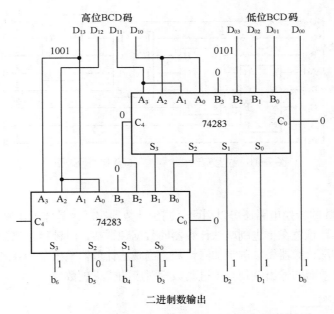

图 7-8 用两片 74283 加法器实现的"十翻二"运算电路

（2）方案二

BCD 码-二进制数的转换电路还可以用 BCD 码移位的方法来实现，转换原理如图 7-9 所示。对于 BCD 码-二进制数的转换，要将 BCD 码从寄存器的最低位移出，在图 7-9 上，数码每次向右移 1 位表示除以 2。这样，在两个十进制数的交界处通过 1 个"1"时，它的值就要从 10 减至 8，而不是像二进制那样要从 10 减至 5，因此要在移位后其数值大于或等于 8 的十进制的数值中减去 3。这样就完成了 BCD 码-二进制数的转换。图 7-10 所示为用 74283 实现的转换电路。图 7-11 所示为大于或等于 8 的判别和减 3 电路。

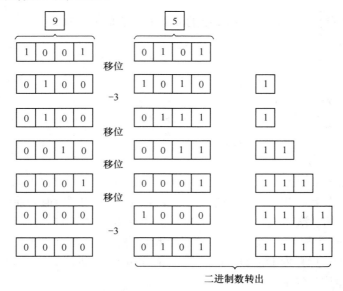

图 7-9　BCD 码转换成二进制数的原理

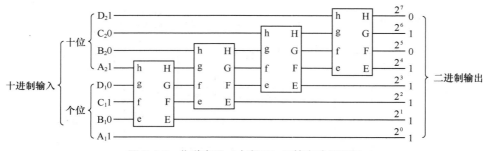

图 7-10　位移实现"十翻二"运算电路原理图

**（3）方案三**

BCD 码-二进制数的转换电路还可以用两个同步计数器实现，具体工作原理如图 7-12 所示。将需要转换的十进制数预置在十进制减法计数器的数据预置端，时钟信号来到时，做减法计数。同时，时钟信号使加法计数器做二进制加法计数。当减法计数器输出全为 0 时，加法计数器停止计数，这时，加法计数器的输出就是与十进制数相对应的二进制数。

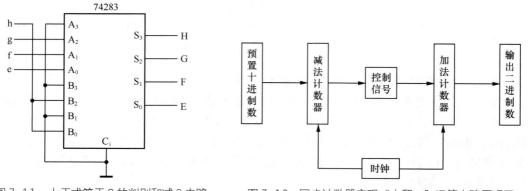

图 7-11　大于或等于 8 的判别和减 3 电路　　图 7-12　同步计数器实现"十翻二"运算电路原理图

### 3. 调试提示

（1）选择按键输入，观察数码管显示的 BCD 码是否正确。
（2）根据工作原理和逻辑转换顺序对转换单元进行逐级调试。
（3）最后整机统调。

## 7.1.3 数控脉宽脉冲信号发生器

### 1. 技术指标

（1）整体功能
数控脉宽脉冲信号发生器能够在脉宽控制键的控制下，按确定的步长改变输出脉冲信号的占空比，即脉宽可调，同时以占空比的形式显示脉宽情况。
（2）系统结构
数控脉宽脉冲信号发生器的系统结构框图如图 7-13 所示。其中输入脉冲信号由外部信号源提供，脉宽控制键用以选择输出信号的脉宽，脉宽变换电路根据脉宽控制键的控制产生要求的脉宽信号，占空比显示电路可显示输出信号 $f_0$ 的占空比。

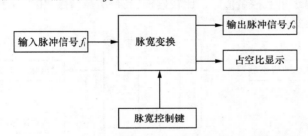

图 7-13　数控脉宽脉冲信号发生器的系统结构框图

（3）基本技术指标
① 正脉宽占空比可控范围：1%～99%。
② 占空比可控的步长为 1%。脉宽控制键有两个：一个是 "+" 键；一个是 "–" 键。每按一次 "+" 键，脉宽占空比增加 1%；每按一次 "–" 键，脉宽占空比减少 1%。
③ 具有 2 位占空比的数字显示。
④ 输出信号 $f_0$ 的频率范围：1Hz～1kHz。
（4）扩展技术指标
① 可以测试并显示输出脉冲信号的脉宽值（最小分辨率为 10μs）。
② 输入信号频率 $f_i$ 固定，可以步进改变并显示输出信号频率 $f_0$，步长为 10Hz。
③ 可以用开关切换测试和显示的内容，并分别用 3 个 LED 表示当前测量状态：占空比值、脉宽和频率值。
（5）设计条件
① 直流稳压电源提供 +5V 电压。
② 可供选择的元器件如表 7-8 所示。

**表 7-8**　　　　　　　　　　　　　　　可供选择的元器件

| 型号 | 名称 | 数量 |
|---|---|---|
| 4029* | 二/十进制可逆计数器 | 2 片 |
| 7485* | 4 位二进制比较器 | 2 片 |
| 74168* | 十进制加/减计数器 | 2 片 |
| 4511* | BCD 码-七段码译码驱动器 | 2 片 |
| C392 | 七段数码管（共阴） | 2 只 |
| 7400* | 四-2 输入与非门 | 1 片 |
| 7404* | 六非门 | 1 片 |

电阻、电容及扩展技术指标的元器件根据需要自定；若用 FPGA 方案实现，标注*的器件则可省去。

### 2. 电路设计提示

（1）整体方案设计

数控脉宽脉冲信号发生器整体电路框图如图 7-14 所示。输入脉冲信号 $f_i$ 作为模 100 的 BCD 加计数器的时钟信号。计数器的输出量值 $A$ 和可编程数控量值 $B$ 在数字比较器中进行比较。当计数器的输出量值大于可编程数控量值时，比较器输出 $A>B$ 端口由"0"变为"1"，反之，比较器输出 $A>B$ 端口由"1"变为"0"。

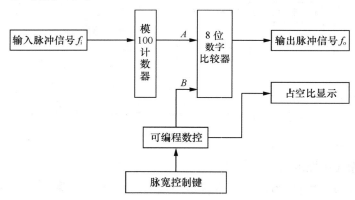

图 7-14　数控脉宽脉冲信号发生器整体电路框图

由于计数器连接成模 100 的计数器，因此输出频率 $f_o$ 为输入信号频率 $f_i$ 的 1%，输出脉宽 $t_w=DT_i$（$D$ 为可编程数控量值）。

（2）模 100 计数器的设计

将两片模 10 计数器异步级联，将前一级的进位信号作为下一级的时钟信号，从而实现模 100 计数器。也可以同步级联，即将前一级的进位信号与下一级的功能扩展端相连，使时钟端同步，实现模 100 的计数器。

（3）8 位数字比较器

两片 4 位数字比较器 7485 的级联输入可以很容易地扩展为 8 位数字比较器。它的作用是将输入信号的脉冲个数与可编程数控量值进行比较：当输入信号的计数值大于可编程数控量值时，比较器输出 $A>B$，端口就显示"1"；当输入信号的计数值小于可编程数控量值时，比较器输出 $A<B$，端口就显示"0"。

（4）可编程数控电路

可编程数控电路在脉宽控制键控制下做加 1 或减 1 的逻辑操作。它实际上就是一个可逆计数器，是用两片十进制加/减计数器级联成模 100 的加/减计数器。其输出数据被分别送到比较器 7485 对应的数据端，在按键脉冲的作用下，数控产生 0～99 的各种数码。

（5）占空比显示电路

可编程数控电路的加/减计数器输出可以直接通过译码器在数码管上显示出来，可以采用静态显示，也可以采用动态显示。

（6）扩展技术指标中测脉宽、测频率可参考"7.1.5 简易数字式频率计数器"的设计方案。

### 3．调试提示

（1）首先调试模 100 加法计数器，分析 $f_i$ 与 $f_o$ 的关系，采用函数信号发生器的 TTL 脉冲作为时钟信号 $f_i$。

（2）调试可编程数控电路（模 100 的加/减计数器），时钟信号采用按键脉冲信号。按键必须通过消抖电路消除抖动，否则脉宽控制无法满足步长为 1% 的要求。

（3）调试数字比较器时，可在数据端预置两个 4 位二进制比较器，看其输出端 $A>B$、$A=B$、$A<B$ 时的输出是否正确。

（4）调试时应记录输出信号 $f_o$ 的波形，不只是由显示电路显示占空比值，还必须用示波器测量占空比。

## 7.1.4　仪用数字显示调节器

### 1．技术指标

（1）整体功能

仪用数字显示调节器的整体功能是实现仪表上用的带超限锁定的数字显示调节器。

（2）系统结构

仪用数字显示调节器的系统结构框图如图 7-15 所示，其显示部分的调节可扫描右侧二维码观看。可控发码电路可接收编码开关送来的控制信号，决定相应位显示数码加 1 或减 1，同时位控指示相应位。显示电路可显示数据。可控发码电路也可以通过置数电路给任意位置数。

仪表显示部分的
调节

（3）基本技术指标

① 显示数据：4 位半。

② 4 位半数据可随机设置，任意位可调、可控。

③ 调整位采用光标指示。

④ 数据最高位超限锁定。

（4）扩展技术指标

① 显示采用动态扫描方式。

② 数据上、下限超限锁定。

③ 采用 4×4 的非编码薄膜键盘输入数据。

（5）设计条件

① 直流稳压电源提供 +5V 电压。

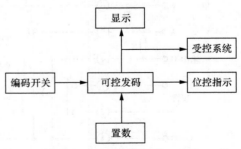

图 7-15　仪用数字显示调节器的系统结构框图

② 可供选择的元器件如表 7-9 所示。

表 7-9 可供选择的元器件

| 型号 | 名称 | 数量 |
|---|---|---|
| 4029* | 二/十进制可逆计数器 | 5 片 |
| 74139* | 双 2-4 译码器 | 2 片 |
| 7474* | 双 D 触发器 | 2 片 |
| 7404* | 六非门 | 2 片 |
| 7408* | 四-2 输入与门 | 2 片 |
| 7432* | 四-2 输入或门 | 3 片 |
| 4511* | BCD 码-七段码译码驱动器 | 5 片 |
| 74153* | 双 4 选 1 数据选择器 | 2 片 |
| F555 | 定时器 | 1 片 |
| C392 | 共阴数码管 | 5 只 |
| | LED | 5 只 |
| | 8 位拨动开关 | 2 只 |
| | 1kΩ 排阻 | 2 只 |

电阻、电容及扩展技术指标的元器件根据需要自定；若用 FPGA 方案实现，标注*的器件则可省去。

### 2. 电路设计提示

（1）编码开关

通常示波器、函数信号发生器等仪表上调节器的编码器是光敏编码器，俗称"单键飞梭"，其外观很像一个电位器，其外部有一个可以左右旋转又可以按下的旋钮。光敏编码器内部结构如图 7-16 所示，有一个 LED 和两个光敏三极管。当左右旋转旋钮时，中间的遮光板会随着转动，光敏三极管就会被遮光板有序地遮挡，A、B 端就会输出有相位差的脉冲信号，如图 7-17 所示。通过检测 A、B 两端的相位，就可以判断旋钮是顺时针还是逆时针旋转；通过记录 A 或 B 端变化的次数，就可以得出旋钮旋转的次数；通过检测 2、3 脚是否接通，就可以判断旋钮是否按下。

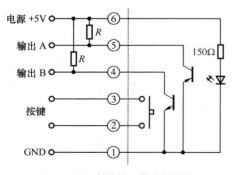

图 7-16 光敏编码器内部结构

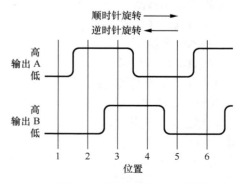

图 7-17 有相位差的脉冲信号

实际操作时，受元器件的限制，可以用两个拨动开关和一个连续的低频脉冲信号来代替光敏编码器。一个拨动开关的状态表示旋钮是顺时针还是逆时针旋转；另一个拨动开关的状态表示旋钮是否按下。低频连续脉冲信号则代替旋钮连续转动时从 A 端或 B 端发出的脉冲信号。

（2）可控发码电路

可控发码电路根据编码开关的状态判断是光标左右移动还是数字加减并做相应的操作。当数字增加到 19999 时，上限锁定，即不能再增加，但可以减小；当数字减小到 00000 时，下限锁定，即不能再减小，但可以增加。上、下限锁定是为了防止仪表输出跳变，可以采用组合电路判别锁定计数器来设计电路。加减计数电路由 CD4029 级联实现。CD4029 是可逆计数器，其具体的十进制模式时序图如图 7-18 所示。

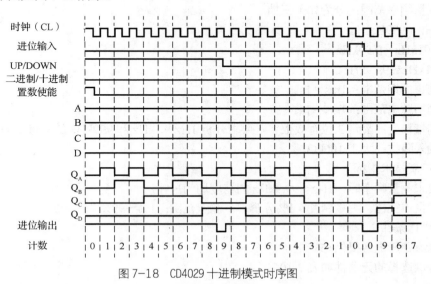

图 7-18 CD4029 十进制模式时序图

### 3. 调试提示

（1）电路调试应遵循先单元电路调试、后整机调试原则。

（2）调试上限锁定电路时，可从最高位开始加 1，看能否锁定，然后调试次高位；调试下限锁定时，可以从最低位开始减 1，看能否锁定，然后依次调试次低位。

## 7.1.5 简易数字式频率计数器

### 1. 技术指标

（1）整体功能

简易数字式频率计数器（简称频率计）主要用于测量正弦波、脉冲波、三角波和其他周期信号的频率。其扩展功能是测量信号的周期和脉宽，并采用数字显示技术（如 LED、LCD 等）显示测量结果。为了突出数字电路的应用，本小节被测量信号仅限于 TTL 脉冲波。

（2）系统结构

简易数字式频率计数器的系统结构框图如图 7-19 所示。外部"被测信号"被送入"测量"电路进行处理和测量，"挡位转换"可以用于选择测量项目，包括测量频率、周期或脉宽，也可以进一步选择测量频率挡位。

图 7-19 简易数字式频率计数器的系统结构框图

（3）基本技术指标

① 被测信号波形：正弦波、三角波和矩形波。

② 测量频率范围：分为如下三挡。

a. 1Hz～999Hz。

b. 0.01kHz～9.99kHz。

c. 0.1kHz～99.9kHz。

③ 测量周期范围：1ms～1s。

④ 测量脉宽范围：1ms～1s。

⑤ 测量精度：显示 3 位有效数字（要求分析 1Hz、1kHz 和 999kHz 的测量误差）。

⑥ 输入阻抗：大于 100kΩ。

（4）扩展技术指标

① 要求测量频率时，1Hz～99.9kHz 的精度均为±1%。

② 测量占空比。测量精度：1%分辨率。测量范围：1%～99%。

（5）设计条件

① 直流稳压电源提供+5V 电压。

② 可供选择的元器件如表 7-10 所示。

表 7-10 可供选择的元器件

| 型号 | 名称 | 数量 |
|---|---|---|
| 74132 | 四-2 输入与非门 | 1 片 |
| 4093 | 四-2 输入与非施密特触发器 | 1 片 |
| 4518* | 双 BCD 同步加计数器 | 3 片 |
| 74151* | 8 选 1 数据选择器 | 2 片 |
| 74153* | 双 4 选 1 数据选择器 | 2 片 |
| 4017* | 十进制计数器/脉冲分配器 | 1 片 |
| 4029* | 二/十进制可逆计数器 | 3 片 |
| 4511* | BCD 码-七段码译码驱动器 | 3 片 |
| C-392 | 共阴数码管 | 3 只 |
| 7400* | 四-2 输入与非门 | 2 片 |
| 7420* | 二-4 输入与非门 | 2 片 |
| 4517* | 移位寄存器 | 1 片 |
| 7404* | 六非门 | 2 片 |
| 1MHz | 石英晶体 | 1 只 |
| | 8 位拨动开关 | 1 个 |
| | 10kΩ 电位器 | 1 个 |

电阻、电容及扩展技术指标的元器件根据需要自定；若用 FPGA 方案实现，标注*的器件则可省去。

#### 2. 电路设计提示

（1）测量频率设计提示

测量信号的频率有多种算法，这里介绍 3 种。

① 算法一示意图如图 2-2 所示。根据这个算法构建的方框图如图 2-3 所示。在测量试电路中设置一个闸门电路，用于产生脉宽为 1s 的闸门信号。该闸门信号可控制闸门电路的通断。被测信号送入闸门后，当 1s 闸门信号到来时闸门导通，被测信号通过闸门，后面的计数器计算出被测信号的周期数。当 1s 闸门结束时，闸门再次关闭，此时计数器记录的周期个数为 1s 内被测信号的周期数，即频率值。测量频率的误差与闸门信号的精度直接相关，因此，为保证测量误差在 $10^{-3}$ 量级，要求闸门信号精度为 $10^{-4}$ 量级。例如，当被测信号为 1kHz 时，在 1s 内闸门器件计数器将计数 1000 次，由于闸门信号精度为 $10^{-4}$，闸门信号的误差不大于 0.1ms，故由此造成的计数误差不会超过 1，符合 $5 \times 10^{-3}$ 的误差要求。当被测信号频率增大时，闸门信号精度不变，计数器误差的绝对值会增大，但相对误差仍在 $5 \times 10^{-3}$ 范围内。

但这一算法在被测信号频率很低时会出现严重错误。例如，当被测信号频率为 0.5Hz 时，周期为 2s，但这时闸门时间为 1s，显然测量出错。所以应该加宽闸门脉宽。假设闸门脉宽为 10s，则闸门导通期间可以计数 5 次，因为计数 5 次是 10s 的计数结果，最终显示要将计数值除以 10。

加宽闸门脉宽会带来 3 方面的问题：其一是计数结果要除以 10；其二是每次测量时间最少要 10s，时间过长，不符合人们的测量习惯；其三是闸门期间计数值过少，测量精度将下降。

② 算法二示意图如图 2-5 所示，根据这个算法构建的方框图如图 2-6 所示。将被测信号送入被测信号闸门产生电路，该电路会输出一个脉冲信号，其脉宽和被测信号的周期相等。再用闸门产生电路输出的闸门信号控制闸门电路导通与否。另设置一个频率精度较高的时基信号，当闸门导通时，时基信号通过闸门到达计数器。由于闸门导通时间和被测信号周期相等，则可根据计数器计数值和时基信号的周期算出被测信号周期值 $T$。由被测信号周期=时基信号周期×计数器计数值，再算出被测信号频率 $f$，$f=1/T$。

算法二虽然较好地解决了被测信号频率较低时测量时间长和测量精度不高的问题，但也存在缺点：一是要增加由周期算频率的电路；二是被测信号频率较高要求时基信号的频率也相应提高，否则精度会变差。要克服这些缺点需要花较大的代价，因为时基信号频率较高时，器件的成本急剧上升，同时高频工作时的电磁兼容性设计难度加大，工艺要求提高，系统成本上升。

以上两种算法各有优缺点，可以采用综合性算法，即以 1kHz 被测信号为界，1kHz 以上被测信号测量频率选用算法一，而 1kHz 以下的被测信号测量频率选用算法二。

③ 算法三，等精度测频。设置一个与被测信号同步的闸门，同时对被测信号和时基脉冲进行计数。两个计数值之比即等于其频率比。此法可消除被测计数器的正负一个脉冲的误差，使其误差与被测频率无关，达到等精度测频。

等精度测频法示意图如图 7-20 所示。sys_clk 是系统时钟，也就是时基信号，sequence 是被测信号，gate 是闸门信号，使它与被测信号同步，得到 gatebuf 信号（即闸门缓冲信号）。当 gatebuf 信号为高频信号时，对系统时钟和被测信号计数。假设系统时钟频率为 50MHz，计数结果有 10000 个系统时钟周期、5 个被测信号周期，则被测信号频率 $f_0=50000000 \times 5/10000=25$kHz。

本课题的基本技术指标精度要求不高，建议采用算法一，但要完成扩展技术指标，应采用算法一、二的综合或算法三。测量频率原理框图如图 7-21 所示，图中 $K_1$、$K_2$、$K_3$ 分别对应 3 个不同的频率测量挡位。被测信号 $f_x$ 经过整形电路转变为脉冲信号送入闸门电路，等待时基信号的到来。时基信号作为闸门导通的基准时间。被测信号 $f_x$ 通过闸门送到计数电路后，计数电路开始计数，计数结果送显示电路显示。

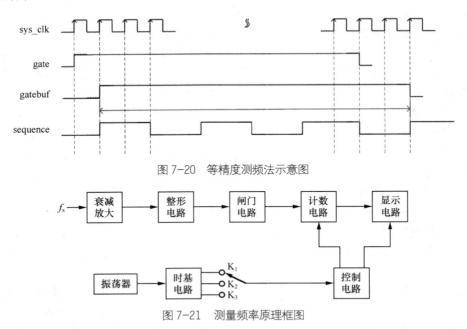

图 7-20　等精度测频法示意图

图 7-21　测量频率原理框图

（2）测量周期电路设计

测量周期原理在测量频率的算法二已经给出，其原理框图如图 7-22 所示。被测信号经过整形、二分频后变为方波信号，方波信号的脉宽正好等于被测信号周期 $T_x$。将方波信号的脉宽作为闸门导通时间，在闸门导通时间内，计数器会记录标准时基信号通过闸门的周期数。通过计数器计数结果可以计算出被测信号周期 $T_x$。

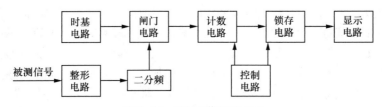

图 7-22　测量周期原理框图

（3）测量脉宽电路设计

测脉宽的原理和测周期的原理相似，用整形后的脉宽 $t_w$ 作为闸门导通时间，在闸门导通时间内测量时基信号的周期数，则脉宽=时基信号周期×计数器计数值。

（4）时基信号设计

① 方案一，时基信号可以用 F555 定时器、$RC$ 阻容元件等构成多谐振荡器。具体设计可参考图 7-4。为实现 3 个挡位的测量，需要 3 种闸门时间：1s、0.1s、0.01s。多谐振荡器振荡产生 1kHz 的脉冲信号，经过三级 10 分频后可以提取 3 种闸门时间。555 定时器作为振荡器使用时，最高工作频率一般为几百千赫兹，具体要看各厂商的器件说明。

② 方案二，时基信号可以由施密特触发器、$RC$ 阻容元件构成，该振荡电路产生振荡信号 $f_0$，$f_0=1/2RC$，所以根据 $R$、$C$ 的设定可以确定 $f_0$ 的大小。用 74132 和 $RC$ 阻容元件构成的电路如图 7-23 所示。为使频率计数器计量准确，电阻 $R$ 的准确性需保证，把它换成可变电阻不断调节直到得到较为准确的 $f_0$。

③ 方案三，闸门时间精度将直接影响测量精度，在要求高精度、高稳定度的场合，通常用晶体振荡器作为标准时基信号源。将图 7-23 电路中 $C$ 替换为晶体并去掉 $R$ 即可构成晶体振荡器（在门电路上并联电阻可以使电路更好地起振）。该振荡电路的振荡频率由晶体的串联谐振频率决定。若采用小电容和晶体串联，则可以微调振荡频率以得到更好的频率准确度。

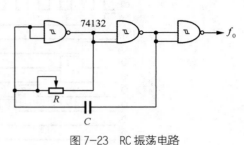

图 7-23 RC 振荡电路

（5）小数点设计

应根据测量挡位的变化合理设置小数点的位置，小数点由数码管 DP 端显示。

（6）控制电路设计

控制电路的作用之一是每隔一段时间给计数器清零信号，将计数器清零，然后打开闸门，送入被测信号进行计数，再发出一个信号将计数器的计数结果存入锁存器，以便显示结果。控制电路工作波形如图 7-24 所示。控制电路可以由 CD4017、7400 两块芯片构成。CD4017（十进制计数器/脉冲分配器）是 5 位扭环形计数器，具有 10 个译码输出端和 CP、CR、INH 输入端。CP 是时钟输入端。INH 为低电平时，计数器在时钟上升沿计数；INH 为高电平时，计数功能无效。CR 为高电平时，计数器清零。译码输出一般为低电平，只有在对应时钟周期内保持高电平。在每 10 个时钟输入周期 CO 信号完成一次进位，并用作多级计数链的下级脉动时钟。CD4017 工作时序图如图 7-25 所示。时基信号 $f_0$ 作为 CD4017 的 CP，产生单稳态信号 $Q_0$，$Q_0$ 被送入计数器的清零

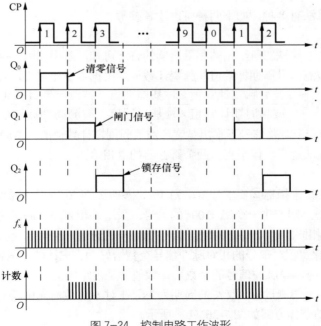

图 7-24 控制电路工作波形

端清零，接着输出 $Q_1$，$Q_1$ 作为闸门信号，与信号 $f_x$ 经过与非门接到计数器的 CP 并开始计数。由于计数器不断在计数，不能将结果固定以便观察，所以需加入锁存电路，将 CD4017 的 $Q_2$ 输出端作为锁存信号输出。

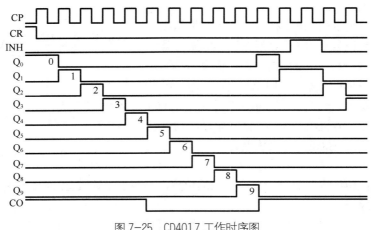

图 7-25　CD4017 工作时序图

控制器的作用之二是测频率、测周期、测脉宽的切换。根据上述测频率、测周期、测脉宽的原理，用开关控制数据选择器，给 CD4017 提供不同的输入时钟信号，给计数器提供相应的计数脉冲信号。

（7）占空比测量设计原理

占空比的定义是

$$占空比 = \frac{脉冲宽度}{周期} = \frac{t_\omega}{T}$$

测量占空比的算法有多种，如下两种可供读者参考。

① 算法一

由第 2 章例 2-2-1 算法二所给出的测量周期的方法可知，若用被测信号的脉宽作为计数器闸门，则可分别得到被测信号周期计数值和脉宽计数值。根据占空比定义，可得

$$占空比 = \frac{被测脉宽计数值 \times 时基周期值}{被测周期计数值 \times 时基周期值} = \frac{被测脉宽计数值}{被测周期计数值} = \frac{t_\omega}{T}$$

上式说明，在同一个时基信号下求出脉宽计数值与周期计数值的比值即可。用 Verilog 语言编程可以方便地实现除法运算，但不支持两个寄存器的值相除。

② 算法二

由于本课题扩展技术指标②要求分辨率为 1%，参照图 7-26 可以这样设想：把被测信号 $f_i$ 的周期划分为 100 等份，即产生一个 $f_A = 100f_i$ 的信号。采用锁相电路可满足这一要求。用被测信号 $f_i$ 产生一个与之脉宽相同的信号 $f_B$ 作为闸门信号控制 $f_A$ 的选通，$f_A$ 信号受 $f_B$ 脉宽选通控制后输出信号为 $f_C$，$f_C$ 与 $f_B$ 脉宽相对部分的相对脉冲信号个数恰好为占空比值，只需设计一个模值 $M$ 为 100 的计数器记录 $f_C$ 每一串脉冲信号的个数，计数值就是占空比值。

为了便于观察显示的测量值，取 $f_B$ 的周期为 1s，在对 $f_C$ 计数前先由 $f_R$ 将计数器清零。实现图 7-26（a）处理过程的整体方案如图 7-26（b）所示。

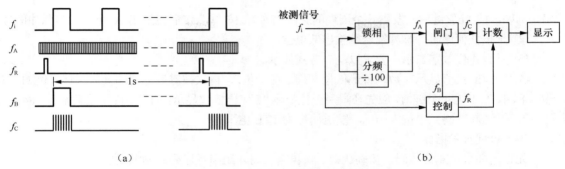

图 7-26 占空比测量示意图

算法二巧妙地避开了除法运算，充分体现了电子电路的灵活性。

### 3. 调试提示

（1）首先应调试时基信号，要求其频率稳定、准确。

（2）先调试单元电路，再逐步扩大连接范围调试。

（3）控制电路是本题的关键，调试时应保证在开关的作用下 CD4017 的输入、输出时序关系正确。

（4）计数器的调整：计数器经级联后，在低位计数器的时钟端送入一时钟信号，用示波器逐级逐位地测量其波形。

（5）测试过程中必须详尽记录各关键点的波形，以及它们之间的对应时间关系。

（6）由于本课题为简易数字频率计，故测试精度有限，在测量低频和较高频率时误差是不一致的。所以，测试过程必须含有误差测试，设计报告中必须给出各种情况下的误差及产生误差的原因。

（7）测试过程中必须用精度高的频率计数器作为误差测试的标准仪器。

## 7.1.6 脉冲按键拨号电路

### 1. 技术指标

（1）整体功能

脉冲按键拨号电路的功能是，当按下非编码键盘 0～9 中某个键时，脉冲信号产生电路将产生一组串行序列码，同时动态显示电路将显示出所按键的数值。

（2）系统结构

脉冲按键拨号电路的系统结构框图如图 7-27 所示。非编码键盘由标有 0～9 的数字符号的 10 个字符键组成，每当按下其中一个键时，由脉冲信号产生电路识别键号并产生与键号对应的串行序列码。数字显示电路用于显示拨出的键号数值。

（3）基本技术指标

① 键盘值为 0～9，按某一键后，会发出一串行序列码。序列码为含有与键值相同周期数的脉冲

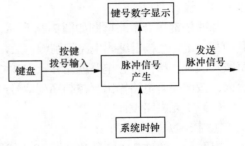

图 7-27 脉冲按键拨号电路的系统结构框图

串（例如，按"6"键后应发出 6 个周期的脉冲信号），按"0"键后应发出 10 个周期的脉冲信号。

② 未按任何键时，脉冲发送端输出低电位。

③ 具有 4 位数字显示，要求以动态方式显示。

④ 当前的键值显示在数码管最低位（最右侧一位），再次按键后之前的键值左移（例如，共输入 8、4、2、1 这 4 个键值，应先在最后一位显示"8"，再依次显示"84""842"，最后显示"8421"。

⑤ 发送脉冲码元单位为 1ms，发送信号为 TTL 电平。

（4）扩展技术指标

先存入并显示 4 位数码，按确认键后，再自动将 4 组串行序列码相继发出。

（5）设计条件

① 直流稳压电源提供+5V 电压。

② 可供选择的元器件如表 7-11 所示。

表 7-11　　　　　　　　　　　　可供选择的元器件

| 型号 | 名称 | 数量 |
|---|---|---|
| 74194* | 4 位双向移位寄存器 | 4 片 |
| CD4511* | BCD 码-七段码译码驱动器 | 1 片 |
| 74139* | 双 2-4 译码器 | 1 片 |
| 74161* | 4 位二进制计数器 | 1 片 |
| 7404* | 六非门 | 2 片 |
| 7420* | 四-2 输入与非门 | 1 片 |
| 7400* | 四-2 输入与非门 | 1 片 |
| GAL16V8* | 通用阵列逻辑 | 1 片 |
| 74191* | 4 位二进制可逆计数器 | 1 片 |
| C392 | 七段数码管（共阴极） | 4 片 |
| 74153* | 双 4 选 1 数据选择器 | 2 片 |
| F555 | 定时器 | 1 片 |
|  | 8 位拨码开关 | 2 只 |

电阻、电容及扩展技术指标的元器件根据需要自定；若用 FPGA 方案实现，标注*的器件则可省去。

### 2. 电路设计提示

（1）设计原理

脉冲按键拨号电路框图如图 7-28 所示。非编码键盘按键有 10 个数字键，分别对应 0～9。按其中某一键，经按键编码电路识别键值后，由 BCD 码移位寄存电路分别编成 10 个 8421BCD 码。每按一次键，移位寄存电路就左移一组 8421BCD 码，同时由显示译码电路及动态显示电路显示出来。按键编码电路输出至控制序列信号产生电路，同时发出相应的序列码。

（2）单元电路设计

① 按键编码电路

方案一：通过 74147 芯片（即 10-4 线优先编码器）实现将 0～9 转化成为 8421BCD 码。

方案二：通过可编程逻辑器件实现。

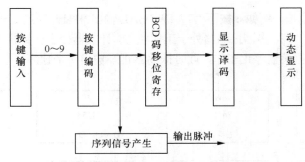

图 7-28　脉冲按键拨号电路框图

按键编码电路用可编程逻辑器件能完成按键值到寄存数据和计数器预置数的转换。注意按下"0"键时显示"0"，但发出 10 个脉冲信号。如果序列信号产生电路由预置数方案实现，则按键编码电路应该有两种输出结果，键值转换如表 7-12 所示。当按下"0"键时，显示译码电路应接收到 8421BCD 码"0000"，但计数器预置数端应接收到"1010"。根据表 7-12 写出可编程逻辑器件输出与输入关系的次态激励方程。如果条件有限，通过 GAL16V8 和部分组合电路也可以完成。GAL16V8 的相关介绍见"7.1.1 多功能数字电子钟"中"电路设计提示"。

② BCD 码移位寄存电路

BCD 码移位寄存电路如图 7-29 所示。将 8421BCD 码分别送入移位寄存器 74194 的左移端，74194 处于左移状态，时钟信号 CP 到来，使各寄存器的 Q 端寄存并输出对应的数码，然后分别送至 74153 数据选择器的 $D_0 \sim D_3$ 端。数据选择器的输出端 W 接 BCD 码-七段译码器的数据端，即可在数码管上显示当前的数字。下一个脉冲信号到来，移位寄存器的数据逐位左移，数字显示也同时左移。

表 7-12　　　　　　　　　　　　　　　　键值转换

| 按键值 | 输入 | 显示 BCD 码 | 计数器预置编码 |
|---|---|---|---|
|  | 0987654321 | $Q_3Q_2Q_1Q_0$ | $S_3S_2S_1S_0$ |
| 1 | 1111111110 | 0001 | 0001 |
| 2 | 1111111101 | 0010 | 0010 |
| 3 | 1111111011 | 0011 | 0011 |
| 4 | 1111110111 | 0100 | 0100 |
| 5 | 1111101111 | 0101 | 0101 |
| 6 | 1111011111 | 0110 | 0110 |
| 7 | 1110111111 | 0111 | 0111 |
| 8 | 1101111111 | 1000 | 1000 |
| 9 | 1011111111 | 1001 | 1001 |
| 0 | 0111111111 | 0000 | 1010 |

这里 74194 的时钟信号 CLK 由 GAL 编码输出。

③ 序列信号产生电路

方案一：图 7-30 所示是一种由脉冲电路与计数器结合而成的序列信号产生电路。计数器接收来自按键编码电路的数据信号，按下 0～9 键中的任何一个键，编码中必定有一个 0，通过反相器使计数器处于计数状态。计数器采用置最小数的计数方式：置最小数为 $N-M$。其中 $N$ 为计数器的计数长度，M 为计数模长。例如，按下 "7" 键，GAL 输出 0111，经过反相器输出 1000，计数器置数为 1000，$Q_{CC}$ 输出 "0"，多谐振荡器处于工作状态，计数器处于计数状态；当计数器计到 1111 时，$Q_{CC}$ 端输出 "1"，振荡器停止工作，此时振荡器正好输出 7 个脉冲。

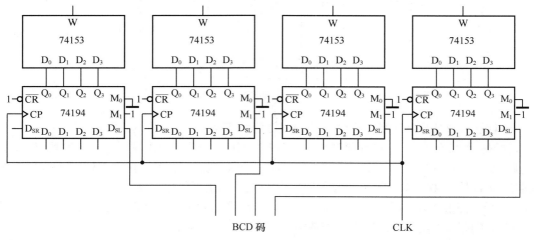

图 7-29　BCD 码移位寄存电路

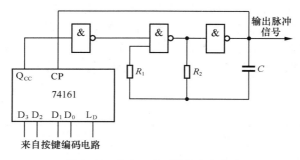

图 7-30　方案一序列信号产生电路

方案二：图 7-31 所示是用 74191 和门电路产生脉冲序列信号。74191 是可逆计数器，具有异步置数功能。当按键编码电路产生一个置数信号时，74191 就将按键的编码置到输出端。随后 74191 工作在减法状态下，在 CP 的作用下做减 1 操作。当减到 "0000" 时，借位端 $Q_{CC}$ 产生借位信号，该信号通过组合电路控制输出，关断 CP 脉冲，停止计数。此时输出脉冲信号的脉冲个数正好是预置的数字（按 "0" 输出 10 个脉冲信号）。

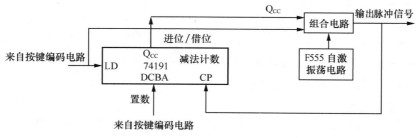

图 7-31　方案二序列信号产生电路

**3．调试提示**

（1）应先对各单元电路进行调试，尤其要检查按键经编码后是否产生所需 8421BCD 码和计数器置数编码，移位寄存器是否能正常移位。

（2）输出脉冲个数是调试的重点和难点，由于按键后发出的一串脉冲信号是随机性信号，因此用数字存储式示波器观察，触发方式要注意选用单次触发。

（3）连接各单元电路，进行整机统调，排除错误和不稳定的现象。

### 7.1.7　可编程电子音乐自动演奏电路

**1．技术指标**

（1）整体功能

可编程电子音乐自动演奏电路可以通过开关选择预先设定好的音乐曲目，选定曲目后则能自动演奏所选曲目。

（2）系统结构

可编程电子音乐自动演奏电路系统结构框图如图 7-32 所示。图中 $K_1$ 用于选择预先设置在电路中的乐曲，选中某一乐曲后对应的 LED 亮，音乐演奏电路反复自动演奏所选的乐曲，经功率放大后由扬声器播出，直至选中下一首为止。

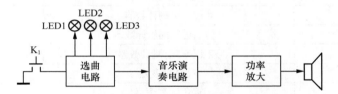

图 7-32　可编程电子音乐自动演奏电路系统结构框图

（3）基本技术指标

① 乐曲要求

a．乐曲数目为 3。

b．每首乐曲长度 20～30s。

c．所选择的乐曲应在 4 个八度内，以第 6 个八度作为最高的八度。

d．乐曲演奏速度为 100～120 拍/分钟。

② 演奏要求

a．用 1 个自复键 $K_1$ 选择所需的乐曲，用 3 个 LED 表示选中对应乐曲，当 3 个 LED 均不亮时，表示没有选中，电路没有乐曲输出。

b．一旦选中某一首乐曲，电路将自动循环放送所选的乐曲。

③ 技术指标

a．音频功放输入为方波信号。

b．音阶频率误差 $E \leqslant 5$。

c．负载（扬声器）阻抗为 8Ω，功率为 1/8W（也可采用蜂鸣器）。

d．输出音量可调。

（4）扩展技术指标

① 加入颤音效果。

② 加入节拍的强弱变化。

（5）设计条件

① 直流稳压电源提供+5V 电压。

② 可供选择的元器件如表 7-13 所示。

表 7-13 可供选择的元器件

| 型号 | 名称 | 数量 |
| --- | --- | --- |
|  | 1/8W 扬声器 | 1 个 |
|  | LED | 3 只 |
|  | 10kΩ 电位器 | 1 个 |
| 7400* | 四-2 输入与非门 | 1 片 |
| 7404* | 六非门 | 1 片 |
| 7420* | 二-4 输入与非门 | 1 片 |
| 7474* | 双 D 触发器 | 2 片 |
| 74132 | 四-2 输入与非施密特触发器 | 1 片 |
| 74139* | 双 2-4 译码器 | 1 片 |
| 74153* | 双 4 选 1 数据选择器 | 1 片 |
| 74161* | 4 位二进制计数器 | 2 片 |
| 74163* | 4 位二进制同步计数器 | 2 片 |
| 74393* | 双 4 位二进制计数器 | 1 片 |
| 74174* | 六-D 触发器 | 1 片 |
| GAL 16V8* | 通用阵列逻辑 | 1 片 |
| 28C64B* | EEPROM | 1 片 |
| F555 | 定时器 | 2 片 |
|  | 自复开关 | 1 个 |
| LM386 | 功率放大器 | 1 片 |

电阻、电容及扩展技术指标的元器件根据需要自定；若用 FPGA 方案实现，标注*的器件则可省去。

## 2. 电路设计提示

（1）电子乐器信号的简述

电子乐器是指应用电子技术模仿各种乐器（如钢琴、笛子、提琴、锣鼓等）的声音。模仿各种乐器的基本原理是，先将某种乐器的声音转换为电信号，再分析该乐器的电信号的波形和频谱，利用电子技术产生与该乐器相仿的电信号。

电子乐器模仿各种乐器时所产生的电信号具有各自不同的特点，对其进行分析可知，区别主要是频谱的不同。

在演奏电子乐器时，除了演奏者在情感上的处理之外，仅从乐器发出的声音信号特性而言，其表现力主要体现在 4 个方面：音高（基本频率）、长短（也称音的时值，指某一频率持续的时间）、强弱（信号的电压幅度或输出功率）和音色（信号的波形和频谱）。本课题是可编程电子音乐自动演奏电路的设计，没有模仿特定的乐器，音色单一。演奏时它所产生的信号波形是占空比为 50% 的脉冲波，频谱仅含基频与其偶次谐波。所以，在设计本课题时，在保证输出信号为方波信号的前提下，主要考虑如何用电子电路控制电子乐器信号的音高（频率）、长短（音的时值）和强弱（信号幅度）这 3 方面的基本特性。

① 乐器的标准频率

人对音调（频率）的辨别力不是线性的，当频率由 40Hz 变到 50Hz 时，人们很容易察觉到 10Hz 的频率差。如果频率由 4000Hz 变到 4010Hz，虽频率差仍为 10Hz，但人们几乎听不出差异。实验证明，人们对音高及强弱的感觉与二者的数值呈对数关系。

根据人们的听觉特性以及电子乐器发声的特性，可以将乐器的整个音域分成 108 个音高，相邻两个音高的频率比 $M$ 为 $\sqrt[12]{2}:1\approx1.0595$。如果两个信号的频率值相差 1 倍，则称为两个音相差八度。将 108 个音高分为 9 组八度音程（0～8），每个八度音程里包括 12 个音调（C、#C、D、#D、E、F、#F、G、#G、A、#A、B），12 音调等调整音阶标准频率如表 7-14 所示，表中"#"号为半音符号。为了使用方便，将钢琴键盘中央一组的八度称为小字一组，该组的第一个键的音名称为中央 C，这一组音调 A 的频率为 440Hz。国际上将 440Hz 作为标准音高。

表 7-14　　　　　　　　　　　　12 音调等调整音阶标准频率

| 八度音编号 | 音调/Hz | | | | | | | | | | | |
|---|---|---|---|---|---|---|---|---|---|---|---|---|
| | C | #C | D | #D | E | F | #F | G | #G | A | #A | B |
| 0 | 16.351 | 17.324 | 18.354 | 19.445 | 20.601 | 21.827 | 23.124 | 24.499 | 25.956 | 27.50 | 29.135 | 30.867 |
| 1 | 32.703 | 34.648 | 36.708 | 38.891 | 41.203 | 43.654 | 46.249 | 48.999 | 51.913 | 55.00 | 58.270 | 61.735 |
| 2 | 65.406 | 69.296 | 73.416 | 77.782 | 82.407 | 87.307 | 92.499 | 97.999 | 103.83 | 110.00 | 116.54 | 123.47 |
| 3 | 130.81 | 138.59 | 146.83 | 155.56 | 164.81 | 174.61 | 184.99 | 195.99 | 207.65 | 220.00 | 233.08 | 246.94 |
| 4 | 261.62 | 277.18 | 293.67 | 311.13 | 329.63 | 349.23 | 369.99 | 391.99 | 415.31 | 440.00 | 466.16 | 493.88 |
| 5 | 523.25 | 554.36 | 587.33 | 622.25 | 659.26 | 698.46 | 739.99 | 783.99 | 830.61 | 880.00 | 932.32 | 987.76 |
| 6 | 1046.5 | 1108.7 | 1174.7 | 1244.5 | 1318.5 | 1396.9 | 1479.9 | 1567.9 | 1661.2 | 1760.00 | 1864.7 | 1975.5 |
| 7 | 2093.0 | 2217.5 | 2349.3 | 2489.0 | 2637.0 | 2739.8 | 2959.9 | 3135.9 | 3322.4 | 3520.0 | 3729.3 | 3951.1 |
| 8 | 4186.0 | 4434.9 | 4698.6 | 4978.0 | 5274.0 | 5587.7 | 5919.9 | 6271.9 | 6644.9 | 7040.0 | 7458.6 | 7902.1 |

根据两个相邻音阶的频率比 $M$=1.0595，可以推算出中央 C 组 12 个音调对应的频率，再根据相邻组同名音调的音阶相差八度（频率相差 1 倍）的关系，便可以推算出 108 个音高所对应的所有频率。

电子乐器输出的信号频率总是有一定的误差的，为了衡量各个音高所对应的频率是否准确，在电子乐器中引入了称为"生"的单位。将半音分为 100 份，则每份称为 1"生"。质量较好的电子乐器，频率一般偏差在 1"生"以下。

② 音名和唱名的说明

部分音名和唱名之间的对应关系如表 7-15 所示。音名的音高是固定不变的，一切乐器和人声发出的 C 音、D 音等其音高都相同。唱名的高度则根据调号的不同而不同。例如，对于调号"1=C"来说，把 1（do）唱成和 C 音一样高，把 3（mi）唱成和 E 音一样高……，音名 C、D、E、F、G、A、B 这 7 个音的相互高低关系是一致的。音名的 E—F，B—C 是半音，其余为全音。唱名的 3—4，7—i 是半音，其余为全音。所以对"1=C"而言，音名 C、D、E、F、G、A、B 这 7 个音分别唱成 1、2、3、4、5、6、7。而对其他各调来说，各个唱名的高度就要发生变化。对调号"1=D"来说，把 1（do）唱成和 D 音一样高，把 2（re）唱成和 E 音一样高，把 3（mi）唱成和#F 音（而不是 F 音）一样高，依此类推。因此只要知道调号就可得到音名和唱名的对应关系。

表 7-15　　　　　　　　　　　　部分音名和唱名之间的对应关系

| 音名 / 唱名 / 调号 | C₃ | #C₃ | D₃ | #D₃ | E₃ | F₃ | #F₃ | G₃ | #G₃ | A₃ | #A₃ | B₃ | C₄ | #C₄ | D₄ |
|---|---|---|---|---|---|---|---|---|---|---|---|---|---|---|---|
| 1=C | 1̣ | | 2̣ | | 3̣ | 4̣ | | 5̣ | | 6̣ | | 7̣ | 1 | | 2 |
| 1=D | | | 1̣ | | 2̣ | | 3̣ | 4̣ | | 5̣ | | 6̣ | | 7̣ | 1 |
| 1=ᵇE | | | | 1̣ | | 2̣ | | 3̣ | 4̣ | | 5̣ | | 6̣ | | 7̣ |

| 音名 / 唱名 / 调号 | #D₄ | E₄ | F₄ | #F₄ | G₄ | #G₄ | A₄ | #A₄ | B₄ | C₅ | #C₅ | D₅ | #D₅ | E₅ |
|---|---|---|---|---|---|---|---|---|---|---|---|---|---|---|
| 1=C | | 3 | 4 | | 5 | | 6 | | 7 | 1̇ | | 2̇ | | 3̇ |
| 1=D | | 2 | | 3 | 4 | | 5 | | 6 | | 7 | 1̇ | | 2̇ |
| 1=ᵇE | 1 | | 2 | | 3 | 4 | | 5 | | 6 | | 7 | 1̇ | |

③ 确定乐曲与频率的关系说明

确定调号：如 1=C，找出该调号下唱名 1、2、3、4、5、6、7 所对应的音名，再根据音名找出 1～7 对应的频率，将乐曲简谱中的唱名用对应的频率替换，相邻频率分频比为 1.0595。如直接控制分频比，则电路比较复杂，可以采用预置数的方法得到所需的一个八度中的各个音高频率。两个八度之间分频比为 2，由分频得到其他八度的音高频率。

④ 音的长短和休止符说明

a. 简谱中用短横线表示音的长短，不带短横线的基本音符为四分音符，例如：5。

b. 短横线在基本音符右侧时称为增时线，每增加一条增时线表示延长一个四分音符，例如：5-。

c. 短横线在基本音符下面时称为减时线，每增加一条减时线，表示原来的音缩短一半的时间，例如：5。

d. 此外，还可以用附点表示音的长短，附点表示延长其前面音值的一半，例如：5.=5+5。

e. 八分音符：5。

f. 休止符：0。

⑤ 音乐的速度、节奏与节拍的说明

乐曲演奏的快慢称为速度。一首 2/4 拍的乐曲，速度不同，其演奏所需的时间也不同。五线谱中用 J=120 表示以 4 分音符为一拍，1 分钟演奏 120 拍。简谱中乐曲演奏速度常用"快速""慢速"等词语表示，也可用每分钟多少拍来定义。

节奏和节拍在音乐中是并存的，它们以音的长短、强弱及其相互关系的固定性和准确性来组织音乐。狭义地来说，音的长短关系称为节奏。重音和非重音在同样的时间片段按照一定的次序循环重复称为节拍。

例如：某支乐曲为 4/4 拍，其一个小节中重音变化的要求是"强拍、弱拍、次强拍、弱拍"。

（2）整体方案的设计提示

① 整体电路结构

可参考图 7-32 所示的电路系统结构，将整体电路分为"选曲电路""音乐演奏电路""功率放大" 3 个主要部分。

② 音阶信号产生方案

在设计电路之前，应选择 3 首乐曲，乐曲的音域应尽量符合技术指标要求，在 4 个八度内。

考虑基本技术指标时，应主要考虑如何产生乐曲所要求的所有音的频率以及如何控制音的长短。一个八度组内有 12 个音阶，相邻两个八度组同名音之间为八度关系（即频率为 2 倍关系）。可以先产生 12 音阶分频，再进行八度分频，方案一演奏电路如图 7-33 所示；也可以先八度分频，再产生 12 音阶分频，方案二演奏电路如图 7-34 所示。两种电路都可使输出信号的频率 $f_0$ 为唱名所对应的频率值。

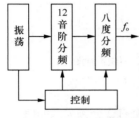

图 7-33　方案一演奏电路

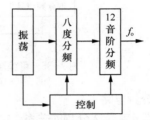

图 7-34　方案二演奏电路

（3）演奏控制电路

数字电子系统按其定义可以分为控制器和数据处理器两部分，图 7-33 中控制器已经标出，其余的均为数据处理器。

演奏器的控制电路的逻辑操作可参考图 7-35 所示的算法流程图。开机启动后进入"等待"状态，此状态下不演奏乐曲；如果此时有选曲信号，则根据选曲信号的编码得到乐曲在 EEPROM 中的首址，得到某一乐曲首址后进入演奏状态，每奏出一个最小时值单位的乐符就判断此次是否有演奏结束信号。若未结束，则 ROM 地址加 1，从下一字节中取出分频控制信号。若从 ROM 取出的信号有结束信号，则返回等待状态。如果此时选曲信号未取消，则再按上述逻辑进行操作。此数字电子系统的时钟时值若与乐曲中最小的时值相同，则可以使电路得到简化。

（4）振荡电路

振荡电路应能产生 1 个时钟信号 CP，选择 CP 的频率时应考虑经过 12 音阶分频电路和八度分频电路后，输出信号频率 $f_0$ 应满足要求，同时还应产生一个节拍信号。

根据以上要求并考虑到乐曲的音域应在 4 个八度内，即：乐曲的所有音域在第 3、4、5、6 这 4 个八度内，选择对第 7 个八度的 C 调进行分频，用 8 位计数器时，分频比为 1:256。换句话说，就是取第 7 个八度内最低频率 2093Hz，再乘以 256（即用两级 74161 级联后的计数器模值），这样就得到了应该产生的振荡器的频率 535808Hz。

（5）12 音阶分频电路

12 音阶分频电路应能在分频控制电路的控制下产生 12 个音阶频率中的 1 个。在 CP 信号确定后，应考虑寻求能够比较方便地控制分频比的分频方法。分频方法不同，分频控制电路的结构也不同。

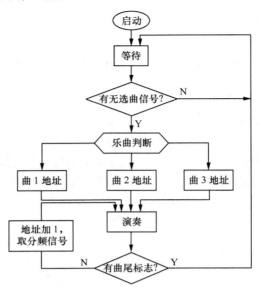

图 7-35　可编程电子音乐自动演奏电路算法流程图

（6）八度分频电路

2 个八度信号就是 2 分频的关系，4 个八度信号就是 4 个有 2 分频关系的信号。设计这一电路时，应考虑用何种方法可以使 12 音阶分频和八度分频的控制电路最为简便。

（7）分频控制电路

设计分频控制电路应考虑如下因素。

① 首先分析乐曲中最短的音符，以该音符的长度作为演奏过程中最小的时间单位 $T_{min}$。其他音的音值长度都是最小时间单位的整倍数。

② 分频控制电路应能产生一个音阶控制码，控制 12 音阶分频电路做相应的分频，同时产生一个八度控制码，控制八度分频电路产生相应的八度分频。换言之，每一个需要演奏的音都要有对应的两个控制码。

③ 将一首乐曲每一个音的两个控制码存在 EEPROM 中，按乐曲演奏的顺序逐个取出，从而得到演奏过程中的信号。如果音阶和八度这两个控制码的长度大于存储器一个"字"的长度，则应考虑对控制码进行编码，以便压缩控制码的字长。

④ 如果要实现扩展技术指标，则应对音的强弱进行控制，控制码也应包含在一个存储字中。

⑤ 乐曲中如果有休止符，此时没有输出信号，在设计控制码时应考虑休止符的产生。

⑥ 为了使乐曲能够自动循环演奏，应考虑识别某一乐曲的结尾，以及如何控制电路返回该乐曲的开始点。

（8）音长控制电路

设计指标中要求乐曲演奏速度为 100～120 拍/分钟，为设计方便，规定乐曲演奏速度为 120 拍/分钟。由于 4 分音符为一拍，若以 16 分音符为基准，那么一分钟就要演奏 480 个 16 分音符，每个音符演奏 1/8s。因此，需要设计一个频率为 8Hz 的振荡电路。

（9）功放电路

设计音频功率放大器时应考虑负载（扬声器）的额定功率，一是功率放大器输出应能够驱动负载，二是输出功率不能大于负载（扬声器）的额定功率，否则将损坏负载。

（10）颤音设计

如果以输出信号为载频信号，另用两个低频信号作为调制信号对载频进行调频处理，则乐曲将产生颤音的效果。在设计调频电路时，应考虑对何处信号进行调频最方便。在数字电路中，为了对矩形脉冲信号进行调频，应选用压控振荡器。

### 3. 调试提示

（1）应按先局部后整体的原则调试。

（2）单独调试八度分频器和 12 音阶分频器时，可以先人工设置分频控制信号，以便检查这两个分频器的分频关系是否正确。

（3）由于控制器状态较少，输入和输出信号不多，可以直接与 EEPROM 连在一起调试。

（4）设计和调试扬声器前的放大电路时，必须了解扬声器的额定功耗，否则极易因功率过大而损坏扬声器。

（5）为了保证基准音准确，建议用频率计测量。

## 7.1.8　时序工作比较器

### 1. 技术指标

（1）整体功能

现代工业控制和微机系统均离不开数据处理器。比较器是数据处理器的一个部分，它能对输入的 8421BCD 码进行存储和比较，最终以十进制数显示其大小。时序工作比较器的功能是，根据预先设定的工作时序，在同一组输入端口按照指令分两次送入两组数据，经过比较显示出数值大的一组数据。

（2）系统结构

时序工作比较器系统结构框图如图 7-36 所示。

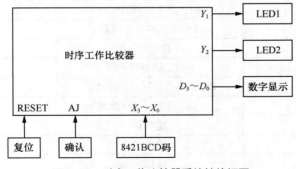

图 7-36　时序工作比较器系统结构框图

RESET 信号表示开机后按复位键，低电平有效，能使整个系统复位。

AJ 信号表示当一组数据（$X_3 \sim X_0$）设置完毕，按确认键后输入的这组数据有效。

$Y_1$ 信号表示第一组 $X_3 \sim X_0$ 数据输入，若第一组为大数，则 $Y_1 = 1$，$LED_1$ 亮。

$Y_2$ 信号表示第二组 $X_3 \sim X_0$ 数据输入，若第二组为大数，则 $Y_2 = 1$，$LED_2$ 亮。

$D_3 \sim D_0$ 信号表示较大数输出端，驱动显示电路显示十进制数的大数。

（3）基本技术指标

① 数据输入采用并行送数，系统先后收到两组 8421BCD 码后比较其大小，将大数输出，用十进制数显示出来。

② 显示时间 5~10s，显示结束电路自动清零，进入初始状态。

③ 仅在开机后人工操作 RESET 开关，使 RESET=0，整机清零，整机立即进入工作状态：LED1 点亮表示允许输入第一组数据 $X_a$。

④ 按一次 AJ 键，表示输入一脉冲信号，$X_a$ 被确认后 LED2 点亮，表示允许输入第二组数据 $X_b$。

⑤ 再按一次 AJ 键，$X_b$ 被确认，电路立即比较大小，并显示大数。

⑥ 对比较结果 $X_a>X_b$、$X_a=X_b$ 或 $X_a<X_b$，应有 LED 显示。$X_a>X_b$ 时，LED$_1$ 点亮；$X_a<X_b$ 时，LED2 点亮；$X_a=X_b$ 时，两灯交替点亮。

（4）扩展技术指标

以串行方式从同一输入端口先后输入两组 8421BCD 码，每输入完一组数据按一次确认键，即可比较前后两组序列码码值的大小，并显示大数。

（5）设计条件

① 直流稳压电源输出 5V 电压。

② 可供选择的元器件如表 7-16 所示。

③ 根据系统工作时序要求，建议采用有限状态机设计方法。

表 7-16　　　　　　　　　　　　　　可供选择的元器件

| 型号 | 名称 | 数量 |
| --- | --- | --- |
| 7402* | 四-2 输入或非门 | 2 片 |
| 7427* | 三-3 输入与非门 | 1 片 |
| 7400* | 四-2 输入与非门 | 3 片 |
| 7485* | 4 位比较器 | 1 片 |
| 74153* | 双-4 选 1 数据选择器 | 1 片 |
| 74157* | 四-2 选 1 数据选择器 | 1 片 |
| 74194* | 4 位双向移位寄存器 | 2 片 |
| 7474* | 双 D 型触发器 | 2 片 |
| 74161* | 4 位二进制计数器 | 1 片 |
| CD4511* | BCD 码-七段码译码驱动器 | 1 片 |
| 4029* | 二/十进制可逆计数器 | 3 片 |
| F555 | 定时器 | 1 片 |
| | 数码管 | 1 只 |
| | LED | 2 只 |
| | 8 位拨动开关 | 1 只 |

电阻、电容及扩展技术指标的元器件根据需要自定；若用 FPGA 方案实现，标注*的器件则可省去。

## 2. 电路设计提示

时序工作比较器是一个小型数字系统，包含控制器和处理器两大部分，其原理框图如图 7-37

所示。

（1）控制器的设计

控制器的工作过程如下。

① 开机后接收 RESET 键的复位信号，使控制器处于初始状态。

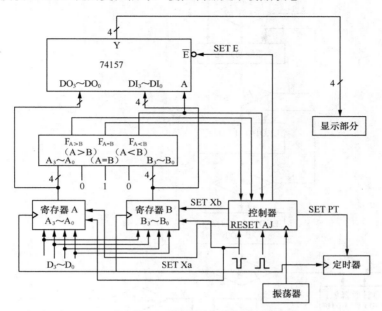

图 7-37 时序工作比较器原理框图

② 确认按键 AJ 送来的单脉冲信号，使控制器由初始状态进入工作状态。

③ 控制器根据自身工作状态来控制数据寄存器，接收输入数据和将寄存器中的数据比较结果显示出来。

④ 显示保持时间结束后自动清零，进入初始状态。

控制器的算法流程图如图 7-38 所示。

（2）处理器的设计

数据处理器的功能如下。

① 输入数据，比较数据大小，选择比较结果。

② 大数送显示寄存器，通过译码器显示大数。同时，比较器将比较结果送组合电路，驱动两只 LED 工作。

③ 定时电路控制显示时间。

处理器包含寄存器、定时器、比较器、选择器、显示电路等。根据 ASM 图或状态转换图绘制出处理器明细表，设计处理器。

### 3. 调试提示

调试时采用先调试单元电路再整机调试的方法。总体电路可以划分为如下 4 部分。

（1）按键时钟产生电路及定时器部分

按键脉冲不应产生抖动，否则会造成误动作。可用频率计或计数器测试其是否存在抖动。若有抖动应另选消抖电路。时钟产生电路及定时器可用示波器或 LED 测试。

（2）控制器部分

预置 D 触发器的数据项和功能端，即 R、S 端，测试输出是否按状态要求变换。

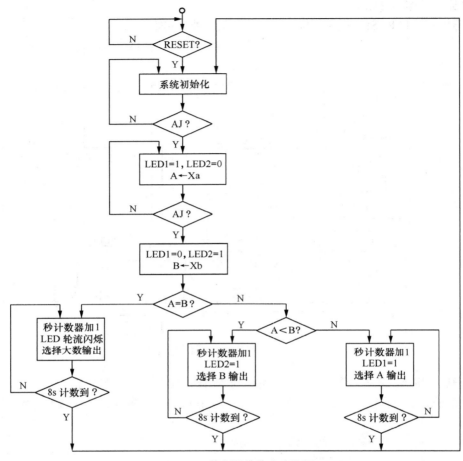

图 7-38　控制器的算法流程图

（3）数据输入及传输途径部分

将数据输入寄存器 A，采用信号跟踪法测量比较器、数据选择器和寄存器 B，看其数据是否符合比较结果。

（4）LED 显示和数码显示部分

LED 显示通过组合电路，数码显示通过译码电路，在译码电路的数据输入端预置数就能判断其显示正确与否。

（5）测试时可以断开各部分的连接，逐个测试，每个部分测试正确后再连通综合调试。

## 7.2　数字与模拟电路综合设计课题

本节的课题都是模数结合的综合性课题。由于课题难度不高，建议采用试凑法设计。数字电路也可以通过可编程逻辑器件实现。通过本节的学习，读者能巩固模拟电路和数字电路的理论知识，同时能加强模数综合应用能力。

### 7.2.1　数字式电缆对线器

#### 1. 技术指标

（1）整体功能

数字式电缆对线器的主要功能如下。

① 可在远端预设芯线编号，在近端测量出对应的芯线并且以数字显示电路显示出电缆芯线编号。

② 可以检测到电缆芯线的短路或开路故障。可由人工单线接入测试，亦可自动测试。

（2）系统结构

数字式电缆对线器的系统结构框图如图 7-39 所示。其中远端编号器用于给被测电缆处于远端的芯线编号，电缆对线器在电缆近端测出各芯线与远端的对应关系并以数字显示电路显示出近端各芯线的编号数码。

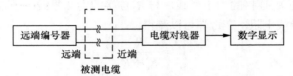

图 7-39　数字式电缆对线器的系统结构框图

（3）基本技术指标

① 电缆对线器一次可接入的芯线数量：30 根。

② 芯线编号显示方式：2 位数码，编号为 1~30。如果实验器件有限制，也可以选取其中 8 路显示。

③ 显示及刷新时间：2s 刷新 1 次，显示数码时间不少于 1s。

④ 测试方式：远端编号器并接好芯线后不再操作，近端用人工方式逐一选择被测芯线。

⑤ 电缆故障报警：当发现某条芯线有短路或开路故障时，发出告警信号——LED 亮。

（4）扩展技术指标

芯线测试为自动测试。

（5）设计条件

① 直流稳压电源提供+5V 电压。

② 被测电缆长度为 1000m，芯线直径为 0.4mm，直流电阻为 148Ω/km，绝缘电阻为 2000MΩ/km。测试前有一根芯线远、近端均已明确，用其作为测试地线。

③ 可供选择的元器件如表 7-17 所示。

表 7-17　　　　　　　　　　　　　　可供选择的元器件

| 型号 | 名称 | 数量 |
| --- | --- | --- |
| ADC0809 | 8 位 8 通道 A/D 转换器 | 1 片 |
| 7485* | 4 位二进制比较器 | 2 片 |
| 74283* | 4 位二进制加法器 | 2 片 |
| 7427* | 三-3 输入或非门 | 1 片 |

续表

| 型号 | 名称 | 数量 |
|---|---|---|
| 7430* | 8 输入与非门 | 1 片 |
| 7400* | 四-2 输入与非门 | 1 片 |
| 7474* | 双 D 触发器 | 1 片 |
| 4511* | BCD 码-七段码译码驱动器 | 2 片 |
| F555 | 定时器 | 1 片 |

电阻、电容及扩展技术指标的元器件根据需要自定；若用 FPGA 方案实现数字电路部分，标注*的器件则可省去。

### 2. 电路设计提示

电缆对线器工作原理框图如图 7-40 所示。图中把远端的被测电缆芯线分别与远端编号器中的 $R_1 \sim R_m$ 连接，并规定与 $R_1$ 连接的为 1 号线，与 $R_2$ 连接的为 2 号线……若定义远端编号器中某一电阻为 $R_x$，忽略电缆导线电阻，在近端可以测得

$$V_x = \frac{R_x}{R_0 + R_x} V_s$$

由于 $R_1 \sim R_m$ 均是事先选定的，当近端的开关 K 位于不同位置时，都可以事先计算出 $m$ 个 $V_x$ 值。这些 $V_x$ 值经 A/D 转换成为一组量化的数值。可以事先将这 $m$ 个数值建立一张译码表，表中 $m$ 个量化后的数值对应着 $m$ 个导线号码。例如，当开关 K 放在 1 的位置时，得到一个 $V_x$ 值，经过 A/D 转换得到量化值，将这个量化值译码为数字 1，就是 1 号芯线的编号。

整个电缆对线器电路分为远端编号器、电缆、A/D 转换器、译码电路、显示器、控制电路等 6 部分。远端编号器中输出的不同数值电压经过电缆传输，在近端接收，将这些电压通过 A/D 转换器进行量化，成为一组量化的数值，将这一系列数值通过译码电路译码，然后通过显示器显示数值。译码前还需要经过校验电路将 5 位量化值的二进制码转换成 8421BCD 码，以便使用显示译码器和数码管完成数字显示。同时，用控制电路对测量结果进行刷新。在短路与开路时通过逻辑电路和 LED 实现告警功能。

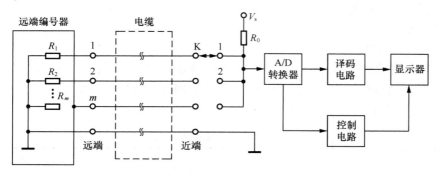

图 7-40　电缆对线器工作原理框图

（1）A/D 转换器

A/D 转换器可用 ADC0809 实现，将近端 8 路模拟电压信号接到 ADC0809 的模拟接入端，选取适当的输出端输出，对远端输出的不同数值电压进行二进制数字量化。

A/D 转换器 ADC0809 的分解度为 8 位，如参考电压 $V_{ref}=V_s=5$（V），转换阶梯 $\Delta V_s=\dfrac{V_{ref}}{2^8}=\dfrac{5}{256}=0.0195$（V），按照本设计要求，一次接入 30 根线，另考虑芯线短路和断路的情况，共有 32 种输出状态，若输出位数 $n$ 满足 $2^n{\geqslant}32$，则 $n=5$。也就是 ADC0809 只要选 5 位输出即可满足要求。如果取高 5 位输出，则 $\Delta V_s=\dfrac{V_s}{2^5}=0.156$（V）。这样加大了转换阶梯，提高了对线器的可靠性和抗干扰性。这时输入模拟量 $V$ 与 A/D 输出二进制量化值之间的关系如表 7-18 所示。

表 7-18　　　　　　　　　　输入模拟量与 A/D 输出二进制量化值之间的关系

| 输入模拟量/V | | A/D 输出量化值 | | | | |
|---|---|---|---|---|---|---|
| $x\Delta V_s{\leqslant}V_x<(x+1)\Delta V_s$ | | $2^{-1}$ | $2^{-2}$ | $2^{-3}$ | $2^{-4}$ | $2^{-5}$ |
| $0{\leqslant}V_0<\Delta V_s$ | $0{\leqslant}V_0<0.156$ | 0 | 0 | 0 | 0 | 0 |
| $\Delta V_s{\leqslant}V_1<2\Delta V_s$ | $0.156{\leqslant}V_1<0.313$ | 0 | 0 | 0 | 0 | 1 |
| ⋮ | ⋮ | ⋮ | ⋮ | ⋮ | ⋮ | ⋮ |
| $31\Delta V_s{\leqslant}V_{31}<32\Delta V_s$ | $4.88{\leqslant}V_{31}<5$ | 1 | 1 | 1 | 1 | 1 |

（2）远端编号器

由表 7-18 所示的 A/D 转换关系可知，第 $x$ 级的取样电压 $V_x{\geqslant}x\Delta V_s$，如果取 $V_x$ 的下限，则 $V_x=x\Delta V_s$。为提高转换的抗干扰能力，在转换误差允许的条件下，可将 $V_x$ 的下限值提高 $\dfrac{1}{2}\Delta V_s$，即

$$V_x = x\Delta V_s + \frac{1}{2}\Delta V_s = \frac{R_x}{R_0 + R_x}V_s$$

将 $\Delta V_s=\dfrac{V_s}{2^n}$ 代入上式，可以解得

$$R_x = \frac{2x+1}{2(2^n - x)-1}R_0 = K_x R_0$$

当 $R_0$ 确定后，$x$ 取值为 1～30，就可以算出 $R_1$～$R_{30}$ 的值。$R_0$ 和 $R_{31}$ 用于短路和断路故障判断。

根据电缆芯线给定的已知条件，被测芯线直径为 0.4mm，直流电阻 $r$ 为 148Ω/km，绝缘电阻 $R_d$ 为 2000MΩ/km。被测芯线的等效电路如图 7-41 所示。因为 $R_x=K_x R_0$，$R_x$ 随着 $R_0$ 的增大而增大，所以要考虑 $R_x//R_d$ 对 $V_x$ 的影响，$R_0$ 不可取过大。但实际上 $R_d{\gg}R_x$，所以 $R_d$ 的影响可以忽略，可以不把 $R_0$ 的上限值作为计算的依据，而只作为检查 $R_d{\gg}R_x$ 是否满足的依据。

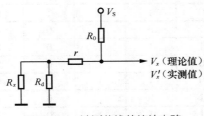

图 7-41　被测芯线的等效电路

$R_0$ 的下限值受 $r$ 的限制。$r$ 的存在会使取样电压 $V_x$ 变大，增量为

$$\Delta V_x = V_x' - V_x = \left( \frac{K_x R_0 + r}{R_0 + K_x R_0 + r} - \frac{K_x R_0}{R_0 + K_x R_0} \right) V_s$$

$$= \frac{r}{\left[ (1 + K_x) R_0 + r \right] (1 + K_x)} V_s$$

当 $x=1$ 时，$K_1 = 3/61$，可见受影响最大的是第一级取样电压 $V_1$。

因为 $K \ll 1$、$R_0 \gg r$ 通常是满足的（在后面验证），所以有

$\Delta V_x \approx \dfrac{r}{R_0} V_s$，若限制 $\Delta V_x \leqslant \dfrac{1}{10} \Delta V_s$，则

$$\frac{r}{R_0} V_s \leqslant \frac{\Delta V_s}{10}$$

将 $\Delta V_s = \dfrac{V_s}{2^n}$ 代入上式，则有 $R_0 \geqslant 10 \times 2^n r$。若 $n=5$、$r=148\Omega$，则 $R_0 \geqslant 47\text{k}\Omega$。

最后按照电阻 E24 系列标准取 $R_x$ 的值。$R_x$ 的取值可以精确到 1%，可选用多圈电位器来调节。

（3）译码电路

将 5 位量化值二进制码转换成 8421BCD 码，以便用显示译码器和数码管完成数字显示。实现译码电路的方法有以下几种。

① 用比较器和加法器实现。以 4 位二进制码转换为例，看其与 8421BCD 码的变化情况，4 位二进制码和相应的 8421BCD 码如表 7-19 所示。

表 7-19　　　　　　　　　4 位二进制码和相应的 8421BCD 码

| 十进制数 | 二进制码 | | | | 8421BCD 码 | | | | | 修正情况 |
|---|---|---|---|---|---|---|---|---|---|---|
| | | | | | 十位 | 个位 | | | | |
| | $B_3$ | $B_2$ | $B_1$ | $B_0$ | $D_{10}$ | $D_8$ | $D_4$ | $D_2$ | $D_1$ | |
| 0 | 0 | 0 | 0 | 0 | 0 | 0 | 0 | 0 | 0 | |
| 1 | 0 | 0 | 0 | 1 | 0 | 0 | 0 | 0 | 1 | |
| 2 | 0 | 0 | 1 | 0 | 0 | 0 | 0 | 1 | 0 | |
| 3 | 0 | 0 | 1 | 1 | 0 | 0 | 0 | 1 | 1 | |
| 4 | 0 | 1 | 0 | 0 | 0 | 0 | 1 | 0 | 0 | |
| 5 | 0 | 1 | 0 | 1 | 0 | 0 | 1 | 0 | 1 | |
| 6 | 0 | 1 | 1 | 0 | 0 | 0 | 1 | 1 | 0 | |
| 7 | 0 | 1 | 1 | 1 | 0 | 0 | 1 | 1 | 1 | |
| 8 | 1 | 0 | 0 | 0 | 0 | 1 | 0 | 0 | 0 | |
| 9 | 1 | 0 | 0 | 1 | 0 | 1 | 0 | 0 | 1 | |
| 10 | 1 | 0 | 1 | 0 | 1 | 0 | 0 | 0 | 0 | 需修正 |
| 11 | 1 | 0 | 1 | 1 | 1 | 0 | 0 | 0 | 1 | |
| 12 | 1 | 1 | 0 | 0 | 1 | 0 | 0 | 1 | 0 | |
| 13 | 1 | 1 | 0 | 1 | 1 | 0 | 0 | 1 | 1 | |
| 14 | 1 | 1 | 1 | 0 | 1 | 0 | 1 | 0 | 0 | |
| 15 | 1 | 1 | 1 | 1 | 1 | 0 | 1 | 0 | 1 | |

从表中可以看出，二进制码转换到 8421BCD 码时，0000～1001 即十进制 0～9 的数码变化相同，$(10)_{10}$～$(15)_{10}$ 的情况不同。例如，$(1010)_2$ 对应 $(10000)_{BCD}$，要将原来的 4 位二进制码由逢 16

进 1 校正为逢 10 进 1，必须加修正电路。从表 7-19 还能看出二进制码 $B_0$ 与 8421BCD 码的 $D_1$ 位始终一致，可以直接将 $B_0$ 作为 $D_1$ 输出，其余 $B_3$、$B_2$、$B_1$ 则需要判别是否大于 $(4)_{10}$，大于 $(4)_{10}$ 则加 $(3)_{10}$ 修正。修正电路包括大于 $(4)_{10}$ 的判别电路和加 $(3)_{10}$ 电路。判别电路由 4 位二进制比较器 7485 实现，加 $(3)_{10}$ 电路由 74283 全加器实现，大于 4 加 3 电路如图 7-42 所示。5 位二进制码转换为 8421BCD 码，变化规律如表 7-20 所示。

表 7-20　　　　　　　　　　　　5 位二进制码和相应的 8421BCD 码

| 十进制数 | 二进制码 | | | | | 8421BCD 码 | | | | | | 修正情况 |
|---|---|---|---|---|---|---|---|---|---|---|---|---|
| | | | | | | 十位 | | 个位 | | | | |
| | $B_4$ | $B_3$ | $B_2$ | $B_1$ | $B_0$ | $D_{20}$ | $D_{10}$ | $D_8$ | $D_4$ | $D_2$ | $D_1$ | |
| 0 | 0 | 0 | 0 | 0 | 0 | 0 | 0 | 0 | 0 | 0 | 0 | |
| 1 | 0 | 0 | 0 | 0 | 1 | 0 | 0 | 0 | 0 | 0 | 1 | |
| 2 | 0 | 0 | 0 | 1 | 0 | 0 | 0 | 0 | 0 | 1 | 0 | |
| ⋮ | ⋮ | ⋮ | ⋮ | ⋮ | ⋮ | ⋮ | ⋮ | ⋮ | ⋮ | ⋮ | ⋮ | ⋮ |
| 9 | 0 | 1 | 0 | 0 | 1 | 0 | 0 | 1 | 0 | 0 | 1 | |
| 10 | 0 | 1 | 0 | 1 | 0 | 0 | 1 | 0 | 0 | 0 | 0 | 需修正 |
| 11 | 0 | 1 | 0 | 1 | 1 | 0 | 1 | 0 | 0 | 0 | 1 | 需修正 |
| ⋮ | ⋮ | ⋮ | ⋮ | ⋮ | ⋮ | ⋮ | ⋮ | ⋮ | ⋮ | ⋮ | ⋮ | ⋮ |
| 16 | 1 | 0 | 0 | 0 | 0 | 0 | 1 | 0 | 1 | 1 | 0 | 需修正 |
| 17 | 1 | 0 | 0 | 0 | 1 | 0 | 1 | 0 | 1 | 1 | 1 | 需修正 |
| 18 | 1 | 0 | 0 | 1 | 0 | 0 | 1 | 1 | 0 | 0 | 0 | 需修正 |
| 19 | 1 | 0 | 0 | 1 | 1 | 0 | 1 | 1 | 0 | 0 | 1 | 需修正 |
| 20 | 1 | 0 | 1 | 0 | 0 | 1 | 0 | 0 | 0 | 0 | 0 | 需修正 |
| ⋮ | ⋮ | ⋮ | ⋮ | ⋮ | ⋮ | ⋮ | ⋮ | ⋮ | ⋮ | ⋮ | ⋮ | ⋮ |
| 31 | 1 | 1 | 1 | 1 | 1 | 1 | 1 | 0 | 0 | 0 | 1 | |

以 $(11111)_2$ 转换为 $(00110001)_{8421BCD}$ 为例，转换算式如图 7-43（a）所示，对应的变换原理图如图 7-43（b）所示。

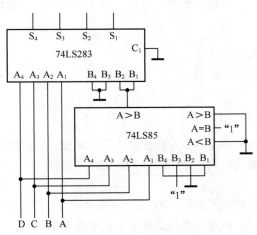

图 7-42　大于 4 加 3 电路

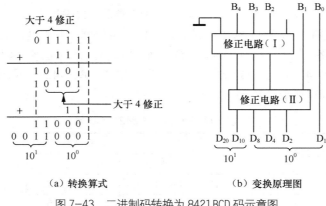

（a）转换算式　　　　　　（b）变换原理图

图 7-43　二进制码转换为 8421BCD 码示意图

② 通过可编程逻辑器件实现。绘制出二进制码与相应的 8421BCD 码的转换真值表，经卡诺图化简后，写出 8421BCD 码各位逻辑表达式，编程下载即可。GAL16V8 的相关介绍请见"7.1.1 多功能数字电子钟"中"电路设计提示"。

③ 通过存储器 EEPROM 实现。将量化的二进制码作为 EEPROM 的地址，把对应的 8421BCD 码存储在相应的单元里，将 EEPROM 的 8421BCD 码取出后送显示电路显示即可。

（4）控制电路

控制电路的作用是对测量结果进行刷新。可以用 F555 电路构成单稳态触发器，触发信号由 A/D 转换器的转换结束信号 EOC 提供，或由 START+ EOC 提供。A/D 转换器工作波形如图 7-44 所示。

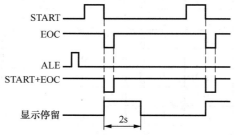

图 7-44　A/D 转换器工作波形

**3. 调试提示**

（1）应按照先调试单元电路，再局部连通，最后整机调试的步骤进行。

（2）计算 A/D 转换器的输入电压和输出二进制码，将实际测量值与理论值相对照。

（3）译码电路如果通过比较器和加法器实现，则连线较多，容易出错。建议在数据端加几组数据验证一下。

### 7.2.2　数控基准电压源

**1. 技术指标**

（1）整体功能

数控基准电压源应具有以数字方式控制输出电压的功能，通过编码开关，选择输出的直流电压值。因输出直流电压精确度较高，故可以作为基准电压源使用。

（2）系统结构

数控基准电压源系统结构框图如图 7-45 所示，其中步进开关用于用户设置输出电压值，数控电源用于产生标准直流电压，显示电路以数字方式显示输出电压值。

（3）基本技术指标

① 数控基准电压源范围：0～3.3V。

② 步进电压步长：0.1V。

③ 预置电压值用两位数码管显示。

④ 输出电压值与显示值之间误差小于 2%。

（4）扩展技术指标

输出电流：0～33mA（100Ω）。

（5）设计条件

① 直流稳压电源提供±5V 电压。

② 可供选择的元器件如表 7-21 所示。

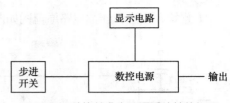

图 7-45　数控基准电压源系统结构框图

表 7-21　　　　　　　　　　　　　　　　可供选择的元器件

| 型号 | 名称 | 数量 |
| --- | --- | --- |
| CD4029* | 二/十进制可逆计数器 | 2 片 |
| CD4511 | BCD 码-七段码译码驱动器 | 2 片 |
| 7400* | 四-2 输入与非门 | 1 片 |
| C392 | 七段数码管（共阴） | 2 片 |
| DAC0832 | 8 位数/模转换器 | 1 片 |
| 28C64B（或 74283）* | EEPROM（或 4 位二进制加法器） | 1（或 4）片 |
| 9013（D313） | 三极管 | 1 只 |
| TL084 | 运算放大器 | 1 片 |
|  | 拨动开关 | 2 只 |
|  | 按键开关 | 2 只 |
|  | 1kΩ 排阻 | 2 个 |

电阻、电容及扩展技术指标的元器件根据需要自定；若用 FPGA 方案实现数字电路部分，标注*的器件则可省去。

## 2. 电路设计提示

（1）整体方案

数控基准电压源原理框图如图 7-46 所示。8 位拨动开关输出两位 BCD 码，给计数器的置数端预置电压值，步进按键开关控制计数器时钟增、减功能，计数器的输出对应系统输出电压值，该电压值在两个数码管上显示。同时计数器的输出通过 D/A 转换，输出模拟电压。

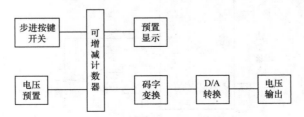

图 7-46　数控基准电压源原理框图

（2）单元电路设计提示

① 预置、步进、计数电路原理图如图 7-47 所示。

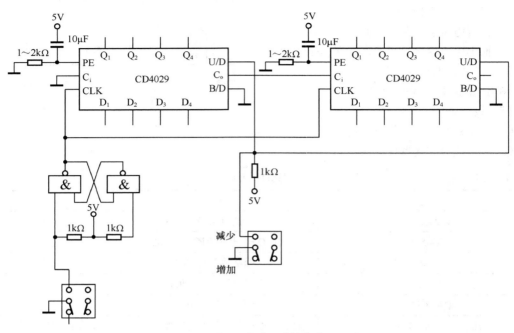

图 7-47　预置、步进、计数电路原理图

CD4029 是可逆计数器，具体的十进制模式时序图可参考图 7-18。步进按键开关作为计数器的时钟会产生抖动，所以需采用 RS 触发器消除开关抖动。

电压预置实际是由拨动开关控制 CD4029 置数端。例如，拨动开关输出 0110，CD4029 的输出 $Q_4Q_3Q_2Q_1$ 为 0110。通过译码器 CD4511 转换后，在数码管上会显示"6"字样。

② 码制转换。由于 D/A 转换采用的是 DAC0832，输入的数字信号是二进制数，而 CD4029 输出的是 BCD 码，所以需要进行 BCD-二进制的码字转换，即"十翻二"。具体设计方案参考 7.1.2 小节。这里再介绍一种"十翻二"的设计方法，即用存储器实现"十翻二"电路。以十进制 BCD 码作为寻址码，将对应二进制码存储并输出即可完成码制转换。这里用的存储器是 EEPROM 28C64。

③ D/A 转换。D/A 转换通过 DAC0832 实现，即将输入的二进制码转换为直流电压输出，典型电路如图 7-48 所示。输出电压和二进制码的对应关系如下：

$$输出\ V_o = -\frac{V_{ref}}{256} \times D_n \qquad （D_n 是输入数字量）$$

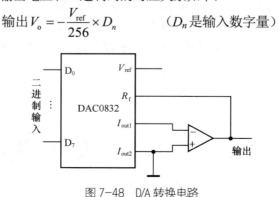

图 7-48　D/A 转换电路

要使输出 $V_o$ 为正值，$V_{ref}$ 取负值即可。

根据步长的要求，计算参考电压。在数据基本正确的前提下，为保证精度，可以调整参考电压 $V_{ref}$。

④ 电流扩展。D/A 转换电路输出的电压如果未实现要求的电流值，则需要设置放大电路。电流扩展电路图如图 7-49 所示。

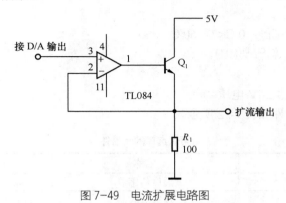

图 7-49 电流扩展电路图

**3. 调试提示**

（1）调试输出电压时，可以先输入某一个数字。如果输出电压精度不够，可以调整 EEPROM 的存储数值，使输出电压达到要求的精度。

（2）从 0.1V 到 3.3V，逐个测量实际输出值与预置数的误差，将所有测量都做记录，计算系统误差。

### 7.2.3 简易库房环境监测仪

**1. 技术指标**

（1）整体功能

货品仓库、生产车间，都需要规定温度和湿度。温湿度的检测是电子系统在工业生产过程中的典型应用之一。本监测仪能测量环境的温度和湿度，温度测量仪能够测量和显示环境的温度值，当温度超过设定值时，能发出超温指示或报警。报警温度可根据需要自定。湿度测量仪能测量和显示环境的湿度值。当湿度超过设定值时，能自动开启排风扇。

（2）系统结构

简易库房环境监测仪系统结构框图如图 7-50 所示，其中 $S_1$ 为系统复位按键，$S_2$ 用于报警温度设定，$S_3$ 用于报警湿度设定。

（3）基本技术指标

① 温度测量范围：$0℃<T≤99℃$。

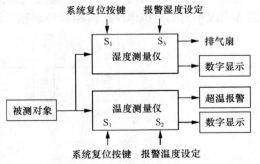

图 7-50 简易库房环境监测仪系统结构框图

② 显示精度：1℃。

③ 测温灵敏度：20mV/℃。

④ 显示采用 4 位数码管。

⑤ 温度报警采用 LED 或蜂鸣器。

⑥ 报警温度可以任意设定。

（4）扩展技术指标

① 湿度测量的温度范围：0℃<$T$≤60℃。

② 测湿精度：小于等于±5%RH。

（5）设计条件

① 直流稳压电源提供±5V 电压。

② 可供选择的元器件如表 7-22 所示。

表 7-22　　　　　　　　　　　　　　可供选择的元器件

| 型号 | 名称 | 数量 |
| --- | --- | --- |
| LM35 | 温度传感器 | 1 只 |
| TL084 | 运算放大器 | 1 片 |
| LM339 | 电压比较器 | 1 片 |
| ADC0809 | 8 路 A/D 转换器 | 1 片 |
| CD4511 | BCD 码-七段码译码驱动器 | 4 片 |
| C392 | 七段数码管（共阴极） | 4 只 |
| 28C64 | EEPROM | 1 片 |
| 74191* | 4 位二进制加/减计数器 | 2 片 |
| DAC0832 | 8 位 D/A 转换器 | 1 片 |

电阻、电容及扩展技术指标的元器件根据需要自定；若用 FPGA 方案实现，标注*的器件则可省去。

### 2. 电路设计提示

（1）温度测量仪设计原理

本监测仪系统包括温度测量仪和湿度测量仪。温度测量仪原理框图如图 7-51 所示。温度测量仪可通过温度传感器对被测对象的温度变化情况进行检测，传感器输出的不同电流，经 I-V 转换后放大成不同的模拟电压，再经 A/D 转换，送入数字电压表，将温度数值显示出来。

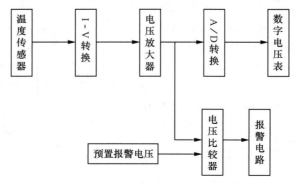

图 7-51　温度测量仪原理框图

（2）温度传感器

温度传感器是温度测量仪的核心部件，它的作用是将温度值转换为电流值。按温度传感器与被测介质的接触方式的不同可将温度传感器分为接触式与非接触式两大类。热电阻、热电偶、半导体集成温度传感器属于接触式温度传感器；红外测温传感器属于非接触式温度传感器，它通过测量被测介质的热辐射或热对流达到测温目的。

温度传感器的测量范围极广，从零下几百摄氏度到零上几千摄氏度。测温精度又各有不同，要根据测温的具体要求（如测温范围、精度）合理选择合适的温度传感器。

集成温度传感器的输出形式分为电压输出型和电流输出型两种，电压输出型的灵敏度一般为10mV/K，温度为0K时的输出为0V，温度为25℃时的输出为2.9815V。电流输出型的灵敏度一般为1μA/K，25℃时在1kΩ电阻上的输出电压为298.15mV。这里介绍两种常用温度传感器。

AD590是采用接触式电流输出型的集成温度传感器。AD590的主要特性如下。

① 流过器件的电流微安数等于器件所处环境温度的热力学温度数，即 $I_T/T=1\mu A/K$。式中：$I_T$ 为流过 AD590 的电流（μA）；$T$ 为环境温度（K）。

② AD590 的测温范围为-55～+150℃。

③ AD590 的电源电压范围为4～30V，电源电压变化范围为4～6V。电流 $I_T$ 变化1μA，相当于温度变化1K。AD590 可以承受44V 正向电压和20V 反向电压。

④ AD590 的输出电阻为700MΩ。

⑤ 精度高。AD590 共有 I、J、K、L 和 M 这5种不同精度。其中：M 精度最高，范围为-55～150℃，非线性误差为±0.3℃；I 误差最大大约±10℃，需采用校正补偿电路，即需单点调整电路。

AD590 采用 TO-52 金属圆壳封装结构，其封装形式和符号如图 7-52 所示。AD590 单点调整电路如图 7-53 所示，即只要在外接 950Ω 电阻上串联一只 100Ω 可变电阻，调整可变电阻使得温度为 25℃时，输出电压 $U_o$ 为 298.2mV 即可。由于仅在一个温度上调整，故在整个测温范围内仍有误差存在。应根据测温范围来选择在哪一个温度点上进行调整。图 7-54 所示为校正前后误差示意图。

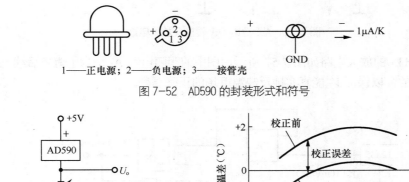

1——正电源；2——负电源；3——接管壳

图 7-52 AD590 的封装形式和符号

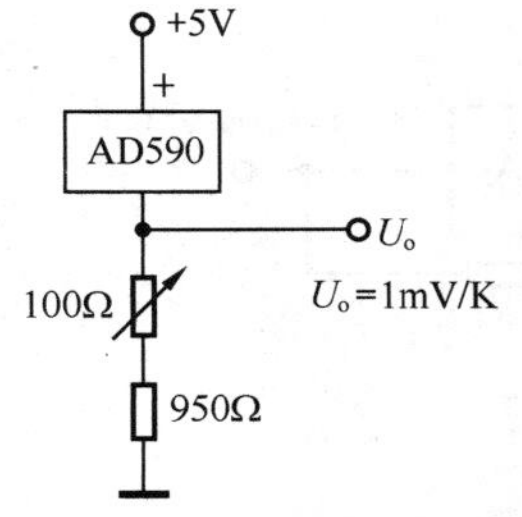

图 7-53 AD590 单点调整电路 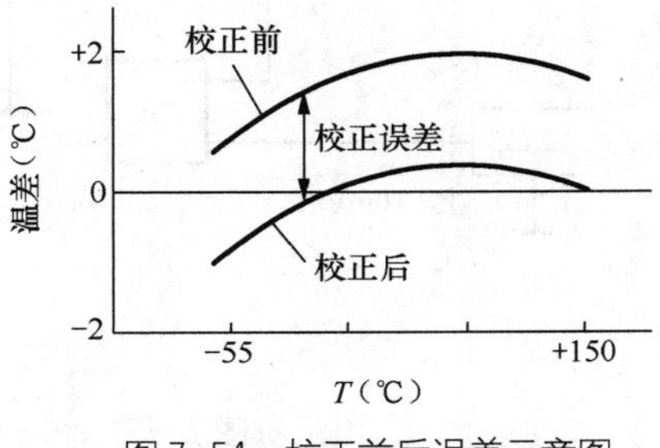　　　　图 7-54 校正前后误差示意图

LM35 是具有测温精度高、线性优良、体积小、热容量小、稳定性好、输出电信号大及价格较便宜等优点的集成温度传感器。LM35 的灵敏度为 10mV/℃，即温度为 20℃时，输出电压为

200mV。常温下测温精度在±0.5℃以内，消耗电流最大也只有 7μA，自身发热对测量精度的影响在±0.1℃以内。采用+4V 以上的单电源供电时，测量温度范围为 2～150℃；而采用双电源供电时，测量温度范围为-55～+150℃。电压使用范围为 4～20V。LM35 的俯视图及实体图如图 7-55 所示。

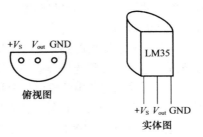

图 7-55　LM35 的俯视图及实体图

（3）I-V 转换及放大电路

方案一：AD590 输出电流的温度灵敏度为 1μA/K，经 I-V 转换后为 $V_o$=1mV/K。而绝对温度 $T$ 与摄氏温度 $t$ 的关系为 $T=t+273.15$。先用运放的减法电路来实现摄氏温度电压，再进行比例放大，即可满足测温灵敏度 20mV/℃的要求。AD590 的 I-V 转换及放大电路如图 7-56 所示。运算放大器的输出电压 $V_T=R_f/R_1(V_a-V_b)$，调整 $R_f$ 和 $R_1$ 的比值即可满足 20mV/℃的要求。

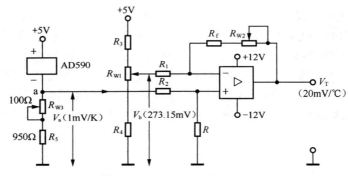

图 7-56　AD590 的 I-V 转换及放大电路

方案二：LM35 的放大电路如图 7-57 所示，图中的跟随电路 $A_1$ 是为了避免后续电路对 $V_t$ 的过多影响而增设的，以保证 $V_T$ 能真实地反映温度场的正确温度。

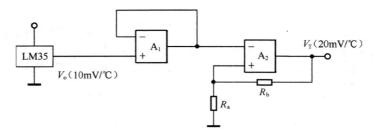

图 7-57　LM35 的放大电路

（4）A/D 转换及数字显示电路

将 $V_T$ 的模拟电压送入 A/D 转换器的输入端，转换为二进制码，用该码作为存储器 EEPROM

的地址信号，将事先预置在存储单元的内容取出，经译码显示电路将数字显示出来。这部分电路设计可参考"7.2.1 数字式电缆对线器"中"电路设计提示"中的"译码电路"。亦可用 ICL7107 三位半数字电压表集成电路作为温度显示电路，其满量程电压与基准电压的关系为 $V_m=V_{ref}$。若将 $V_{ref}$ 选择为 100mV，则可组成满量程为 100mV 的电压表。只要把小数点定在十位，即可读出结果。

ADC0809 的 CLOCK 端需要一个 640kHz 左右的方波信号，若不提供信号发生器，我们可以采用 555 定时器制成自激多谐振荡器来实现。

（5）超限比较报警电路

超限比较报警电路如图 7-58 所示。设定一个报警温度 $T_g$，将 $T_g$ 折算成对应的比较电压 $V_g$，即 $V_g=T_g \cdot 20mV/℃$。要使得当 $V_t>V_g$ 时，电路报警，可将两电压通过一个电压比较器后经 LED 显示是否报警。

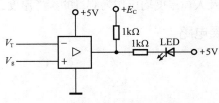

图 7-58　超限比较报警电路

（6）报警温度步进控制电路

将按键脉冲信号作为二进制加/减计数器的时钟信号，将计数器输出值作为 D/A 转换输出对应数值的温度电压。将这个温度加在比较器的同相端与测量的温度电压进行比较，大于测量电压就报警。

（7）湿度测量仪

湿度测量仪的设计方法和温度测量仪类似。湿敏电阻是利用湿敏材料吸收空气中的水分而导致本身电阻值发生变化这一原理而制成的。工业上流行的湿敏电阻主要有氯化锂湿敏电阻、有机高分子膜湿敏电阻等。湿敏电阻只能用交流电，直流电会导致湿敏失效。必须用交流电维持动态平衡。

设计时可以用 1kHz 方波信号叠加在采样电阻和湿度传感器之上，通过 A/D 转换，在正周期内测量分压。将 A/D 转换后的数字信号通过译码电路，在数码管上显示出湿度值。

### 3. 调试提示

（1）先进行单元电路调试，测试各单元是否能正常工作。温度传感器的 I-V 转换尤其重要，需测量其是否满足自身灵敏度要求，即经转换电路及放大电路，其是否满足测温灵敏度 20mV/℃ 的要求。

（2）测温灵敏度是调试的难点和重点。由于运算放大器输入的是小信号，失调电流和失调电压可能会造成运算放大器的输出运算错误。在方案一中输出电压为

$$V_o = \frac{R_f}{R_1}(U_{i1} - U_{i2}) + R_f I_{os} + \left(1 + \frac{R_f}{R_1}\right)V_{os}$$

式中，$I_{os}$ 为失调电流，$V_{os}$ 为失调电压。

解决的方法是，用系数为 1∶1 的减法器，即 $V_o=U_{i1}-U_{i2}=V_a-273.15mV$，把 1mV/℃ 的电压提

取出来。外电路的电阻要求严格匹配，应满足 $R_f=R_1=R_2=R_r$，输入电阻应大于等于 5kΩ，然后经 20 倍的放大电路使输出满足 20mV/℃的要求。

（3）单元电路测试完成后，连接各部分，形成整体电路，给 AD590（或 LM35）加温或降温（相当于改变 $V_T$），这时显示的数值在变化。再给 $V_g$ 设定报警电压，如果 LED 点亮，该电路就可以工作了。

（4）将传感器置于标准 0℃，即在 0℃温度场中，待其稳定，观察其数值。如果显示误差较大，调整使其显示为 0，再将温度传感器置于 100℃温度场中，待其稳定显示时，观察数值误差情况。如果误差较大，调整使其显示 100℃，这个过程称为定标。传感器、放大器和 A/D 转换器件若忽略非线性误差均可认为是线性元件。在线性测量系统定标时，只标定测量范围两点，即两点成一线。这样，当实际温度在 0～100℃变化时，显示数值也一一对应。另外，在测量范围内再找几个温度点进行测量验证。室温及人体温度均可作为测量的参考温度。

### 7.2.4　示波器通道扩展电路

#### 1. 技术指标

（1）整体功能

示波器通道扩展电路的主要功能是，利用模拟或数字双踪示波器原有的两个通道 CH1 和 CH2，通过转换电路将示波器扩展为可同时测量 4 个被测信号的 4 通道示波器。

（2）系统结构

示波器通道扩展电路系统结构框图如图 7-59 所示。将 4 路不同的被测信号送入双踪/多踪转换电路，转换电路对被测信号进行处理后送入示波器的第一通道 CH1，同时，转换电路产生的电位控制信号被送入 CH2，再利用示波器本身已具备的功能使示波器同时显示 4 个被测信号。

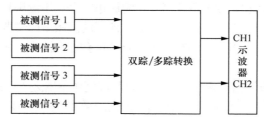

图 7-59　示波器通道扩展电路系统结构框图

（3）基本技术指标

① 双踪示波器的 CH1 通道信号作为 4 路被测信号的输入。

② 双踪示波器的 CH2 通道信号作为 4 路被测信号的直流位移输入。

③ 屏幕上能均匀稳定显示 4 路波形。

④ 电压测量范围：50mV～3V（峰峰值）。

⑤ 双踪/多踪转换电路 4 个输入被测信号端的输入阻抗大于 100kΩ。

⑥ 被测信号的频率范围：10Hz～1kHz。

（4）扩展技术指标

只用双踪示波器的 CH1 通道实现单踪/四踪转换。

（5）设计条件

① 直流稳压电源提供±5V 电压。

② 可供选择的元器件如表 7-23 所示。

表 7-23 可供选择的元器件

| 型号 | 名称 | 数量 |
|---|---|---|
| F555 | 定时器 | 1 片 |
| 74161* | 4 位二进制计数器 | 1 片 |
| CD4052 | 双 4 选 1 模拟开关 | 1 片 |
| TL084 | 运算放大器 | 1 片 |

电阻、电容及扩展技术指标的元器件根据需要自定；若用 FPGA 方案实现，标注*的器件则可省去。

### 2. 电路设计提示

将双踪示波器转换为多踪示波器，原理框图如图 7-60 所示。被测信号经衰减放大后送入传输门 1，传输门 2 接收直流电平。传输门 1 输出的信号接入 CH1 通道，传输门 2 输出的直流信号接入 CH2 通道，利用示波器显示模式中的 ADD 功能，使两通道信号相加，即可显示带有直流电平的被测信号。由于 4 路被测信号的直流电平不同，在同步地址信号的控制下，4 路被测信号分时轮流显示在示波器不同的位置上。如果 1s 内每个被测信号显示的次数多于 25 次，则由于人眼的视觉暂留特性和示波器的余辉影响，人们可以同时看到 4 路波形。

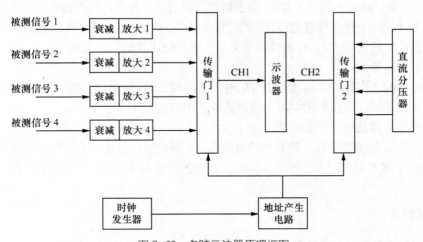

图 7-60 多踪示波器原理框图

（1）衰减器和放大器

由于被测信号的幅值大小差异较大，为了使被测信号能顺利通过传输门，电路设计时应合理地分档设计衰减器和放大器。输入电路是一个由电阻和同相放大器构成的量程放大器电路，输入电阻为 100kΩ。设计一个 10：1 的分压电路，以便调整送入量程放大器的输入信号。量程放大器采用模拟电子开关来切换增益，共有 3 个量程，分别是×1、×10 和×100，由量程逻辑开关 $K_1$、$K_2$ 控制，其原理图如图 7-61 所示。该电路的优点是不必考虑电子开关导通电阻的影响，从而可提高测量精度。实际应用中可以用模拟数据选择器 CD4052 地址端作为量程选择开关。

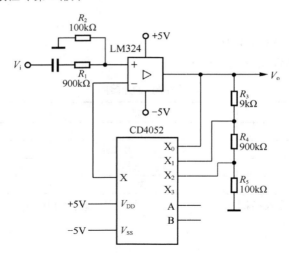

图 7-61 量程放大器切换开关原理图

（2）传输门电路

传输门由模拟开关 CD4052 构成。模拟开关与机械开关的不同点如下。

① 机械开关导通后两接点之间电阻为零，而模拟开关导通后两接点之间有几欧至几十欧的电阻。

② 机械开关导通后相当于一条导线，而模拟开关导通后对流过它的信号的电位范围有一定的限制。例如，如果模拟开关的直流工作电源电压为+5V，那么，流过模拟开关的信号的最高电位不能大于+5V，最低电位不能低于 0V。由于模拟开关的这一特点，在传输交流信号时，一般应给模拟开关输入端加一个直流位置电压。直流位置电压多为电源电压的一半，例如，电源电压为+5V 时，直流位置电压应为+2.5V。有关模拟开关的详细介绍请参阅相关文献。

（3）直流分压器

直流分压器的作用是为 4 路被测信号的时间基线提供相应的可调直流电平，使其在屏幕上均匀地显示 4 条时基线。可以利用电阻构成直流分压电路。

（4）时钟发生器及地址产生电路

为了在示波器上同时看到 4 路被测信号波形，4 路被测信号轮流分时显示的频率应大于等于 25Hz，时钟发生器的频率应大于等于 100Hz。设计方法请参考 7.1.1 小节中多谐振荡器电路的设计方法。

### 3. 调试提示

（1）衰减器和放大器部分要单独调试，看信号能否顺利通过电子开关。

（2）调整直流分压器，使其在屏幕上的直流位移间隔均匀。

（3）时钟信号的频率不宜过低，应满足显示的波形无闪烁现象。

（4）单独测试各路信号并加以调整。

（5）整机统调时，可做一个十进制计数器，将 $Q_0 \sim Q_3$ 作为被测信号，观察示波器的显示情况。

（6）输入被测信号时，要充分考虑到模拟开关 CD4052 的特性要求，被测信号的瞬时电位值不能过高或过低。

### 7.2.5 简易频率合成器

#### 1. 技术指标

（1）整体功能

频率合成器的整体功能是产生各种用户所需频率的信号，输出信号频率可变，其频率精度在整个频率范围内一致。

（2）系统结构

简易频率合成器系统结构框图如图 7-62 所示，用户设定频率选择开关后，信号产生电路将时基信号转换为用户所需频率的信号 $f_o$。

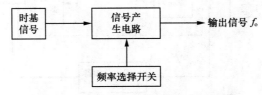

图 7-62　简易频率合成器系统结构框图

（3）基本技术指标

① 输出信号的频率范围：1kHz～999kHz。

② 输出信号波形：方波（TTL 电平）。

③ 输出频率可调整最小步长：1kHz。

④ 用 LED 进行锁相环锁定指示。

⑤ 输出信号频率误差：小于等于 $1\times10^{-3}$。

（4）扩展技术指标

① 输出信号频率误差：小于等于 $5\times10^{-5}$。

② 用 4 位动态显示数码管显示当前输出信号频率。

③ 电路具有频率变换功能：$f_o=f_i M/N$。其中，$M$、$N$ 为正整数，均小于 100；$f_i$=1kHz。调整 $M/N$ 比值，使输出信号 $f_o$ 变为 $f_i M/N$。

（5）设计条件

① 直流稳压电源提供+5V 电压。

② 可供选择的元器件如表 7-24 所示。

表 7-24　　　　　　　　　　　　　　　可供选择的元器件

| 型号 | 名称 | 数量 |
| --- | --- | --- |
| CD4046 | 锁相电路 | 1 片 |
| CD4029* | 二/十进制可逆计数器 | 3 片 |
| | 8 位拨动开关 | 2 只 |
| | LED | 1 只 |

电阻、电容及扩展技术指标的元器件根据需要自定；若用 FPGA 方案实现，标注*的器件则可省去；时基信号的产生自行设计。

### 2. 电路设计提示

（1）简易频率合成器工作原理

图 7-63 所示是简易频率合成器原理框图，虚线框内为锁相电路，可编程分频器用于分频。在本课题中，$N$ 的取值范围为 1～999。设压控振荡器输出的信号为 $f_o$，根据锁相原理，$f_o=Nf_R$，$N$ 变化时，$f_o$ 随之变化。

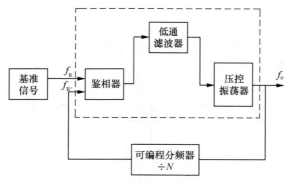

图 7-63　简易频率合成器原理框图

$f_o$ 经 $N$ 分频后为 $f_R'$，在锁相环（Phase Locked Loop，PLL）锁定时，$f_R'=f_R$。如果 $f_R'$ 偏离了 $f_R$，则其偏离的相位差 $\Delta\Phi$ 可由鉴相器鉴别出来。鉴相器输出的相位差 $\Delta\Phi$ 信号经低通滤波器变为直流电压 $V_\Phi$，$V_\Phi$ 的大小正比于 $\Delta\Phi$。$V_\Phi$ 控制压控振荡器输出频率 $f_o$ 的变化，经 $N$ 次分频后使 $f_R'$ 和 $f_R$ 相位一致。此时，称为锁相环锁定。严格地讲，锁定时 $\Delta\Phi$ 不会恒定为零，而是动态地保持为最小值。

（2）CD4046 器件介绍

锁相环是一种实现相位自动锁定的控制系统，它具有窄带滤波与宽带跟踪等良好性能，因而在通信、电视、控制与仪表等领域得到广泛应用。下面介绍一种典型的锁相环 CD4046。

CD4046 内部含有相位比较器、压控振荡器（Voltage Controlled Oscillator，VCO）及其他电路。其结构框图及管脚图如图 7-64（a）、（b）所示。

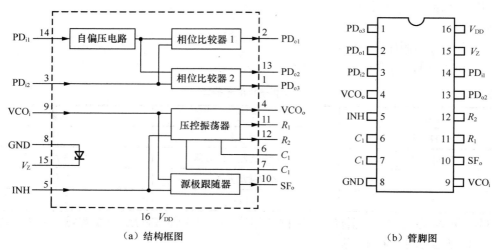

（a）结构框图　　　　　　　　　　　　（b）管脚图

图 7-64　CD4046 结构框图及管脚图

各管脚功能说明如下。

$VCO_i$、$VCO_o$：压控振荡器的输入与输出端。在锁相环电路中，通常 $VCO_i$ 来自相位差低通滤波器，以平均电压控制压控振荡器的振荡频率，其输出直接或经分频后作为参考信号加到相位比较器上。

$SF_o$：源极跟随器输出。

INH：控制信号输出。若 INH=L，允许压控振荡器工作和源极跟随器输出；若 INH=H，则相反，电路处于降功耗状态。

$R_1$、$R_2$：外接电阻端，分别控制压控振荡器的最高和最低振荡频率。

$C_1$：接于 6、7 端的电容，控制压控振荡器的振荡频率。

$PD_{i1}$、$PD_{i2}$：两个相位比较器输入信号。通常 $PD_{i2}$ 为来自压控振荡器的参考信号，$PD_{i1}$ 输入允许将 0.1V 左右的小信号或方波经内部放大整形送到相位比较器。

$PD_{o1}$：相位比较器 1 输出的相位差信号，采用异或门结构，即鉴相特性为 $PD_{o1}= PD_{i1} \oplus PD_{i2}$。异或门鉴相原理示意图参见图 7-68。两个输入信号 $f_R'$ 和 $f_R$ 都必须是占空比为 50%的方波信号。

$PD_{o2}$：相位比较器 2 输出的三态相位差信号，采用 $PD_{i1}$、$PD_{i2}$ 上升沿控制逻辑。相位比较器 2 的两个输入信号 $f_R'$ 和 $f_R$ 没有占空比为 50%的方波信号的要求。

$PD_{o3}$：相位比较器 2 输出的相位差信号，也为上升沿控制逻辑。

$V_z$：内部独立的齐纳稳压二极管负极，其稳压值为 5～8V，与 TTL 电路匹配时可作为辅助电源。

$V_{DD}$：正电源接入端，通常选用+5V 或+10V、+15V。

应用说明如下。

如图 7-65 所示，16 端是电源正电压引入端；8 端是负电源电压端，用一组电源时 8 接地；6、7 端为压控振荡器定时电容 $C_1$ 外接端；11 和 12 端为定时电阻 $R_1$、$R_2$ 外接端；$C_1$、$R_1$、$R_2$ 决定了压控振荡器自由振荡频率；5 端为禁止端，接"1"电平（$V_{DD}$ 电平）时压控振荡器停止工作，接"0"电平（$V_{SS}$ 电平）时压控振荡器工作，通常接地；9 端为压控振荡器输入端，它的输入阻抗很高，以便允许使用高阻信号源激励，内部的跟随器即为此而设计；15 端内设 5V 基准电压输出，使用时应接外接 $R_z$ 偏置电阻；14 端是锁相环的参考基准 $V_i$ 的输入端；4 端是压控振荡器的输出端；3 端是相位比较器输入端；2 和 13 端分别是 PCI、PCII 的输出端；1 端是 PCII 的锁定指示输出，"1"电平时电路锁定，反之失锁。

下面具体介绍一下 CD4046 中压控振荡器、相位比较器。

压控振荡器的压控特性如图 7-66 所示。压控振荡器的控制电压从 0 向 $V_{DD}$ 变化时，振荡频率由 $f_{min}$ 向 $f_{max}$ 变化，电源电压 $V_{DD}$ 高，中心频率 $f_0$ 与最高频率 $f_{max}$ 也高。$V_{DD}$ 一定时，$f_0$、$f_{min}$、$f_{max}$ 的高低与振荡器的外接振荡元件 $R_1$、$R_2$、$C_1$ 取值大小有关。$R_2$ 不接时，振荡器的频率为 0Hz～$f_{max}$，这时 $f_{max} = \dfrac{1}{R_1(C_1 + 32pF)}$。

使用 $R_2$ 时，压控振荡器的频率由 $f_{min}$ 变化到 $f_{max}$。$f_{min}$、$f_{max}$ 由下列公式给出：

$$f_{min} = \frac{1}{R_2(C_1 + 32pF)}$$

$$f_{max} = \frac{1}{R_2(C_1 + 32pF)} + \frac{1}{R_1(C_1 + 32pF)}$$

外接元件应满足：

$10\text{k}\Omega \leqslant R_1 、 R_2 、 R_\text{s} \leqslant 1\text{M}\Omega$；

$V_\text{DD} \geqslant 5\text{V}$ 时，$C_1 \geqslant 100\text{pF}$；

$V_\text{DD} \geqslant 10\text{V}$ 时，$C_1 \geqslant 50\text{pF}$；

最高频率可为 $0.5\text{MHz}$（$V_\text{DD}=5\text{V}$）～$1.5\text{MHz}$（$V_\text{DD}=15\text{V}$）。

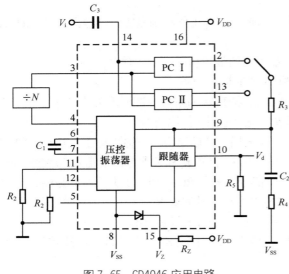
图 7-65　CD4046 应用电路

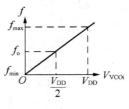

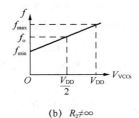

图 7-66　压控振荡器的压控特性

由上可知，CD4046 中压控振荡器的特性主要由 $R_1$、$R_2$、$C_1$ 确定。相位比较器 PCI、PCII 可按不同输入状态选择使用。图 7-67 所示为 CD4046 的压控振荡器在不同外部参数下的特性曲线。$R_1$、$R_2$、$C_1$ 的取值可参考该曲线。

需要注意的是，市面上有多种与 CD4046 管脚逻辑兼容的锁相电路，如 MC4046、CC4046、74HC4046 等。尽管它们逻辑兼容，但电气参数不同。如 CC4046 最高频率 $f_\text{max}$ 为 $0.5\text{MHz}$，而 74HC4046 的 $f_\text{max}$ 可达 $40\text{MHz}$。因此，使用时必须查阅相关手册。

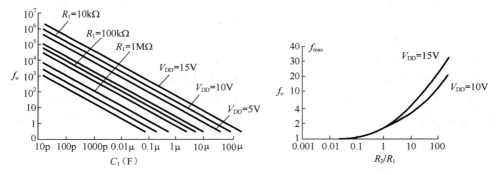
图 7-67　CD4046 的压控振荡器在不同外部参数下的特性曲线

CD4046 有两个相位比较器 PCI 和 PCII，其中 PCI 由异或门构成，它要求两个输入信号 $f_\text{R}$ 和 $f_\text{R}'$ 都必须是占空比为 50% 的方波信号，鉴相原理示意图如图 7-68 所示。PCII 对占空比没有要求。两个相位比较器的鉴相原理不同，适用范围也不同，详细分析可参阅相关文献。

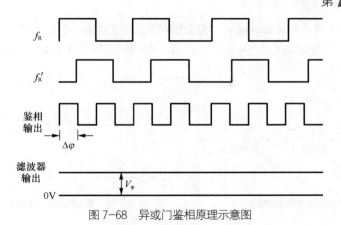

图 7-68  异或门鉴相原理示意图

（3）低通滤波器

低通滤波器有多种形式，要求不高时，可采用图 7-69 所示电路。图中电阻、电容的取值与锁相环、相位比较器的输入信号频率有关，一般 $R_3$ 大于等于几十千欧、$R_4$ 小于等于几百千欧，$1000pF \leqslant C_2 \leqslant 0.9\mu F$，具体取值方法可参阅相关文献。

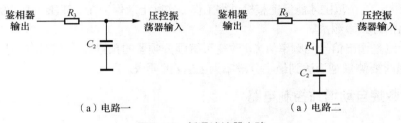

图 7-69  低通滤波器电路

### 3. 调试提示

调试时应先调试各个单元电路，在单元电路无误的前提下再调试整机。频率合成器是一种频率反馈环路，环路中任何一个单元电路的技术指标达不到要求都将影响整个环路的指标。

（1）压控振荡器压控灵敏度 $K$ 的测量

先令锁相环为开环状态，从低通滤波器输入一模拟的压控电压，同时观测压控振荡器输出信号的频率 $f_0$，压控振荡器调测电路如图 7-70（a）所示。图中 $R_w$ 和 $R$ 为测量用辅助外接电位器和电阻，它们可使 $U_i$ 在 0～5V 变化。由于 CD4046 的 $U$-$f$ 线性度较好，故可由 $K = \dfrac{f_{max} - f_{min}}{5V - 0V}$ 得到 $K$。

（2）自由振荡中间频率 $f_0$ 的测量

当 $U_i = V_{DD}/2 = 2.5V$ 时，压控振荡器的输出信号频率为 $f_0$。

（3）环路锁定的判断

当恢复锁相环路后，送入方波基准信号 $f_i$，可用示波器测量压控振荡器的输出信号 $f_0$ 与 $f_i$ 的相位关系（示波器应以 $f_i$ 为内触发信号源）。当环路锁定时，$f_0$ 与 $f_i$ 的频率和相位相同，$f_0$ 稳定显示。如果示波器只有 $f_i$ 稳定而 $f_0$ 不稳定，说明环路未能锁定。

（4）同步带测量

在环路已锁定的前提下，逐步减小输入的基准信号频率 $f_i$，同时观测 $f_0$ 的锁定情况。当 $f_0$ 出现失锁情况时，将失锁点频率记为 $f_{LT}$，然后重新回到锁定状态，再逐步增大 $f_i$，直至出现失锁情况，将失锁点频率记为 $f_{HT}$。$f_{LT} \sim f_{HT}$ 就是同步带。锁相环的同步带和捕捉带如图 7-70（b）所示。

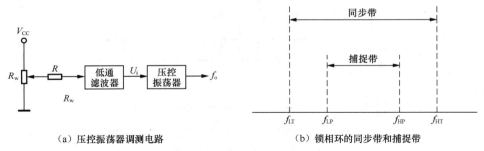

（a）压控振荡器调测电路　　　　　　　　（b）锁相环的同步带和捕捉带

图 7-70　锁相环调试示意图

（5）捕捉带测量

令 $f_i$ 低于同步带下限频率 $f_{LT}$，使环路失锁，然后逐步增大 $f_i$ 直至 $f_o$ 锁定，此时 $f_i$ 记为 $f_{LP}$；令 $f_i$ 高于同步带上限频率 $f_{HT}$，使环路失锁，然后逐步减小 $f_i$ 直至 $f_o$ 锁定，此时 $f_i$ 记为 $f_{HP}$；$f_{LP} \sim f_{HP}$ 就是捕捉带。一般情况下，同步带大于或等于捕捉带。由于本课题要求输出频率范围为 1kHz～999kHz，所以捕捉带应大于这个范围才能保证整机可靠工作。实际上应保证在 0.5kHz～1MHz 能捕捉。

（6）输出信号频率测量

用频率计测量输出信号的频率值 $f_o$，改变可编程分频器的预置数，使输出信号范围为 1kHz～999kHz。测量时要测量是否达到最小分辨率为 1kHz 的要求。

### 7.2.6　数控自动增益控制电路

#### 1. 技术指标

（1）整体功能

数控自动增益控制（Automatic Gain Control，AGC）电路的功能是，将数字电路作为控制电路，使电路的增益能随输入信号的大小而自动调整，以使输出信号幅度在不失真的条件下基本上不随输入信号幅度的变化而变化，始终保持稳定。

（2）系统结构

本课题要求采用模数混合式自动增益控制电路结构，其特点是信号的放大部分采用模拟电路，而增益控制部分采用数字电路。数控自动增益控制电路系统结构框图如图 7-71 所示。

（3）基本技术指标

① 输入电压范围：0.1～10V。

② 增益控制范围：0～40dB。

③ 输出电压：1V。

④ 输出电压变化范围：小于等于 10%。

⑤ 工作频率范围：20Hz～10kHz。

（4）扩展技术指标

输出电压变化范围：小于等于 1%。

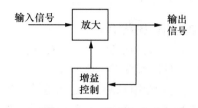

图 7-71　数控自动增益控制电路系统结构框图

（5）设计条件

① 直流稳压电源提供±12V 电压。

② 可供选择的元器件如表 7-25 所示。

**表 7-25** 可供选择的元器件

| 型号 | 名称 | 数量 |
|---|---|---|
| DAC0832 | 8 位 D/A 转换器 | 1 片 |
| 74169* | 4 位二进制加/减计数器 | 1 片 |
| 74123 | 双可重触发单稳态触发器 | 1 片 |
| 74153* | 双 4 选 1 数据选择器 | 1 片 |
| TL084 | 运算放大器 | 1 片 |
| LM339 | 电压比较器 | 1 片 |
| F555 | 定时器 | 1 片 |
| 2AP9 | 检波二极管 | 2 只 |
| 7805 | 三端稳压块 | 1 片 |

电阻、电容及扩展技术指标的元器件根据需要自定；若用 FPGA 方案实现，标注*的器件则可省去。

### 2. 电路设计提示

（1）自动增益控制原理

自动增益控制原理框图如图 7-72 所示。当输入信号 $U_i$ 经数控衰减器输出后，其输出信号的大小由可逆计数器的数值所决定，一路经放大器输出，另一路由检波电路进行正向检波和整流。电压比较器可对整流信号进行幅度比较。比较器将预先设置的最高门限电压和最低门限电压与输入信号进行比较。若输入信号电压幅度高于门限阈值，即控制可逆计数器进行减法计数；若输入信号电压幅度低于门限阈值，即控制可逆计数器进行加法计数。可控制数控衰减器的衰减量，从而实现自动增益控制。

（2）数控衰减器及放大器

数控衰减器用来控制输入信号的衰减量，可用 8 位 D/A 转换器 DAC0832 进行步进衰减。根据 D/A 转换器的工作原理，其输出电压 $U_o$ 与参考电压 $V_{ref}$ 及输入数据 $D_7 \sim D_0$ 有关，即 $U_o = -\dfrac{V_{ref}N}{2^n}$。其中：$N$ 为 8 位数据端二进制码 $D_7 \sim D_0$ 的等效十进制数（0～255），$n$ 为数据端的位数。输入信号通过 $V_{ref}$ 端输入，改变数据端 $N$ 的数值，即可改变 $U_o$ 的模拟电压输出。数据端 $D_7 \sim D_0$ 的大小可由电压比较器的输出控制计数器的加减来实现。

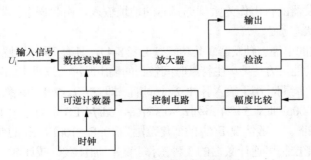

图 7-72 自动增益控制原理框图

放大器可以对数控衰减器的输出信号进行放大。运算放大器 TL084 可以构成比例放大器再进行放大倍数的调节。数控衰减器及放大器电路如图 7-73 所示。

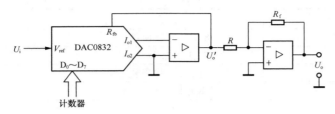

图 7-73　数控衰减器及放大器电路

（3）检波、整流电路和电压比较器

检波电路对放大后的信号进行正向峰值检波，信号的负半周被截止，从而保证输出正向信号，经过 RC 低通滤波器后得到直流电压，以便送入电压比较器进行幅度比较。

电压比较器将整流后的信号电压幅度与预先设置的基准电压进行比较。预先设置的比较电压可根据输出电压幅度的指标设定。为了使输出电压在一定的范围内保持恒定，控制衰减量不变，可预先设置最高门限值 $V_H$ 和最低门限值 $V_L$。整流后的直流信号会分别与 $V_H$ 和 $V_L$ 进行比较。电路如图 7-74 所示。

当输入信号 $V_i > V_H$ 时，电压比较器 $A_1$、$A_2$ 均输出高电平；

当 $V_i < V_L$ 时，电压比较器 $A_1$、$A_2$ 均输出低电平；

当 $V_L < V_i < V_H$ 时，$A_1$ 为高电平，$A_2$ 为低电平。

电压比较器的输出可出现以上 3 种情况。电压比较器可采用 LM339（也可以采用通用运算放大器）。

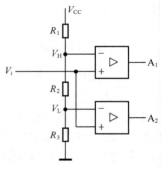

图 7-74　电压幅度比较电路

最高门限电压 $V_H$ 和最低门限电压 $V_L$ 是根据技术指标中输出的误差范围要求得到的。输出电压有效值为 1V，最大值为 1.4V，检波管压降为 0.3V。当输出误差为 +10% 时，$V_H = 1.4 - 0.3 + 0.14 = 1.24$（V）；当输出误差为 -10% 时，$V_L = 1.4 - 0.3 - 0.14 = 0.96$（V）。

适当调整 $R_1$、$R_2$、$R_3$ 的数值，即可满足门限电压要求。

（4）逻辑控制电路

逻辑控制电路的作用是将电压比较器的结果转换成控制信号，以控制可逆计数器的工作状态。逻辑控制电路可由单稳态触发器和数据选择器构成。单稳态触发器可选择具有可重触发功能的 74123。两个单稳态的触发输入信号取自于比较器的两个输出端 $A_1$ 和 $A_2$，其输出状态近似地与比较器相同。单稳态触发器的输出作为数据选择器的地址输入，由数据选择器输出的信号就可以控制可逆计数器的工作状态了。

74123 是可重触发的单稳态触发器（其功能参见表 8-4），具有下降沿触发的 A 端和上升沿触发的 B 端，利用重触发功能可方便地产生持续时间较长的输出脉冲。满足重触发的条件是，单稳态的脉宽大于输入脉冲 1 个周期，小于输入脉冲 2 个周期，即 $T_i < t_w < 2T_i$。单稳态输出脉宽与定时元件 $R_T$、$C_T$ 有关。当 $C_T > 1000pF$ 时，54/74 系列 $t_w = 0.3R_TC_T$，54/74 LS 系列 $t_w = 0.45R_TC_T$；当 $C_T < 1000pF$ 时，要通过手册查曲线图。一般情况下 $C_T$ 的变化范围为 10pF～10μF，$R_T$ 的变化范围为 2～100kΩ。

逻辑控制电路应能控制可逆计数器的 3 种工作状态：加计数、减计数、保持。

（5）可逆计数器

能够实现加和减的计数器叫作可逆计数器。74169 为 4 位二进制加/减计数器。当加/减计数端为 1 时加计数，为 0 时减计数。由于 DAC0832 的 8 个数据端都要用上，故 4 位计数器需要两片级联实现 8 位输出。具体使用方法可参阅集成电路手册。

### 3. 调试提示

（1）调试过程要做到先局部调试，后整机统调。

（2）信号衰减及放大部分的调试：可将输入信号经 DAC0832 的 $V_{ref}$ 输入，$D_0 \sim D_7$ 为数据端预置数，测量输出 $U_o$ 的波形，看 $U_o$ 的波形是否正常。

（3）放大后的输入信号经正向峰值检波滤波后送电压比较器。电压比较器的输出应有 3 种比较结果，即 $A_2A_1$ 值为 00、01 或 11。示波器应能观察到脉冲信号波形。亦可在比较器的输入端加一模拟电压，用 LED 或万用表观察状态的变化。

（4）控制器部分：控制器由单稳态触发器组成，以比较器的结果作为触发信号，选择上升沿触发。单稳态能否正常工作是实现自动增益控制的关键。实验过程中问题出在单稳态电路的情况较多。只有 $\overline{A}$、B 和 $\overline{CLR}$ 同时为高电平时电路才被触发。在验证触发功能时，可外接一触发信号，用示波器观察输出波形。单稳态的输出状态 $Q_1Q_2$ 近似地与比较器输出 $A_1A_2$ 相同。

（5）可逆计数器 74169 是否正常工作取决于 $U/\overline{D}$（即加、减）端和功能扩展端 P、T 的控制信号。$U/\overline{D}$ 为高电平时加计数，为低电平时减计数；P、T 为低电平时正常计数，为高电平时处于保持状态。用示波器观察 $U/\overline{D}$ 端时应有加减转换的脉冲信号波形。

（6）将各部分连成整体进行统调。调整放大器的放大倍数和 $V_H$、$V_L$ 的门限电压值，一般能得到较好的结果。

（7）调试时，分别记录输入电压最大值、最小值和中间 3 点的电压值，以及其对应的输出电压值。另外再记录输入的 5 种不同频率的信号，以及其对应的输出电压值。

## 7.2.7 数字式电容测量仪

### 1. 技术指标

（1）整体功能
电容测量仪能在一定的测量范围内测量出电容的容值，并以数字方式直观地显示出测量数值。

（2）系统结构
数字式电容测量仪系统结构框图如图 7-75 所示。

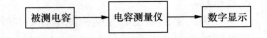

（3）基本技术指标

① 电容的测量范围：100pF～9.9μF。

② 显示方式：3 位数码管显示，前两位显示电容的

图 7-75　数字式电容测量仪系统结构框图

数值（有效位），最后一位显示 10 的倍数（添加 0 的个数）。容量单位为 pF。

③ 测量误差：±10%。

（4）扩展技术指标

① 测量范围为 10pF～100μF，可切换小数点和单位。

② 电容测量误差±3%。

（5）设计条件

① 直流稳压电源提供±12V 电压。

② 可供选择的元器件如表 7-26 所示。

表 7-26 可供选择的元器件

| 型号 | 名称 | 数量 |
|---|---|---|
| 7474* | 双 D 触发器 | 4 片 |
| CD4029* | 二/十进制可逆计数器 | 6 片 |
| 74148* | 8-3 线优先编码器 | 1 片 |
| 74151* | 8 选 1 数据选择器 | 8 片 |
| CD4511* | BCD 码-七段码译码驱动器 | 3 片 |
| C392 | 共阴数码管 | 3 片 |
| F555 | 定时器 | 1 片 |
| 74132 | 四 2 输入与非密特触发器 | 1 片 |
| | 有源晶体振荡器 10MHz | 1 只 |
| 1N4148 | 二极管 | 2 只 |
| 7805 | 三端稳压块 | 1 只 |

电阻、电容、门电路及扩展技术指标的元器件根据需要自定；若用 FPGA 方案实现，标注*的器件则可省去。

### 2. 电路设计提示

电容测量仪的设计方法较多，有测量周期法、测量频率法、测量相位法、测量积分法、测量方波法和电容电桥法等，下面介绍几种常用的设计方法。

（1）方法一：测量周期法

测量周期法测量电容值原理框图如图 7-76 所示。该方法的整体思路是，先设计一个高频率的方波信号发生器（这里用 10M 晶体振荡器加辅助电路完成），再由待测电容、定时电阻和 F555 定时器组成一个多谐振荡器。F555 振荡器输出信号的对应公式为

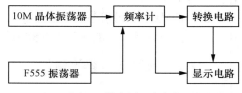

图 7-76　测量周期法测量电容值原理框图

$$T=0.7C \times (R_1 + 2R_2)$$

$$C = \frac{T}{0.7(R_1 + 2R_2)} = K \times T, \ \text{其中} \ K = \frac{T}{0.7(R_1 + 2R_2)}$$

$K$ 为常数。

该振荡器的输出脉宽随待测电容 $C$ 的大小而变，脉宽与 $C$ 的大小成正比。把 F555 振荡器产生的脉冲信号作为闸门控制信号，通过频率计对 10M 晶体振荡器的高频脉冲计数，将计数结果通过转换电路与电容值一一对应起来。

由于显示方式为 3 位数码管显示，其中前两位显示电容的数值，最后一位显示 10 的倍数（添加 0 的个数），而计时器的范围为 0～999999，故需做适当的转换。

计数结果和电容值对应关系如表 7-27 所示。从表中可以看出，显示电路具有以下 6 种情况：

① 若十位无进位或百万位有进位，则送全零给显示电路，显示值 000；

② 若个位有进位，更高位无进位，则送计数器个位、十位值给显示电路，倍数为 1；

③ 若十位有进位，更高位无进位，则送计数器十位、百位值给显示电路，倍数为 2；

④ 若百位有进位，更高位无进位，则送计数器百位、千位值给显示电路，倍数为 3；

⑤ 若千位有进位，更高位无进位，则送计数器千位、万位值给显示电路，倍数为 4；

⑥ 若万位有进位, 更高位无进位, 则送计数器万位、十万位值给显示电路, 倍数为5。

表7-27 计数结果和电容值对应关系

| 待测电容 $C$ | 计数闸门 $T$ | 计数值 | 显示 |
| --- | --- | --- | --- |
| 小于100pF | 小于10μs | 小于10 | 000nF |
| 100pF | 10μs | 10 | 101nF |
| 68nF | 6.8ms | 6800 | 683nF |
| 100nF | 10ms | 10000 | 104nF |
| 3.5μF | 350ms | 350000 | 355nF |
| 10μF | 1s | 最高位溢出 | 000nF |

计数和转换电路可以用中小规模集成电路实现, 也可以用可编程逻辑器件实现。

(2) 方法二: 测量频率法

测量频率法测量电容值原理框图如图7-77所示, 时基电路是由32.768kHz的晶体振荡器和分频器构成的, 它的输出为2Hz的时基信号, 该时基信号作为频率计的门控信号。振荡器是由待测电容、定时电阻及F555定时器构成的一个多谐振荡器。频率计对振荡器产生的脉冲信号和2Hz的时基信号通过门控电路进行计数, 计数结果通过转换电路与电容值一一对应。转换电路可以参考方法一, 这里再介绍另一种转换方法。转换原理是根据计数个数来选择EEPROM地址中的值, 取出地址中的内容送入显示电路。显示电路由3位数码管显示, 两位显示有效数字, 一位显示10的倍数。因测试范围较大, 设置10的倍数位是为简化显示电路。

F555多谐振荡器的设计公式为

$$T=0.7C\times(R_1+2R_2)$$
$$f=1/0.7C\times(R_1+2R_2)=K/C$$
$$K=1/(R_1+2R_2)\times0.7$$
$$C=K/f$$

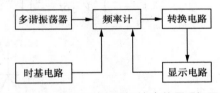

图7-77 测量频率法测量电容值原理框图

其中, $K$ 为常数。由式子结果看出, 电容值和频率成反比。

(3) 方法三: 测量相位法

测量相位法的设计原理是用测量相位差的方法测量电容量, 原理框图如图7-78所示。先设计一个高频方波信号发生器(这里通过10MHz晶体振荡器加上辅助电路实现), 再设计一个1kHz的方波信号发生器, 然后用一个中心频率为1kHz的带通滤波器将方

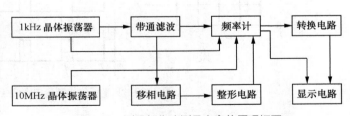

图7-78 测量相位法测量电容值原理框图

波转换成正弦波。该正弦波通过一个由待测电容 $C$ 和固定电阻 $R$ 组成的移相电路时, 在固定电阻上会产生一个同频率、相位超前输入信号的正弦波, 把该信号整形后与原始正弦信号整形后的矩形波进行比较, 可得到两者的相位差。把此相位差作为频率计的门控信号, 用频率计对10MHz晶体振荡器的高频脉冲信号进行计数, 计数结果通过转换电路与电容值一一对应起来。转换原理同方法一、方法二。

相位差的计算公式为

$$\phi_{相位差}=(2\pi x)/10000=\arctan(1/2\pi fCR)$$

$$1/2\pi fCR=\tan(2\pi x/10000)$$

式中，$C$ 为被测电容，$R$ 为固定电阻，$x$ 为频率计输出到 EEPROM 28C64 的地址。

（4）方法四：测量积分法

测量积分法测量电容值原理框图如图 7-79 所示。方波发生器 $N_1$ 输出的方波信号送入积分器 $N_2$ 中进行积分。积分器输出电压 $V_B$ 与反相器 $N_3$ 的 $V_C$ 送入比较器，比较器输出 $V_D$ 的正负向脉冲，脉宽正比于积分电容 $C_x$ 的容值。通过检波器后，仅输出正向脉冲 $V_E$，经滤波器输出直流电压 $V_G$，电压大小与输入脉宽成正比。再将直流电压 $V_o$ 送入直流数字电压表，从而达到测量电容值的目的。

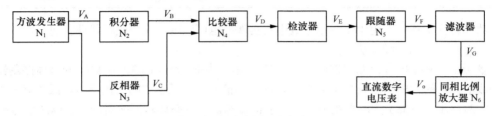

图 7-79　测量积分法测量电容值原理框图

原理框图中各部分波形如图 7-80 所示。检波后信号为 $V_F$，脉冲宽度为 $\Delta T$。

$$\Delta\alpha\tau=RC_x,\quad \Delta T=k_1\tau=k_1RC_x$$

$$\overline{V_F}=\frac{1}{T}\int_0^T V_F\cdot\mathrm{d}t=\frac{1}{T}\left[\int_0^{\Delta T}V_H\mathrm{d}t+\int_{\Delta T}^T 0\cdot\mathrm{d}t\right]=\frac{1}{T}V_H\cdot\Delta T=\frac{k_1R\cdot V_H}{T}\cdot C_x$$

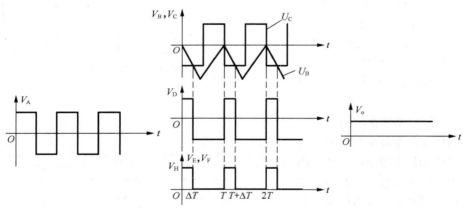

图 7-80　测量积分法测量电容值各部分波形

### 3. 调试提示

（1）按原理框图中各个单元电路的相互关系，逐一调出各部分的功能。

（2）分部调试正确后，整机统调，主要是调整测量误差，使其满足指标要求。

（3）编写 EEPROM 单元内容时，需要先在 1000pF～1μF 的范围内选定 72 个值，计算出对应的地址（频率），再根据实际情况用局部取线性的方法插入其余的数值。

# 第8章 进阶级课题

本章的课题相比第 7 章的课题难度有所增加，主要面向电子电路课时数较多或有一定设计和实验能力的读者。本章设置的课题既可以采用试凑法设计电路，也可以用数字电子系统（含控制器和处理器）设计方法设计。

## 8.1 数字电路设计课题

本节课题均源自实用电路。为实验方便，将技术指标简化。由于电路规模相对较大，部分课题涉及软核，因此主体器件推荐采用大规模的可编程逻辑器件实现。可编程逻辑器件内部资源丰富，在设计电路时主要考虑电路结构的合理性、可综合性、可测性，不必刻意追求电路的最简化。

考虑到客观条件限制，本章部分课题也提供了 74 或 4000 系列中小规模集成器件备选。

### 8.1.1 作息时间信号机

#### 1. 技术指标

（1）整体功能

作息时间信号机的功能是按照学校规定的作息时间自动响铃，全年作息时间规定不变（双休日照常运行），且需人工校对时、分。

（2）系统结构

作息时间信号机系统结构框图如图 8-1 所示。

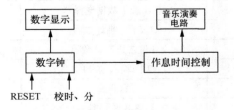

图 8-1　作息时间信号机系统结构框图

（3）基本技术指标

① 规定的作息时间如表 8-1 所示。

表 8-1 作息时间

| 起床铃 | 06:30 | 预备铃 | 13:35 |
|---|---|---|---|
| 锻炼 | 06:45—07:10 | 第六节课 | 13:45—14:30 |
| 早饭 | 07:11—07:50 | 第七节课 | 14:35—15:20 |
| 预备铃 | 07:51 | 第八节课 | 15:35—16:20 |
| 第一节课 | 08:00—08:45 | 第九节课 | 16:25—17:10 |
| 第二节课 | 08:50—09:35 | 晚饭 | 17:30 |
| 第三节课 | 09:50—10:35 | 第十节课 | 18:30—19:15 |
| 第四节课 | 10:40—11:25 | 第十一节课 | 19:25—20:10 |
| 第五节课 | 11:30—12:15 | 第十二节课 | 20:20—21:05 |
| 午饭午休 | 12:16 | 熄灯 | 23:30 |

② 铃声分类：长铃，12s；短铃，7s；间歇铃，18s 内响 3s、停 3s，共 3 个周期。这 3 种铃声作用如下。

长铃用于起床，早、午、晚饭，午休和熄灯。

短铃用于预备铃、下课、锻炼。

间歇铃用于上课。

③ 采用 24 小时制，能显示时、分、秒。

④ 手动校准时、分。

⑤ 显示电路采用动态显示。

（4）扩展技术指标

① 长铃、短铃、间歇铃用事先存储的音乐替代。

② 允许用户修改作息时间（项目及顺序不变，仅变动时间）。

③ 节假日作息时间根据实际情况变动。

（5）设计条件

① 直流稳压电源提供+5V 电压。

② 可供选择的元器件如表 8-2 所示。

表 8-2 可供选择的元器件

| 型号 | 名称 | 数量 |
|---|---|---|
| 4511* | BCD 码-七段码译码驱动器 | 1 片 |
| 74153* | 双-4 选 1 数据选择器 | 3 片 |
| 4029* | 二/十进制计数器 | 2 片 |
| 74161* | 4 位二进制计数器 | 4 片 |
| 7420* | 2-四输入与非门 | 3 片 |
| 7404* | 六非门 | 1 片 |
| 74138* | 3-8 译码器 | 1 片 |
| 7474* | 双 D 触发器 | 2 片 |
| 7427* | 3 输入或非门 | 1 片 |
| 74194* | 4 位双向移位寄存器 | 1 片 |

| 型号 | 名称 | 数量 |
|---|---|---|
| 74123* | 双单稳态触发器 | 2 片 |
| 4060* | 14 位二进制计数器 | 1 片 |
| GAL16V8* | 通用阵列逻辑 | 1 片 |
| 32.768kHz* | 石英晶体 | 1 只 |
|  | 扬声器或蜂鸣器 | 1 只 |
|  | 4 位动态显示数码管 | 1 只 |
|  | 按键开关（带锁） | 2 只 |

电阻、电容及扩展技术指标的元器件根据需要自定；若用 FPGA 方案实现，标注*的器件则可省去。

### 2. 电路设计提示

作息时间信号机的基本技术指标设计框图如图 8-2 所示。

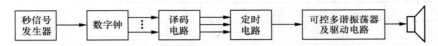

图 8-2　作息时间信号机的基本技术指标设计框图

秒信号发生器：产生数字钟计时的标准脉冲信号。

数字钟：提供作息时间表中的各个具体时间。

译码电路：将所有欲响铃的时间提取出来，并分别构成 3 种铃声的控制信号。

定时电路：形成 3 种铃声所需的持续时间，并汇集成一路信号送至可控多谐振荡器。

可控多谐振荡器及驱动电路：在需要响铃的时间里，多谐振荡器以音频频率振荡并驱动扬声器发声。

（1）秒信号发生器

秒信号发生器决定了数字钟的稳定性和精度，具体设计见 7.1.1 小节"电路设计提示"。

（2）数字钟（含校时、校分电路）

计数器对秒脉冲信号进行计数，将累计结果用二十四进制和六十进制显示时、分、秒，可以设两个校时、校分开关 K$_时$、K$_分$。具体设计见 7.1.1 小节"电路设计提示"。

（3）译码电路

将所有需要响铃的时间拣取出来，按照要求的长铃、短铃及间歇铃 3 种铃声译码。如果用集成门电路或中小规模的译码器等来完成组合逻辑设计，电路是十分庞大的。如果用可编程逻辑器件替代中小规模集成电路实现，既可简化电路，又可节约成本。这体现了可编程逻辑器件的优越性。如果受器件限制，采用 GAL 编程，只需写出 3 种铃声的输出逻辑表达式。如果某种铃声的乘积项大于 7，就要设置一个中间变量；否则，软件编译时将会出现错误信息。GAL16V8 的资源情况详见 7.1.1 小节"电路设计提示"。

（4）定时电路

用长铃、短铃和间歇铃作为单稳态触发器的触发信号，再配以定时元件 R、C，实现脉冲展宽至所需的时间，如图 8-3 所示。该电路采用中规模集成单稳态 74123，其功能如表 8-3 所示。单稳态的脉冲宽度 $t_w$ 由外接 $R_T$、$C_T$ 决定。当 $C_T < 1000\text{pF}$ 时，$t_w$ 可以通过查找有关图表求得；当 $C_T > 1000\text{pF}$ 时，对于 74LS 系列，$t_w = 0.45R_T C_T$。$C_T$ 的取值不受限制，$R_T$ 的取值 74LS 系列为 $5\text{k}\Omega \sim 260\text{k}\Omega$。间歇铃要求 18s 内响 3s、停 3s，共 3 个周期，其时序图如图 8-4 所示。

本课题如果完全采用大规模可编程逻辑器件设计实现，则定时电路的设计也可以由可编程逻辑器件完成。

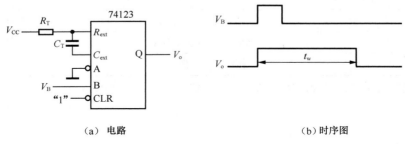

（a）电路　　　　　　　　　　　　　　　（b）时序图

图 8-3　单稳态触发器电路

表 8-3　　　　　　　　　　　　　　　　74123 功能

| 清除 | 触发 | | 输出 | |
|---|---|---|---|---|
| CLR | A | B | Q | $\overline{Q}$ |
| 0 | ∅ | ∅ | 0 | 1 |
| ∅ | ∅ | 0 | 0 | 1 |
| 1 | 0 | ↑ | ⊓ | ⊔ |
| 1 | ↓ | 1 | ⊓ | ⊔ |
| ↑ | 0 | 1 | ⊓ | ⊔ |

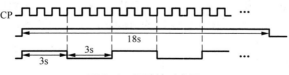

图 8-4　间歇铃时序图

（5）音乐演奏电路

在实际应用的作息时间信号中，刺耳的长铃、短铃、间歇铃往往被音乐所替代，在需要响铃的时间，提取事先存储的不同的音乐。音乐演奏电路的设计详见本书"7.1.7 可编程电子音乐自动演奏电路"。

### 3. 调试提示

（1）时间校正

数字电子钟电路要计时准确，校时、校分电路调试时可用 2Hz、4Hz、8Hz 等分别作为秒、分和时的输入时钟信号，以便快速测量。校正开关应用消抖电路。

（2）译码电路

将响铃时间的译码电路用 CUPL 编程实现，写入 GAL 芯片。由于响铃的时间段较多，在 CUPL 程序编译时，可能会出现资源不够的情况，主要是 GAL 芯片的生产厂家不同，输出、输入的管脚定义有所不同，例如，有的 15 脚、16 脚只能作为输出端，不能作为输入端，而有的 18 脚、19 脚只能作为输出端，不能作为输入端，要根据具体情况进行调整。

（3）响铃测试

用校正时间的按键对要求响铃的时间逐一进行测试，可能会出现响长铃的时间短铃也响或间歇铃也响，或者会出现不该响铃的时间响铃。出现这种情况，主要是因为时间拣取得不对，或者在 GAL 编程时响铃的逻辑表达式被简化了。要特别注意，响铃的逻辑表达式不能被简化，各个乘积项仅代表唯一的时间点。

### 8.1.2　基于数字系统的乘法器

#### 1. 技术指标

（1）整体功能

用数字系统设计方法设计一个带 LED 显示的、求两个 4 位二进制数之积的数字乘法器。

（2）系统结构

乘法器的系统结构框图如图 8-5 所示。

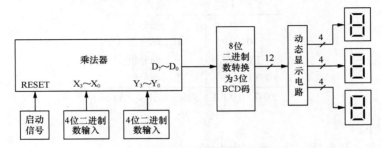

图 8-5　乘法器的系统结构框图

各部分功能说明如下。

① RESET：为整个系统复位，同时将被乘数和乘数传送到寄存器中。

② 数据输入采用并行送数，系统收到两组 4 位二进制数（被乘数和乘数）后进行乘法运算，将运算结果 8 位二进制数再转换为 3 位 BCD 码。

③ 用动态显示的方式显示结果。

（3）基本技术指标

① 乘数和被乘数为 4 位二进制数。

② 乘数和被乘数分别存在寄存器 Q 和 M 中。

③ 运算结果用 3 位 BCD 码显示。

（4）扩展技术指标

采用键盘扫描方式将十进制数转换成二进制数 $X_3 \sim X_0$、$Y_3 \sim Y_0$。

（5）设计条件

① 直流稳压电源提供+5V 电压。

② 用数字系统设计方法。

③ 可供选择的元器件如表 8-4 所示。

表 8-4 可供选择的元器件

| 型号 | 名称 | 数量 |
|---|---|---|
| | 大规模可编程逻辑器件实验板 | 1 块 |
| | 数码管 | 3 片 |
| | 8 位拨码开关 | 2 片 |
| F555 | 定时器 | 1 片 |

电阻、电容及扩展技术指标的元器件根据需要自定。

### 2. 电路设计提示

（1）算法一

① 手算过程

乘法的运算过程（一次相加）如下。

**乘法的运算过程（一次相加）**

| | |
|---|---|
| 1010 | 被乘数 |
| ×1101 | 乘数 |
| 1010 | 第一部分积 |
| 0000 | 第二部分积 |
| 1010 | 第三部分积 |
| +1010 | 第四部分积 |
| 10000010 | 乘积=部分积之和 |

算法规律如下。

a. 两个 $r$ 位的二进制数相乘，乘积为 $2r$ 位。

b. 乘数的第 $i$ 位为 0 时，第 $i$ 位的部分积为 0；乘数的第 $i$ 位为 1 时，第 $i$ 位的部分积是被乘数。

c. 第 $i$ 位的部分积相对于第 $i-1$ 位的部分积求和时左移一位。

② 电路实现过程

为了用数字电路完成求和运算，必须改变乘法运算过程，即把一次多数相加改成累计求和，累计的和称为部分和，把它存入累加寄存器，如表 8-5 所示。

表 8-5 累加部分积的乘法运算过程

| 运算过程 | 算式说明 |
|---|---|
| 1011 | 被乘数 |
| × 1101 | 乘数 |
| 00000000 | 累加器初始内容 |
| + 1011 | 第一部分积 |
| 00001011 | 第一部分和 |
| + 0000 | 第二部分积 |
| 00001011 | 第二部分和 |
| + 1011 | 第三部分积 |
| 00110111 | 第三部分和 |

续表

| 运算过程 | 算式说明 |
|---|---|
| +     1011 | 第四部分积 |
| 10001111 | 乘积=第四部分和 |

由表 8-5 可以得到图 8-6 所示的算法一的结构和算法流程图。

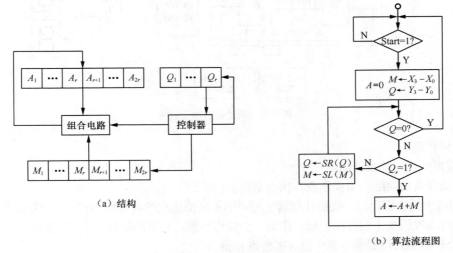

（a）结构

（b）算法流程图

图 8-6　算法一的结构和算法流程图

该算法缺点是寄存器的使用效率低；优点是运算时间短，例如，1010×0001 运算一次就结束了，1010×0011 运算两次就结束了。

（2）算法二

算法二的结构和算法流程图如图 8-7 所示。该算法的缺点是运算时间长，例如，1010×0001 要运算 4 次才结束。但其优点是占用资源少。

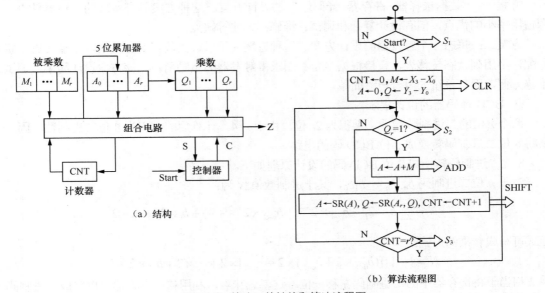

（a）结构

（b）算法流程图

图 8-7　算法二的结构和算法流程图

根据图 8-7（b）的算法流程图，可以导出乘法器的原理框图，如图 8-8 所示。

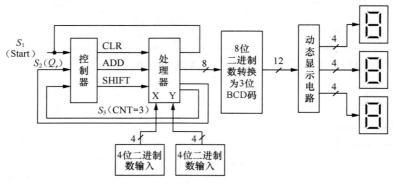

图 8-8　乘法器的原理框图

（3）设计提示

① 数据处理器的设计提示

数据处理器的明细表由操作表和状态变量表构成。

a．明细表的建立提示：数据处理器采用明细表来描述它的具体操作过程，也就是把一个时钟期间能同时实现的操作归并在一起，作为一个操作步骤，再用助记符号表示控制信号。

b．分析数据处理器明细表中包含哪些寄存器。

c．根据明细表设计处理器：

步骤一，画出处理器的初始结构图；

步骤二，根据寄存器所能完成的功能选择芯片；

步骤三，根据选择的芯片设计处理器。

② 控制器的设计提示

控制器设计方案有如下两种。

方案一："数据选择器+寄存器+译码器"的设计方案。这种方案具有实现的电路器件少、资源占用率小的优点，但有设计复杂和调试、维修不方便等缺点。

方案二：每态一个触发器的设计方案。这种方案采用了最大数目的触发器，不需要进行状态分配，不用列状态转移表，直接根据 ASM 图求得触发器的激励函数。该方案设计简单，调试、维修方便，而且系统的组合电路简单。

③ BCD 译码器的设计提示

两个 $r$ 位的二进制数相乘，乘积为 $2r$ 位。由于 $r=4$，计算后的乘积为 8 位二进制数，因此需要将 8 位二进制码转换成 3 位 BCD 码的电路。

8 位二进制码转换成 3 位 BCD 码的设计原理如下。

对于 $n$ 位二进制码 $b_{n-1}b_{n-2}\cdots b_1 b_0$，其十进制数值 $N$ 为：

$$N = \sum_{i=0}^{n-1} b_i \times 2_i = b_{n-1} \times 2^{n-1} + b_{n-2} \times 2^{n-2} + \cdots + b_1 \times 2^1 + b_0 \times 2^0$$

上式可写成套乘的形式：

$$N = \{\cdots\{\{[(b_{n-1} \times 2 + b_{n-2}) \times 2 + b_{n-3}] \times 2 + \cdots \times 2 + b_1\} \times 2 + b_0$$

乘 2 相当于将寄存器中的二进制码左移一位，这就意味着，利用移位寄存器可以完成二进制码至

BCD 码的变换。

考虑一位数字的二进制码至 BCD 码的变换，设左移一位前的状态，即原状态为 $S_n$，左移一位后的状态为 $S_{n+1}$。由于左移一位相当于乘 2，则有

$$S_{n+1}=2S_n+X_n\text{ 且 }0\leqslant S_n\leqslant 9$$

其中 $X_n$ 为串行输入的二进制码元。

若不加以修正，此时的状态转换图如图 8-9（a）所示。

由图 8-9（a）可见，当 1 位 BCD 码中的原状态 $S_n$ 达到或者大于等于 5 时，其新状态 $S_{n+1}$ 将超过 9。对 BCD 码来说，这样的状态属于禁用状态，因此必须加以修正，方能得到正确的结果。

修正应该这样进行：当 $S_n\geqslant 5$ 时，从左移一位后的新状态 $S_{n+1}$ 中减去十进制数 10，并向高一位数的 BCD 码送出一个进位信号 $Z$，即

$$S_{n+1}=2S_n+X_n-10\ (S_n\geqslant 5)$$
$$Z=1$$

修正后的状态转换图如图 8-9（b）所示。

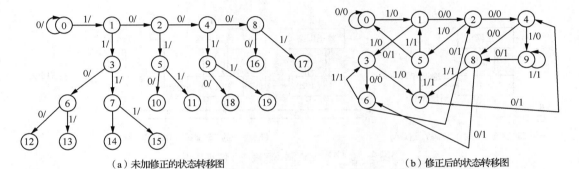

（a）未加修正的状态转移图　　　　　　（b）修正后的状态转移图

图 8-9　8 位二进制码转换成 3 位 BCD 码状态转移图

根据修正后的状态转换图，不难得到修正后的状态转换真值，如表 8-6 所示。

表 8-6　修正后的状态转换真值

| $X_n$ | $Q_{8n}$ | $Q_{4n}$ | $Q_{2n}$ | $Q_{1n}$ | $Q_{8n+1}$ | $Q_{4n+1}$ | $Q_{2n+1}$ | $Q_{1n+1}$ | $Z$ |
|---|---|---|---|---|---|---|---|---|---|
| 0 | 0 | 0 | 0 | 0 | 0 | 0 | 0 | 0 | 0 |
| 0 | 0 | 0 | 0 | 1 | 0 | 0 | 1 | 0 | 0 |
| 0 | 0 | 0 | 1 | 0 | 0 | 1 | 0 | 0 | 0 |
| 0 | 0 | 0 | 1 | 1 | 0 | 1 | 1 | 0 | 0 |
| 0 | 0 | 1 | 0 | 0 | 1 | 0 | 0 | 0 | 0 |
| 0 | 0 | 1 | 0 | 1 | 0 | 0 | 0 | 0 | 1 |
| 0 | 0 | 1 | 1 | 1 | 0 | 1 | 0 | 0 | 1 |
| 0 | 1 | 0 | 0 | 0 | 0 | 1 | 1 | 0 | 1 |
| 0 | 1 | 0 | 0 | 1 | 1 | 0 | 0 | 0 | 1 |
| 1 | 0 | 0 | 0 | 0 | 0 | 0 | 0 | 1 | 0 |
| 1 | 0 | 0 | 0 | 1 | 0 | 0 | 1 | 1 | 0 |
| 1 | 0 | 0 | 1 | 0 | 0 | 1 | 0 | 1 | 0 |

续表

| $X_n$ | $Q_{8n}$ | $Q_{4n}$ | $Q_{2n}$ | $Q_{1n}$ | $Q_{8n+1}$ | $Q_{4n+1}$ | $Q_{2n+1}$ | $Q_{1n+1}$ | $Z$ |
|---|---|---|---|---|---|---|---|---|---|
| 1 | 0 | 0 | 1 | 1 | 0 | 1 | 1 | 1 | 0 |
| 1 | 0 | 1 | 0 | 0 | 1 | 0 | 0 | 1 | 0 |
| 1 | 0 | 1 | 0 | 1 | 0 | 0 | 0 | 1 | 1 |
| 1 | 0 | 1 | 1 | 0 | 0 | 0 | 0 | 1 | 1 |
| 1 | 0 | 1 | 1 | 1 | 0 | 1 | 0 | 1 | 1 |
| 1 | 1 | 0 | 0 | 0 | 0 | 0 | 1 | 1 | 1 |
| 1 | 1 | 0 | 0 | 1 | 1 | 0 | 0 | 1 | 1 |

可由修正后的状态转换真值用 JKFF 或 DFF 实现一位二进制码转换成 BCD 码的变换单元。一位二进制码转换成 BCD 码的变换单元如图 8-10（a）所示。

方案一：将数个一位二进制码转换成 BCD 码的变换单元级联起来，便可构成多位的二进制码至 BCD 码变换，如图 8-10（b）所示。

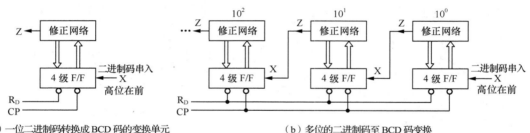

（a）一位二进制码转换成 BCD 码的变换单元　　　　　（b）多位的二进制码至 BCD 码变换

图 8-10　8 位二进制码转换成 3 位 BCD 码

由图 8-10 可见，一位二进制码转换成 BCD 码的变换单元由 4 级触发器和修正组合网络构成。在变换之前，应先将触发器清零。被变换的二进制码串行送入个位变换单元的 X 输入端，且高位在前；个位变换单元中各触发器的输出送入个位修正网络，个位修正网络的一部分输出控制个位变换单元中各触发器的控制输入端。而其进位输出 Z 送入十位变换单元的 X 输入端……依此可推到十位、百位……的连接上。

**例 8-1-1**　将 8 位二进制码 11101011 变换为 BCD 码。

**解**　8 位二进制码 $11101011 = (235)_{10}$

因此，需要 3 个一位二进制码转换成 BCD 码的变换单元，其变换过程如图 8-11 所示。

依据上面的讨论，可以看出，若移位前的状态 $S_n \leqslant 4$，则移位后不需要修正；若移位前的状态 $5 \leqslant S_n \leqslant 9$，则移位后，应将其结果减去 10，并向高一位的 BCD 码送进位信号。送出的进位信号相当于加 16，因而将减 10 和加 16 综合起来，则移位后的修正可认为是加 6。例如，若移位前的状态为 $0110[(6)_{10}]$，移位后的状态为 $1100[(12)_{10}]$，移位后的修正应该是

修正量 $+1100 \rightarrow 10000[(16)_{10}] - 1010[(10)_{10}] + 1100$

$= 0110 + 1100 = 1\,0010[(12)_{10}]$

但 10010 在 BCD 码看来就是 12。

方案二：将二进制码变换为 BCD 码的组合逻辑网络。

依据上面的讨论，可以看出，若移位前的状态 $S_n \leqslant 4$，则移位后不需要修正；若移位前的状

态 $5 \leqslant S_n \leqslant 9$，则移位后，应将其结果减去 10，并向高一位的 BCD 码送进位信号。送出的进位信号相当于加 16，因而将减 10 和加 16 综合起来，则移位后的修正可认为是加 6。例如，若移位前的状态为 0110[(6)₁₀]，移位后的状态为 1100[(12)10]，移位后的修正应该是

修正量+1100→10000[(16)₁₀]-1010[(10)₁₀]+1100

=0110+1100=10010[(12)₁₀]

但 10010 在 BCD 码看来就是 12。

| 0000 | 0000 | 0000 | 11101011 | | CP 0 |
|------|------|------|----------|---|---|
| 0000 | 0000 | 0001 | 1101011 | | 1 |
| 0000 | 0000 | 0011 | 101011 | | 2 |
| 0000 | 0000 | 0111 | 01011 | 0111≥0101 | 3 |
| 0000 | 0000 | 1110 | 1011 | 先左移一位 | |
| 0000 | 0001 | 0100 | 1011 | 再加 0110 | 4 |
| 0000 | 0010 | 1001 | 011 | 1001≥0101 | 5 |
| 0000 | 0101 | 0010 | 11 | 先左移一位 | |
| 0000 | 0101 | 1000 | 11 | 再加 0110 | 6 |
| 0000 | 1011 | 0001 | 1 | 1000≥0101 先左移一位 | |
| 0001 | 0001 | 0111 | 1 | 再加 0110  0111≥0101 | 7 |
| 0010 | 0010 | 1111 | | 先左移一位 | |
| 0010 | 0011 | 0101 | | 再加 0110 | 8 |
| 2 | 3 | 5 | | | |

图 8-11　方案一变换过程

移位后的修正可以放在移位前进行，其准则是，若移位前的状态 $5 \leqslant S_n \leqslant 9$，则移位前应加十进制 3，因为移位前加 3 等于移位后加 6。

**例 8-1-2**　将 8 位二进制码 11101011 变换为 BCD 码。

**解**　8 位二进制码 11101011=(235)₁₀

因此，需要 3 个一位二进制码转换成 BCD 码的变换单元，其变换过程如图 8-12 所示。

根据以上的举例，修正可用专门的硬件完成，其真值如图 8-13（a）所示，图 8-13（b）所示为逻辑符号，由卡诺图化简可以得到图 8-13（c）所示的 $d_0 \sim d_3$ 的逻辑表达式。

下面介绍将 4 位二进制码 1111 变换至 2 位 BCD 码(15)₁₀。利用上面所示的组合逻辑变换单元实现二进制码至 BCD 码的变换，其准则如下。

a．左移一位用硬接完成，即不用时钟脉冲而用连接线向左移动完成移位。

| 0000 | 0000 | 0000 | 11101011 | |
|------|------|------|----------|---|
| 0000 | 0000 | 0001 | 1101011 | 左移一位 |
| 0000 | 0000 | 0011 | 101011 | 左移一位 |
| 0000 | 0000 | 0111 | 01011 | 0111>0100 |
| 0000 | 0000 | 1010 | 01011 | 先加 0011 |
| 0000 | 0001 | 0100 | 1011 | 左移一位 |
| 0000 | 0010 | 1001 | 011 | 1001>0100 |
| 0000 | 0010 | 1100 | 011 | 先加 0011 再左移一位 |
| 0000 | 0101 | 1000 | 11 | 1000>0100 0101>0100 先 +0011 |
| 0000 | 1000 | 1011 | 11 | |
| 0001 | 0001 | 0111 | | 再左移一位 0111>0100 |
| 0001 | 0001 | 1010 | 1 | 先加 0011 |
| 0010 | 0011 | 0101 | | 再左移一位 |
| 2 | 3 | 5 | | |

图 8-12　方案二变换过程

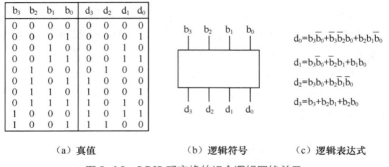

（a）真值　　　　　　　　（b）逻辑符号　　　　（c）逻辑表达式

图 8-13　B/BCD 码变换的组合逻辑网络单元

b．连接变换单元的最高 4 位二进制码应满足 $d_3d_2d_1d_0 \leqslant 9$，二进制码转换成 BCD 码的组合逻辑网络变换图如图 8-14 所示。

方案三：利用计数器实现二进制码至 BCD 码的变换，如图 8-15 所示。

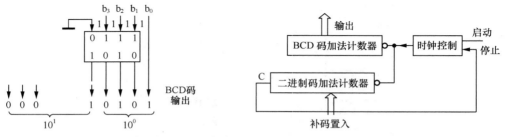

图 8-14　二进制码转换成 BCD 码的组合逻辑网络变换图　　　　图 8-15　方案三变换过程

在启动信号作用前，将被变换的二进制码的补码并行置入二进制码加法计数器，同时将 BCD 码加法计数器清零。稳定后经启动信号作用，时钟脉冲信号同时送入两个计数器。二进制码加法计数器的溢出脉冲信号 $C_n$ 禁止时钟脉冲信号再进入两个计数器。此时 BCD 码加法计数器中的数码就是变换后的 BCD 码。

例如，被变换的二进制码为 11101011（235），将其补码 00010101（21）置入二进制码加法计数器，在 235 个时钟脉冲信号作用后，时钟脉冲信号不再进入两个计数器，此时 BCD 码加法计数器中的数码为 001000110101。

综上所述，利用组合逻辑网络实现二进制码转换成 BCD 码的变换速度最快，它不需要时钟脉冲信号，但随着被变换二进制码字长的增加，所需的硬件数量迅速增加。

利用移位原理构成的二进制码至 BCD 码的时序逻辑网络，其变换速度是每个时钟脉冲一位码元，所需的硬件也适中。

可利用计数器将二进制码变换为 BCD 码。其变换速度最低，所需硬件亦最少。

④ 显示电路的设计提示

显示电路采用 4 位动态显示。具体方案电工电子实验教材中有详细介绍，这里不再介绍。

### 3．调试提示

（1）控制器调试是通过波形仿真来实现的，而波形仿真又是根据 ASM 图或状态转移图来实现的。仿真结果正确，再实现该控制器。

（2）处理器调试也是通过波形仿真来实现的，而波形仿真又是根据 ASM 图来实现的。若仿真结果正确，再将处理器生成器件；若仿真结果不正确，再回到电路图进行修改。

（3）整体电路调试是将控制器和处理器模块连接构成系统，并通过波形仿真来实现，若仿真结果不正确，再回到电路图进行修改；若仿真结果正确，再将系统加约束条件（即锁管脚）进行编辑，生成熔丝图以便下载烧录芯片。

（4）最后下载烧录芯片后，进行硬件验证。

### 8.1.3　智能交通信号管理器

#### 1. 技术指标

（1）整体功能

智能交通信号管理器的主要功能是根据交通规则和车流量管理十字路口的交通信号灯。

（2）系统结构

智能交通信号管理器应具有图 8-16 所示的系统结构。其中：时间调整用于设置"通行""禁止""等待" 3 种状态的时间；信号灯有两组，用于指示通行命令；时间显示有两组，用倒序计数方式表示当前状态的剩余时间；特殊情况按键按下后可取得通行的优先权。

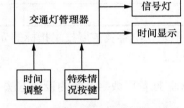

图 8-16　智能交通信号管理器系统结构框图

（3）基本技术指标

① 设置两组红、黄、绿灯，南北方向的红、黄、绿灯信号分别为 NSR、NSY、NSG，东西方向的红、黄、绿灯信号分别为 EWR、EWY、EWG。

② 设置两组时间显示，南北方向和东西方向各一组，用倒计时方式显示通行状态、禁止状态和等待状态的剩余时间，每秒变化一次。

③ 管理器的工作状态有如下 4 种：

a. 南北通行，东西禁止；

b. 南北等待，东西禁止；

c. 南北禁止，东西通行；

d. 南北禁止，东西等待。

④ 各方向通行时间 30s，要求时间在 15～100s 之间可调。

⑤ 每次绿灯变红灯时，黄灯先亮 5s，要求时间在 3～15s 可调。

⑥ 设置一组按键，在夜间各方向均显示黄灯，以保证各方向慢行通过。

（4）扩展技术指标

① 各方向设置一组残疾人或特殊情况按钮，在该方向禁止通行时，按下该按钮即转为黄灯，5s 等待后通行。

② 某路段在工作日早上 8 时至 9 时及傍晚 5 时至 7 时两段高峰时间，交通主干道通行时间延长；非高峰时段，主干道通行时间恢复正常。

③ 到有左转、右转交通指示的现场，归纳交通指挥规则，并依据规则自定技术指标。设计含有左转和右转指挥灯的交通信号管理器。

④ 可以手动修改交通信号灯的工作时间。

（5）设计条件

① 直流稳压电源提供+5V 电压。

② 可供选择的元器件如表 8-7 所示。

表 8-7　　　　　　　　　　　　　可供选择的元器件

| 型号 | 名称 | 数量 |
|---|---|---|
| 74169* | 4 位二进制加/减计数器 | 5 片 |
| 7474* | 双 D 触发器 | 2 片 |
| 74153* | 双 4 选 1 数据选择器 | 1 片 |
| CD4511* | BCD 码-七段码译码驱动器 | 4 片 |
| GAL16V8* | 通用阵列逻辑 | 1 片 |
| F555 | 定时器 | 1 片 |
|  | 静态数码管 | 4 只 |
|  | 红、绿、黄 LED | 2 组 |

电阻、电容及扩展技术指标的元器件根据需要自定；若用 FPGA 方案实现，标注*的器件则可省去。

③ 推荐用数字系统的设计方法。

**2. 电路设计提示**

（1）设计原理

智能交通信号管理器工作原理框图如图 8-17 所示。

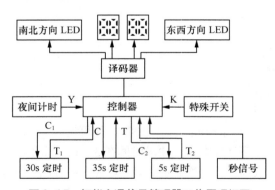

图 8-17　智能交通信号管理器工作原理框图

根据数字系统设计方法，智能交通信号管理器可分为两大部分：控制器与处理器。控制器可接收来自外部的请求信号及处理器部分的反馈信号，并决定自身状态转换方向，向定时器输入启动信号或置数信号以及红、绿、黄灯的控制信号。处理器由定时器、驱动显示电路等组成。

① 控制器

首先分析智能交通信号管理器的基本工作流程，根据工作流程画出算法流程图。智能交通信号管理器算法流程图如图 8-18 所示。根据算法流程图画出 ASM 图或状态转移图后，再设计出控制器电路。由于控制器电路复杂、连线较多，建议控制器用可编程逻辑器件实现。

② 处理器

处理器包含秒信号发生器、定时电路、译码显示电路等。应根据 ASM 图写出处理器明细表，设计处理器。

秒信号发生器可用 F555 定时器或门电路构成频率为 1000Hz 的多谐振荡器，经过分频后得到 1Hz 标准秒信号。这样做既可以产生 1Hz 标准秒信号，又可以给控制器时钟信号，还能在分频电路中提取频率较高的信号灯的闪烁信号。

### 3. 调试提示

（1）按照先单元电路、再局部、最后整机的步骤进行调试。

（2）时钟频率为 1Hz，要求稳定可靠。

（3）调试控制器时，主要查看其是否能按设定状态转换。

（4）计数器的工作状态会直接影响控制信号的正确性，因此计数器是调试的重点和难点。

### 8.1.4 串行序列信号延时测试系统

#### 1. 技术指标

（1）整体功能

串行序列信号延时测试系统的功能：由本测试系统送出串行序列信号，该串行序列信号送出后经过线路传输产生一定时间的延迟，再返回本系统；系统收到信号后判断是否为本系统发送的信号，若是，则测出信号在传输过程中的时延并显示出来。

（2）系统结构

串行序列信号延时测试系统基本结构框图如图 8-19 所示。图中按键需手动控制，每按一下，发送电路就发出 1 串（8 比特）序列信号。发送电路发送的码型由码型设置电路设置。线路延迟模拟电路用于模拟线路的延时情况。接收电路用于判断是否收到了串行序列信号，判断延迟时间，判断串行序列信号的码型是否正确。如果判断为不正确，则发出报警信号。时延显示电路用于显示接收电路测出的延迟时间。码型显示电路用于显示接收电路测出的序列信号的码型。

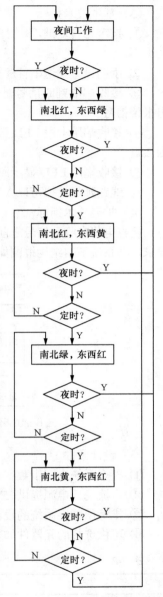

图 8-18 智能交通信号管理器算法流程图

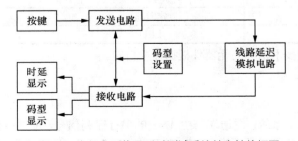

图 8-19 串行序列信号延时测试系统基本结构框图

（3）基本技术指标

① 按键为自复键，每按一次向发送电路送出一个触发信号，连续两次触发信号的间隔时间应大于 5s。

② 手动设置发送串行序列码型，序列码 $M=8$。

③ 接收端能判断信号是否为发送端送出的串行序列信号，并能测出延迟时间和码型，或发出报警信号。

④ 接收端用七段 LED 数码管显示时延，如果测出码型错误，则显示数字"9"，显示时间应为 2s。

⑤ 接收端用 LED 显示测出的正确序列码，显示时间为 2s。

⑥ 线路延迟模拟可以人工设置，延迟时间范围为 0～8 个时钟周期。

（4）扩展技术指标

接收电路在收到信号之前不知信号的码值，只能通过测试得到。不做序列码是否错误的判断要求，其系统基本结构框图如图 8-20 所示。

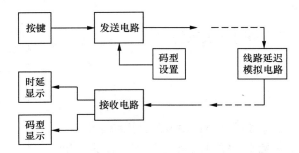

图 8-20　不知信号码值的串行序列信号延时测试系统基本结构框图

（5）设计条件

① 整个系统为同步数字系统，系统时钟为 100kHz。

② 直流稳压电源提供+5V 电压。

③ 推荐用数字系统的设计方法。

④ 可供选择的元器件如表 8-8 所示。

表 8-8　　　　　　　　　　　　　　可供选择的元器件

| 型号 | 名称 | 数量 |
|---|---|---|
|  | 大规模可编程逻辑器件实验板 | 1 块 |
|  | 数码管 | 1 片 |
|  | 8 位拨码开关 | 2 只 |
| F555 | 定时器 | 1 片 |
|  | LED | 8 只 |

电阻、电容及扩展技术指标的元器件根据需要自定。

## 2. 电路设计提示

整个系统为同步数字系统，发送端产生 $M=8$ 的串行序列信号，增加校验位——起始位"11"。接收端判断线路上送来的码元是否为"11"，如果为"11"，则开始接收序列码并比较、显示输出。

为了能够提供测试条件，必须设计模拟线路传输延迟的数字式延迟电路，延迟时间可以控制在要求的范围内。

根据数字电子系统定义，将整个系统划分为控制器和处理器两部分。

（1）控制器

系统控制器工作流程如图 8-21 所示。根据工作流程可以得到算法流程图，如图 8-22 所示。可由算法流程图导出 ASM 图或状态转移图，设计控制器电路。

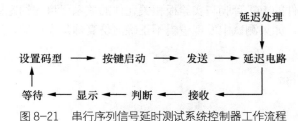

图 8-21　串行序列信号延时测试系统控制器工作流程

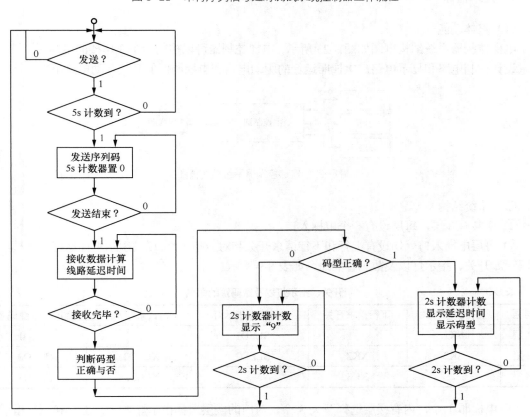

图 8-22　串行序列信号延时测试系统控制器算法流程图

（2）处理器

处理器包含发送电路、计数器、延迟电路、接收电路（含判断、计算延迟时间功能）、显示电路等模块，要结合控制器的 ASM 图或状态转移图，绘制出处理器明细表，设计相应的处理器电路。

### 3. 调试提示

（1）在调试时，方便起见，可以先降低时钟频率（如为 1Hz），当在低频时系统逻辑功能正确后再将工作频率上升到实际工作频率。

（2）为了便于调试，可设置一些测试点，将测试点从可编程逻辑器件的管脚引出并接到外部的测试端点（如 LED 等）上。

（3）可编程逻辑器件的 I/O 管脚与实验板相关元件的关系已事先约定好，读者必须依照事先的约定配置管脚。反之，如果测试中发现逻辑不正确但仿真却是无误的，这时应格外注意 I/O 管脚的配置是否有误。

## 8.1.5 电梯控制器

### 1. 技术指标

（1）整体功能

电梯控制器系统结构框图如图 8-23 所示。电梯控制器可以控制一个 3 层楼的电梯厢运行，仅要求设计控制电路和显示电路。电梯厢运行的驱动电路和电梯厢门的开关驱动电路不必设计。

图 8-23　电梯控制器系统结构框图

（2）系统结构

① 楼共有 3 层，每层设有一个电梯入口。

② 每层电梯入口处均设有上行和下行请求开关和对应指示灯，以及表示电梯运行所在楼层的数码管。开关、指示灯以及数码管的命名如表 8-9 所示。

表 8-9　　　　　　　　　　　　开关、指示灯以及数码管的命名

| 楼层 | 上行请求开关 | 下行请求开关 | 上行请求指示灯 | 下行请求指示灯 | 楼层指示数码管 |
|---|---|---|---|---|---|
| 1 层 | SK1 | | SLED1 | | CLED1 |
| 2 层 | SK2 | XK2 | SLED2 | XLED2 | CLED2 |
| 3 层 | | XK3 | | XLED3 | CLED3 |

③ 电梯厢 1 个，内有楼层选择开关 3 个，对应的楼层选择指示灯 3 个，上行和下行指示灯各 1 个，电梯开门指示灯 1 个，当前楼层显示数码管 1 个，它们的命名如表 8-10 和表 8-11 所示。

表 8-10　　　　　　　　　　　　楼层选择开关及指示灯命名

| 开关作用 | 名称 | 指示灯作用 | 名称 |
|---|---|---|---|
| 选择 1 层 | YK1 | 选择 1 层 | YLED1 |
| 选择 2 层 | YK2 | 选择 2 层 | YLED2 |
| 选择 3 层 | YK3 | 选择 3 层 | YLED3 |

表 8-11　　　　　　　　　　　　　　　其他指示灯和数码管命名

| 指示灯和数码管作用 | 名称 | 指示灯和数码管作用 | 名称 |
| --- | --- | --- | --- |
| 上行指示 | YSLED1 | 电梯开门指示 | YKLED1 |
| 下行指示 | YXLED1 | 楼层显示 | YCLED1 |

④ 电梯厢内有一个电梯总控开关 ZK1 和一个电源指示灯 ZLED1。电源关闭后 ZLED1 亮，反之 ZLED1 不亮。

（3）基本技术指标

① 电梯基本运行状态

a. 开机启动状态。打开总控开关 ZK1 后电梯进入启动状态，即电梯停在第一层，除了电梯和各层电梯入口处的楼层指示数码管显示"1"外，其他所有指示均被清除。

b. 电梯运行状态。根据电梯运行规则，电梯只在乘客选择的楼层停靠。

c. 等待状态。到达某一层后，如果没有乘客选择楼层，则电梯停留在这一层关门等待。

d. 关机状态。电梯只有在第一层时才能关闭 ZK1，否则 ZK1 不响应。

② 电梯运行规则

a. 在上行时只响应比当前楼层高的请求，包括所有电梯厢和电梯入口的请求。

b. 在下行时只响应比当前楼层低的请求，包括所有电梯厢和电梯入口的请求。

c. 电梯只在乘客已经选择的楼层停靠。

d. 电梯在已经选择的楼层中按楼层顺序停靠，上行时先低后高，下行时先高后低。

③ 显示要求

a. 电梯厢内显示要求

每当按下楼层选择开关 YK1～YK3，符合电梯运行规则的对应选择指示灯 YLED1～YLED3 应亮，到达某层后，对应的选择指示灯灭。

在上行或下行过程中，上行指示灯或下行指示灯应亮。在停留在某一层且没有乘客选择楼层的情况下，上行指示灯和下行指示灯应不亮。

楼层显示数码管在电梯厢到达某层后即显示该层数码值，在未到达新的一层时，始终显示刚才到达的楼层数码值。

到达某一楼层后电梯开门的 5s 内，电梯开门指示灯 YKLED1 亮，关门后不亮。

b. 楼层入口处显示要求

按上行请求开关后，符合电梯运行规则时上行请求指示灯亮，到达后上行请求指示灯不亮。

按下行请求开关后，符合电梯运行规则时下行请求指示灯亮，到达后下行请求指示灯不亮。

④ 运行时间要求

a. 每一层运行时间为 2s。

b. 到达某一层后电梯停 1s 后开门。

c. 电梯开门 8s 后关门，继续运行或等待。

（4）扩展技术指标

① 在电梯厢内增加一个关门开关 YK4，当开门后未到 8s 时按关门开关可提前使电梯门关闭；同时增加一个开关 YK5，按该开关可使电梯从当前时刻起 2s 后关门。

② 在电梯到达某一层后发出 2s 长的声音提示信号。

（5）设计条件

① 直流稳压电源提供+5V 电压。

② 推荐用数字系统的设计方法。

③ 可供选择的元器件如表 8-12 所示。

表 8-12 可供选择的元器件

| 型号 | 名称 | 数量 |
|------|------|------|
| | 大规模可编程逻辑器件实验板 | 1 块 |
| | 数码管 | 3 片 |
| | 8 位拨码开关 | 1 只 |
| F555 | 定时器 | 1 片 |
| | LED | 8 只 |

电阻、电容及扩展技术指标的元器件根据需要自定。

### 2. 电路设计提示

（1）控制器

由技术指标分析所有的运行状态，根据状态转移条件画出控制器的算法流程图，再由算法流程图导出 ASM 图或状态转移图，从而设计电梯控制电路。

电梯运行状态示意图如图 8-24 所示。

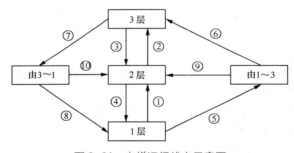

图 8-24　电梯运行状态示意图

图 8-24 中①～⑩表示不同的运行路线：

① 表示由 1 层到 2 层；

② 表示由 2 层到 3 层；

③ 表示由 3 层到 2 层；

④ 表示由 2 层到 1 层；

⑤、⑥ 表示由 1 层到 3 层，通过 2 层时不停；

⑦、⑧ 表示由 3 层到 1 层，通过 2 层时不停；

⑨ 表示电梯启动时只收到由 1 层到 3 层的申请，启动后但未到 2 层时收到去 2 层的申请，故到 2 层停靠后再至 3 层；

⑩ 表示电梯启动时只收到由 3 层到 1 层的申请，启动后但未到 2 层时收到去 2 层的申请，故到 2 层停靠后再至 1 层。

（2）处理器

处理器包含开关请求电路、计数电路、显示电路等，其中显示电路的设计关系到整个系统处理器的规模。注意认真分析控制器的工作流程，结合 ASM 图或状态转移图，绘制出处理器明细表，设计相应电路。

### 3. 调试提示

（1）在测试电梯的控制功能之前，为了避免遗漏在某些状态下的控制功能，应该首先绘制出电梯控制功能测试表格，反复检查表格中是否包括了所有的控制因素和状态。

（2）根据电子系统的功能要求拟定测试步骤和绘制测试表格是电子系统设计人员的基本能力。所以，拟定测试步骤和绘制测试表格也是本课程重要的训练内容。

（3）可编程逻辑器件的 I/O 管脚与实验板相关元件的关系已事先约定好，读者必须依照事先的约定配置管脚。反之，如果测试中发现逻辑不正确但仿真却是无误的，这时应格外注意 I/O 管脚的配置是否有误。

### 8.1.6 出租车计价器

### 1. 技术指标

（1）整体功能

对已经确认载客的出租车计价，计价分为两类：①根据车轮上的传感器，判断出租车的行驶距离，正常速度行驶按公里计价；②慢速行驶或等待时按时间计价。

（2）系统结构

出租车计价器应具有图 8-25 所示的系统结构框图。

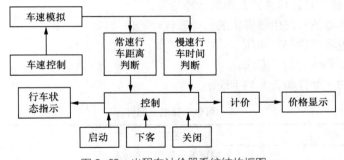

图 8-25 出租车计价器系统结构框图

图 8-25 中各方框的作用如下。

① 启动/关闭表示客人上车后启动计价器工作，客人下车后令计价器停止工作。

② 车速模拟电路用于模拟转速传感器，发出车轮的转速信息。

③ 车速控制电路用于控制车速，使车速模拟电路发出的转速信息随车速发生变化。

④ 常速行车距离判断电路用于在行驶一定距离后发出一个信号，为其他电路计算行车距离和价格提供信息。

⑤ 慢速行车时间判断电路用于判断车速是否慢至界限值，若低于界限值，则发出一个信号，为慢速时的计价电路提供信息。

⑥ 计价电路根据正常速度下的行车距离或慢速下的行车时间计算车费。

⑦ 价格显示电路用于显示车费累计的过程和最终的车费。

⑧ 行车状态指示电路在没有载客时灯亮，载客时灯不亮。

⑨ 按下客键后，不再计价，会显示最终的车费。

⑩ 控制电路用于控制上述所有电路的工作。

（3）基本技术指标

① 计价指标

a. 按启动键后开始计费。

b. 起步价为 9 元，起步价内行驶里程为 3km。

c. 起步 3km 之后，正常行驶速度下每公里 2 元，小于 0.1 元不计费。

d. 起步 3km 之后，当行驶速度等于或小于 120m/min 时，不再按距离计费而改为按时间计费，即每 10s 0.1 元，小于 10s 时不计费。

e. 3km 内只计距离，显示起步价。

f. 按下客键后，计价器清零，显示全零。

g. 再次按启动键后，计价器清零，显示全零。

② 显示电路要求

a. 计价范围为 000.0～999.9 元，共 4 位数。

b. 以累加方式显示车费，最小累加车费为 0.1 元。

c. 按启动键后，启动灯亮；再次按启动键后，启动灯不亮。

d. 车费显示电路必须采用动态显示电路。

（4）设计条件

① 车轮周长为 2m，车轮每转一圈，转速传感器发出一个脉冲信号。在实验中，用函数信号发生器提供的信号替代转速传感器发出的脉冲信号。

② 可以利用函数信号发生器提供的信号替代转速信号。

③ 直流稳压电源提供+5V 电压。

④ 推荐用数字系统的设计方法。

⑤ 可供选择的元器件如表 8-13 所示。

表 8-13　　　　　　　　　　　　　可供选择的元器件

| 型号 | 名称 | 数量 |
|---|---|---|
|  | 大规模可编程逻辑器件实验板 | 1 块 |
|  | 数码管 | 4 片 |
|  | 按键开关 | 3 只 |
| F555 | 定时器 | 1 片 |
|  | LED | 1 只 |

电阻、电容及扩展技术指标的元器件根据需要自定。

## 2. 电路设计提示

出租车计价器的设计首先要理清传感器脉冲信号、计价距离和费率三者之间的关系，并尽量简化三者之间的关系。整个出租车计价系统可以分为控制器和处理器。

（1）控制器

根据出租车计价器的工作原理，导出系统算法流程图如图 8-26 所示。可根据算法流程图导出 ASM 图或状态转移图，设计控制器电路。

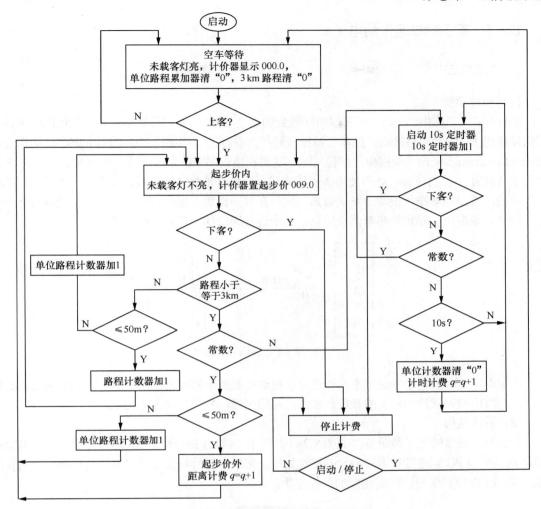

图 8-26 出租车计价系统算法流程图

（2）处理器

处理器包含车速判断电路、3km 判断电路、车费累加电路、10s 计数电路、显示电路等，其中车费累加电路的设计将关系到整个系统电路的规模，是处理器设计中的重点。认真分析实验信号资源，在条件许可的情况下，尽量利用好实验板的资源。可根据 ASM 图或状态转移图绘制出处理器明细表，设计处理器电路。

### 3. 调试提示

（1）按照先局部后整体逐步接入被测电路的原则调试，在保证各个单元电路测得的指标符合要求的前提下再联测。

（2）测试前应充分利用 EDA 软件可以进行仿真的优点，确保仿真无误后再下载实测。

（3）可编程逻辑器件的 I/O 管脚与实验板相关元件的关系已事先约定好，读者必须依照事先的约定配置管脚。反之，如果测试中发现电路逻辑不正确但仿真却是无误的，这时应格外注意 I/O 管脚的配置是否有误。

### 8.1.7　基于串口通信的电子琴

**1．技术指标**

（1）整体功能

串行接口（简称串口）是一种可以将接收到的来自 CPU 的并行数据字符转换为连续的串行数据流发送出去，同时可将接收到的串行数据流转换为并行的数据字符供给 CPU 的器件。串口通信（Serial Communications）是指串口按位（bit）发送和接收字节的通信方式，如图 8-27 所示。串口常用于 ASCII 字符的传输。通信使用 3 根线完成，分别是地线、发送线、接收线。由于串口通信是异步的，端口能够在一根线上发送数据，同时在另一根线上接收数据。串口通信最重要的参数有波特率、数据位、停止位和奇偶校验位。两个进行通信的端口的这些参数必须匹配。

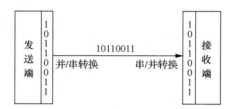

图 8-27　串口通信示意图

基于串口通信的电子琴通过串口传送计算机键盘数据给控制器，由控制器控制蜂鸣器演奏出音符，同时由数码管显示弹奏的音符，氛围灯相应闪烁，并带自动录谱功能。

（2）系统结构

基于串口通信的电子琴示意图如图 8-28 所示，控制器由 FPGA 实现。通过计算机发送串口数据给 FPGA，FPGA 通过对串口信号的接收处理，将串口信号转变成蜂鸣器控制信号、数码管控制信号、LED 控制信号，控制相应的外设工作。

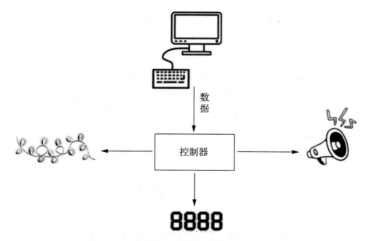

图 8-28　基于串口通信的电子琴示意图

（3）基本技术指标

① 能够正确接收 UART 串口数据并发出对应的音符，支持 9600~115200 波特率接收，电子

琴的音域在 C 调，具有 3 个八度。

② 电子琴在弹奏时能使用氛围灯进行氛围烘托，或者使用数码管显示音符名。

③ 通过 UART 返回弹奏时的音符数据，实现录谱功能。

④ 录制的谱子可以自动播放。

（4）扩展技术指标

① 用开关调整波特率和电子琴的拍次。

② 通过开关切换电子琴的音调，实现 C 调以外的大调演奏。

③ 为演奏增加强弱效果。

④ 对声音进行处理，模拟钢琴或其他乐器的声音演奏。

（5）设计条件

① 由 Basys 3 实验板为无源蜂鸣器供电。

② 可供选择的元器件如表 8-14 所示。

表 8-14　　　　　　　　　　　　　　　可供选择的元器件

| 型号 | 名称 | 数量 |
| --- | --- | --- |
| Basys 3 | 大规模可编程逻辑器件实验板 | 1 块 |
| | 数码管（Basys 3 自带） | 2 片 |
| | LED（Basys 3 自带） | 16 只 |
| | 无源蜂鸣器模块 | 1 只 |
| | 杜邦线（公对母） | 3 根 |

### 2. 电路设计

（1）关于电子乐器信号的简述详见"7.1.7 可编程电子音乐自动演奏电路"。

（2）整体方案的设计

① 整体电路结构

基于串口通信的电子琴原理框图如图 8-29 所示，电路结构呈树状，没有环路。系统分为 UART 接收模块、串口回送模块、FIFO 数据缓冲以及蜂鸣器控制模块、LED 氛围灯和数码管显示控制模块等。

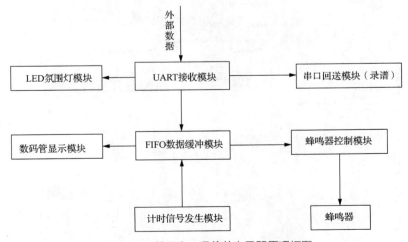

图 8-29　基于串口通信的电子琴原理框图

② UART（Universal Asynchronous Receiver/Transmitter，通用异步收发传输器）收发模块负责接收由上位机传送过来的 UART 数据，并且立即把数据发送给串口回送模块以及 FIFO 数据缓冲模块，并产生一个 LED 氛围灯变化信号，控制氛围灯。

UART 收发模块可以直接调用 Vivado 软件自带的 UART IP 核：AXI UART16550。其 BD 设计图样如图 8-30 所示。配置要求：选择 USB—UART 模式，接收波特率为 115200，数据位为 8 位（波特率和数据位均在软核内设置），停止位为 1 位，无校验位。AXI UART16550（2.0）核配置界面如图 8-31 所示。在调用过程中需要注意，该 UART IP 核功能较为复杂，若要做简单 UART 通信，只需要将 sin、sout 两个管脚外置，分别接入 UART 硬件的 rx 和 tx 口。关于 AXI UART16550 的调用描述，可以参考 SDK 以及 Vitis 自带的相关例程。

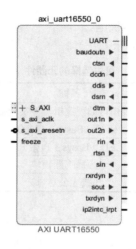

图 8-30　AXI UART16550 IP 核 BD 设计图样

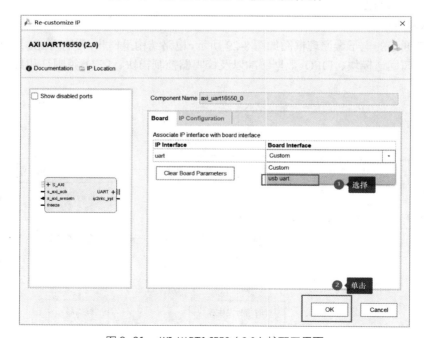

图 8-31　AXI UART16550（2.0）核配置界面

③ 串口回送模块：传送由 UART 接收模块接收到的数据，使上位机接收到弹奏数据，完成录谱功能。这个模块的功能也通过 AXI UART16550 来实现，在设置好 UART 参数之后，只需要调取 AXI UART16550 的数据发送函数来进行数据回传。

④ FIFO 数据缓冲模块通过计时信号发生模块产生的计时信号依次读取数据，再将数据发送给数码管显示模块和蜂鸣器控制模块。数码管显示模块和蜂鸣器控制模块会对数据进一步处理后进行音符显示和播放。

FIFO（First In First Out），即先入先出队列。在系统设计中，设计人员以增加数据传输率、处理大量数据流、匹配具有不同传输率的系统为目的广泛使用 FIFO 存储器，使用它也可提高系统性能。FIFO 存储器是一个先入先出的双口缓冲器，即第一个进入其内的数据第一个被移出，其中一个口是存储器的输入口，另一个口是存储器的输出口。根据 FIFO 工作的时钟域的不同可将其分为同步 FIFO 和异步 FIFO。同步 FIFO 是指读时钟和写时钟为同一个时钟，在时钟沿来临时同时发生读写。异步 FIFO 读写时钟不一致，读写相互独立。异步 FIFO 的核心部分就是精确产生空满标志位，这直接关系到设计的成败。为了确定读取和写入的位置，需要进行读写指针的设置。

读指针：总是指向下一个将要读取的单元，复位时指向第一个单元（编号为 0）。

写指针：总是指向当前要被读出的数据，复位时指向第一个单元（编号为 0）。

当第一次读写指针相等时，表明 FIFO 为空，这种情况发生在复位操作时或者读指针读出 FIFO 中最后一个字后，追赶上写指针时，此时可以继续写入。当读写指针再次相等时，表明 FIFO 为满，这种情况发生在写指针转了一圈折回来又追上了读指针时，此时不能继续写入。在本课题中，我们可以将 FIFO 内存扩大，防止这种情况的出现，以此简化 FIFO 设计。

在图 8-32 所示的简化的 FIFO 逻辑框图中：w_addr 是写指针，写的顺序是从下往上；r_addr 是读指针，读的顺序也是从下往上；先写后读。

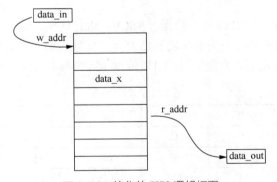

图 8-32　简化的 FIFO 逻辑框图

在设计的时候应当注意，此处使用的是异步 FIFO，读取频率是演奏的拍频。为了保证 FIFO 不溢出，要为 FIFO 设置合适的容量（即写指针倒追上读指针的情况不会出现）。

⑤ LED 氛围灯模块：该模块可以直接使用 GPIO 设计，也可以自己进行设计。

配置要求：氛围灯可以与弹奏音节进行关联，或者随机变化，弹奏情况下氛围灯随着弹奏按键而变化，读谱情况下氛围灯不发生变化。

⑥ 数码管显示模块：采用动态的方式进行显示。数码管动态显示是应用最为广泛的显示方式之一。动态驱动是将所有数码管的 8 个显示笔画的同名端连在一起，另外为每个数码管的公共极 COM 增加位选通控制电路。位选通由各自独立的 I/O 线控制，当输出字形码时，所有数码管都能

接收到相同的字形码，但究竟是哪个数码管会显示出字形，这取决于对位选通 COM 端电路的控制。所以我们只要将需要显示的数码管的选通控制打开，该位就会显示出字形，没有选通的数码管就不会亮。通过分时轮流控制各个数码管的 COM 端，就能使各个数码管轮流受控显示，这就是动态驱动。在轮流显示过程中，每位数码管的点亮时间为 1~2ms。由于人的视觉暂留现象及 LED 的余辉效应，尽管实际上各位数码管并非同时点亮，但只要扫描的速度足够快，给人的印象就是一组稳定的显示数据，不会有闪烁感。动态显示的效果和静态显示是一样的，能够节省大量的 I/O 端口，而且功耗更低。

配置要求：根据播放数据对应显示音符数据，使显示的音符数据根据音符从 0~21 变化或者选择其他显示形式。

⑦ 计时信号发生模块：采用 Verilog 编写一个计数器来进行计时，目的是产生和播放频率相等的 FIFO 读取信号，促使 FIFO 将读出的数据发送给蜂鸣器控制模块。计时信号发生模块作用框图如图 8-33 所示。

配置要求：根据弹奏节奏设定，一般设定为 170 拍/分钟（正好兼容弹奏和读谱两种方式，不会过快或者过慢）。

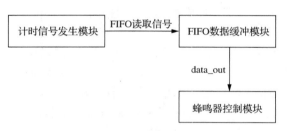

图 8-33 计时信号发生模块作用框图

⑧ 蜂鸣器控制模块：对 FIFO 输出数据（ASCII）进行转换，输出对应的蜂鸣器频率。蜂鸣器频率、串口数据以及音符的对应关系如表 8-15 所示，此处我们选择 C 大调。设计时，可以提前将键盘按键和音符名对应设定，方便弹奏。可以依据个人弹奏习惯自行设定。

表 8-15 对应关系

| 音符名 | 1 | 2 | 3 | 4 | 5 | 6 | 7 |
|---|---|---|---|---|---|---|---|
| 键盘按键 | A | B | C | D | E | F | G |
| ASCII | 65 | 66 | 67 | 68 | 69 | 70 | 71 |
| 频率/Hz | 131 | 147 | 165 | 175 | 196 | 221 | 248 |
| 音符名 | 1 | 2 | 3 | 4 | 5 | 6 | 7 |
| 键盘按键 | H | I | J | K | L | M | N |
| ASCII | 72 | 73 | 74 | 75 | 76 | 77 | 78 |
| 频率/Hz | 262 | 294 | 330 | 350 | 393 | 441 | 495 |
| 音符名 | $\dot{1}$ | $\dot{2}$ | $\dot{3}$ | $\dot{4}$ | $\dot{5}$ | $\dot{6}$ | $\dot{7}$ |
| 键盘按键 | O | P | Q | R | S | T | U |
| ASCII | 79 | 80 | 81 | 82 | 83 | 84 | 85 |
| 频率/Hz | 525 | 589 | 661 | 700 | 786 | 882 | 990 |

此外，还应当设定一个"V"键，弹奏终止符，弹奏到 V 会出现空白停顿，此时频率可以设置为 1Hz 或者更低。

若需要调整电子琴到其他音调，请参考"7.1.7 可编程电子音乐自动演奏电路"。

⑨ MicroBlaze 设计注意事项如下。

由于需要使用 MicroBlaze 来进行控制，要将蜂鸣器控制模块、FIFO 数据缓冲模块以及数码管显示模块整合在一个 AXI 4 的 IP 核内，具体的 IP 核创建方法可以查阅网络资料，这里不再给出。

MicroBlaze 需要通过 Block Design（简称 BD）调用，设计图样如图 8-34 所示。

图 8-34 MicroBlaze BD 设计图样

在使用 MicroBlaze 时应当给予 MicroBlaze 较大的内存空间，一般设置为 64KB。与此同时，因为 AXI UART16550 的需要，应打开其中断控制（但是并不使用）。

此外，在使用 SDK 或 Vitis 设计时，生成的头文件内一般会有如何控制 MicroBlaze 以及 IP 核的说明，可供参考。

UART16550 常用函数如下。

```
XUartNs550_SelfTest(XUartNs550 *InstancePtr); //UART 自测函数
XUartNs550_SetLineControlReg(BaseAddress, RegisterValue)  ;//UART 数据位设置
void XUartNs550_SendByte(UINTPTR BaseAddress, u8 Data);//UART 发送函数
u8 XUartNs550_RecvByte(UINTPTR BaseAddress);//UART 接收函数
void XUartNs550_SetBaud(UINTPTR BaseAddress, u32 InputClockHz, u32 BaudRate);
//UART 波特率设置函数
```

### 3. 调试提示

（1）使用 FPGA 编程设计，需要充分了解板卡（如 Basys 3）资源，使用 Verilog 语言对资源进行合理分配。本实验要求调用 MicroBlaze 进行设计。设计前应充分了解相关知识。此外，若使用 Basys 3 实验板进行设计，官方板卡文件的安装能极大程度地方便设计，可以参考官网资料。Basys 3 是一款可由 Vivado 工具链支持的入门级 FPGA 实验板。Vivado 2017.4 基本操作流程见"10.4 Vivado 开发环境"。

（2）按照先局部后整体逐步接入被测电路的原则调试，在保证各个单元电路测得的指标符合要求的前提下再联测。

（3）测试前应充分利用软件可以进行仿真的优点，确保仿真无误后再下载实测。

（4）可编程逻辑器件的 I/O 管脚与实验板相关元件的关系已事先约定好，读者必须依照事先的约定配置管脚。反之，如果测试中发现逻辑不正确但仿真却是无误的，这时应格外注意 I/O 管脚的配置是否有误。

（5）本系统可以先单独调试 UART 收发模块、蜂鸣器控制模块，其中 UART 收发模块需要用到 MicroBlaze。蜂鸣器控制模块调试完毕后需要对其进行封装，使其变成 MicroBlaze 可用的 AXI 总线的 IP 核，然后将其联合起来调试，之后再加入其他外设模块。

（6）数码管使用的是动态显示，调试时应注意将 Basys 3 板卡上数码管的输入时钟频率限制在 60Hz～1kHz，否则显示管会出现异常。

（7）在进行串口调试的时候可以使用专业的串口软件（自行下载），或者直接使用 SDK 以及 Vitis 自带的串口调试功能进行调试。SDK 串口调试配置界面如图 8-35 所示，在工具栏找到 "SDK Terminal"，单击右侧加号，弹出图 8-36 所示界面，完成配置即可使用。

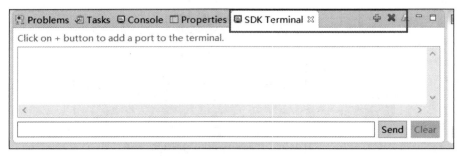

图 8-35　SDK 串口调试配置界面

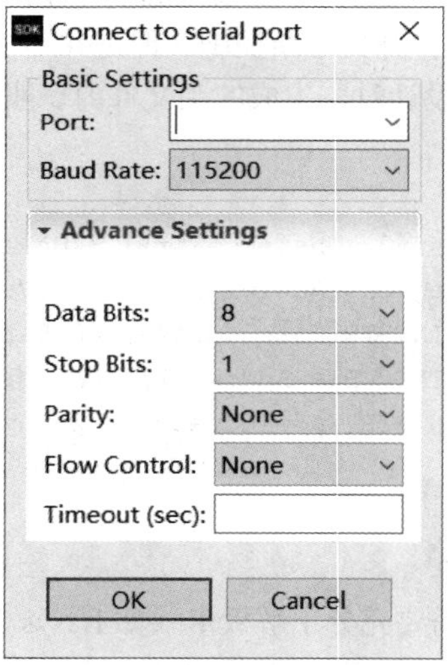

图 8-36　Connect to serial port 界面

如需实现弹奏功能，则要使用带有按键发送功能的串口调试工具（自行下载）。

## 8.2　数字与模拟电路综合设计课题

本节的课题包含数字电路和模拟电路的设计，大部分课题由某种电子设备简化而成，具有系统性、实用性和趣味性。通过本节的学习，读者能提高电子电路综合设计水平，加强实践应用能力。

### 8.2.1 交流数字电压表

#### 1. 技术指标

（1）整体功能

交流数字电压表的功能：测量正弦电压有效值，并以数码管显示测量结果。

（2）系统结构

交流数字电压表的系统结构框图如图 8-37 所示。

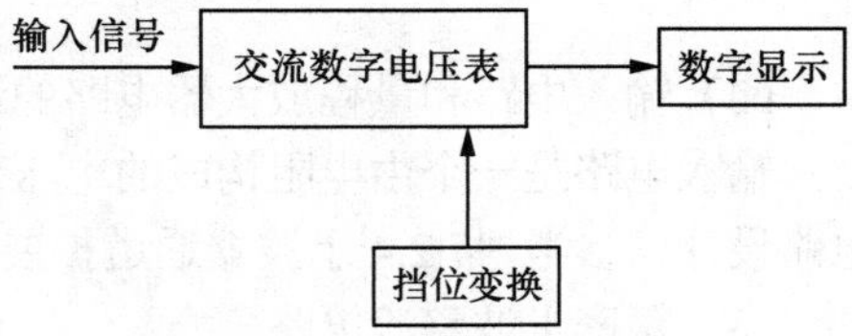

（3）基本技术指标

① 被测信号频率范围：10Hz～10kHz。

② 被测信号波形：正弦波。

③ 显示数字含义：有效值。

④ 挡位：共分 3 挡，即 1.0V～9.9V、0.10V～0.99V、0.010V～0.099V。

⑤ 显示方式：两位数码显示。

（4）扩展技术指标

可自动换挡。

（5）设计条件

① 直流稳压电源提供-15V～15V 电压。

② 可供选择的元器件如表 8-16 所示。

图 8-37 交流数字电压表的系统结构框图

表 8-16 可供选择的元器件

| 型号 | 名称 | 数量 |
| --- | --- | --- |
| TL084 | 运算放大器 | 2 片 |
| LM139 | 电压比较器 | 1 片 |
| CC4052 | 4 选 1 模拟开关 | 1 片 |
| 74161* | 4 位二进制计数器 | 1 片 |
| CD4511* | BCD 码-七段码译码驱动器 | 2 片 |
| 2AP9 | 检波二极管 | 2 只 |
|  | 5.1V 稳压管 | 2 只 |
|  | LED | 3 只 |
| 28C64B* | EEPROM 存储器 | 1 片 |
| ADC0804 | 8 位 A/D 转换器 | 1 片 |

电阻、电容及扩展技术指标的元器件根据需要自定；若用 FPGA 方案实现数字电路部分，标注*的器件则可省去。

#### 2. 电路设计提示

（1）工作原理

数字电压表工作原理框图如图 8-38 所示。由图 8-38 可知，被测信号 $V_i$ 经输入电路衰减后，经量程放大器放大，再由运算放大器构成的精密全波整流电路整流，经积分电路成为直流信号。

该直流电压由可变增益放大器调节，以满足 A/D 转换器所需要的输入电压变化范围。A/D 转换器输出相应的二进制码，经 BCD 码转换，即可实现数字显示。

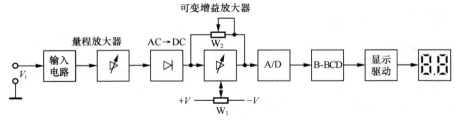

图 8-38　数字电压表工作原理框图

（2）输入电路和量程放大器电路的设计

输入电路是一个由电阻构成的电压衰减器，量程放大器采用模拟电子开关来切换增益。具体电路设计请参考 "7.2.4 示波器通道扩展电路" 中 "衰减器和放大器" 相关单元电路设计提示。

（3）精密半波整流电路

在普通二极管线性检波电路中，由于晶体管导通电压的存在，在对小信号进行检波时误差很大。把二极管置于运算放大器的反馈回路中，可提高小信号检波的线性度，检波结果会十分精确。其检波管可采用 2 只 2AP9，电压增益为 2，精密半波整流电路如图 8-39 所示。

（4）全波整流电路

在半波整流电路的基础上加一级加法运算电路，即可构成全波整流电路。同时，为了使其成为直流信号，需在加法器反馈支路用积分电容构成积分器。积分时间常数大一些对低频测量有利，也可设计一个开关来切换时间常数。100Hz 以下用电解电容。为了防止无交流信号输入时失调电压对积分器的作用太大，可在反馈支路上同时并接一个 100kΩ 的电阻。全波整流电路中加法器电路和滤波电路如图 8-40 所示。

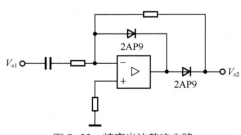

图 8-39　精密半波整流电路

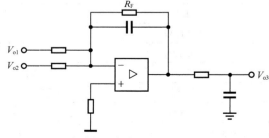

图 8-40　全波整流电路中加法器电路和滤波电路

（5）可变增益放大器

可变增益放大器的作用是给 A/D 转换器提供一个适当范围的电压。采用的 A/D 转换器是 ADC0804。基于技术指标考虑，每一挡的输出电压为 1.0～9.9V，共有 90 个不同的输出电压。因为输出为 8 位二进制码，故其每一阶梯电压为 $\Delta V_s = \dfrac{V_{ref}}{2^8}$。取 $V_{ref}$=5.12V，$\Delta V_s = \dfrac{5.12}{2^8}$=0.02，对应的 A/D 转换器的 $V_{in\,(+)}$ 输入电压为 0.2V～1.98V。这个电压范围可通过可变增益放大器的调节来实现，可变增益放大器电路如图 8-41 所示。

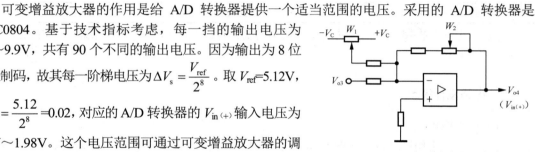

图 8-41　可变增益放大器电路

通过电路图可以实现方程 $y=kx+b$ 的运算。调节 $W_2$ 使对应的输出电压为 0.2～1.98V，即输入 1V 和 10V，调节 $W_2$ 使 A/D 的 $V_{in\,(+)}$ 端电压差为 1.8V，然后调节 $W_1$，使 1V 输入时 $V_{in\,(+)}$ 为 0.2V。这部分电路调节工作是整机电路的关键环节，电压调节的误差大小将直接影响数字显示的精度。

（6）A/D 转换器

A/D 转换器采用 ADC0804，它是 8 位 A/D 转换器，输出可用范围为 0AH～63H（10～99）。由于本系统不用微处理器控制，所以设计数字电路来实现 A/D 转换器的读取命令和转换命令，A/D 转换器转换时序图如图 8-42 所示。

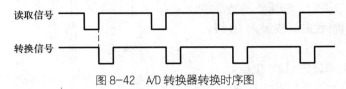

图 8-42　A/D 转换器转换时序图

（7）译码显示

为了使 A/D 转换器的二进制数据与数码显示相适应，本课题需要设计二进制码和 BCD 码的转换。这部分电路设计参考 "7.2.1 数字式电缆对线器" 中 "译码电路" 的设计提示。

（8）量程指示

为了使显示结果与量程一致，用 74139 与量程控制线构成 3 位 LED 显示电路，3 位分别是×1，×0.1，×0.01，单位为 V。

数据采集时钟由外时钟计数器 74161 及译码器 74139 构成，时钟频率为 200Hz～20kHz。

（9）借助 ADC0804 转换的二进制码的范围，可以确定量程。可通过输出相应量程信息，控制自动切换量程指示。

**3．调试提示**

（1）从输入信号开始逐级测量，再整机统调。

（2）量程放大器切换开关输出的波形为衰减后的输出信号，变换挡位，输出电压应按 10 的倍率衰减。图 8-39 中 $V_{o2}$ 为半波整流波形，图 8-40 中 $V_{o3}$ 为全波整流滤波波形，图 8-41 中 $V_{o4}$ 为比较稳定的直流波形。

（3）按前面 "电路设计提示" 中 "可变增益放大器" 的原理调整可变增益放大器 $V_{o4}$ 的输出电压。$V_{o4}$ 为 A/D 转换器的输入电压 $V_{in\,(+)}$。该环节是调试的关键。

（4）将 A/D 转换器输出的二进制码作为 EEPROM 的寻址码，可取出预置在存储器中的电压值。电压值误差过大，说明 $V_{in\,(+)}$ 的电压偏差较大，需分析原因后做进一步调整。

### 8.2.2　简易晶体管特性图示仪

**1．技术指标**

（1）整体功能

晶体管特性图示仪是用来测试晶体管各种参数、特性的一种仪器，市场上有多种品牌，如 J1-1、QT2 等。由于晶体管特性图示仪电路复杂、价格较高、体积较大，不便于大量购置。本课题是设计一种简单的晶体管图示仪，实验室现有的示波器经电路设计后，以 X-Y 的工作方式，由 CH1、CH2 通道接入外接测试电路，就能在示波器上形象地显示晶体管输入、输出的特性曲线。

（2）系统结构

简易晶体管图示仪系统结构框图如图 8-43 所示。

（3）基本技术指标

① 用通用模拟或数字双踪示波器 CH1、CH2 通道作为 X-Y 输入方式。

② 能够测量 NPN、PNP 型晶体管的输入输出特性曲线，以及二极管、稳压管的特性曲线。

③ 三极管输出特性曲线族级为 10 级。

（4）设计条件

① 直流稳压电源提供 ±12V 电压。

② 可供选择的元器件如表 8-17 所示。

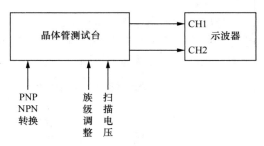

图 8-43　简易晶体管特性图示仪系统结构框图

表 8-17　　　　　　　　　　　　　　　可供选择的元器件

| 型号 | 名称 | 数量 |
|---|---|---|
| LM78L05（5V0.1A） | 三端稳压块 | 1 只 |
| 74161* | 4 位二进制计数器 | 1 片 |
| 7400* | 四-2 输入与非门 | 1 片 |
| TL084 | 运算放大器 | 2 片 |
| F555 | 定时器 | 1 片 |
| DAC0832 | D/A 转换器 | 1 片 |
| 9012 | 三极管 | 1 只 |
| 9013 | 三极管 | 2 只 |
| 1N4148 | 二极管 | 2 只 |
| 双刀双向开关（带锁） | 开关 | 4 个 |

电阻、电容及扩展技术指标的元器件根据需要自定；若用 FPGA 方案实现数字电路部分，标注*的器件则可省去。

### 2. 电路设计提示

（1）工作原理

晶体管输出特性曲线测试电路如图 8-44（a）所示。由测试原理可知，测试电路是共发射极电路。基极阶梯信号 $U_{be}$ 可提供给被测晶体管基极电压或基极电流。集电极回路中接入集电极扫描信号，同时晶体管的发射极接地。当向三极管基极输入阶梯电压或阶梯电流时，每一个阶梯代表一定的电压或电流，阶梯每增加一级，其电压或电流就增加一个幅度，通常幅度单位为伏/级或毫安/级。当 $I_b$ 等于某一数值时（$I_b=0$ 或 $I_b=i_{b1}$），集电极扫描信号（锯齿波）全扫描电压变化一周，$U_c$ 电压随之变化，示波器屏幕光点由 0 扫描至最大再从最大返回到 0。在这段时间内，对于 $U_c$ 的任何一个值，都有一个 $I_c$ 值与之相对应。不同的晶体管，由于特性参数不同，电流或电压的放大倍数也不同，输出的 $I_c$ 也不同。随着 $I_b$ 的不同，$I_c$ 也会不同。将 $I_c$ 加到示波器的 $Y$ 轴，将 $U_{ce}$ 加到示波器的 $X$ 轴，示波器以 X-Y 方式工作时，示波器屏幕上就能显示一条反

映 $I_c/U_{ce}$ 特性的曲线。如果每个输入阶梯维持的时间正好等于作用在集电极上的扫描信号的周期，即二者是同步的，那么示波器上就能显示一族标定的晶体管特性曲线，如图 8-44（b）所示。

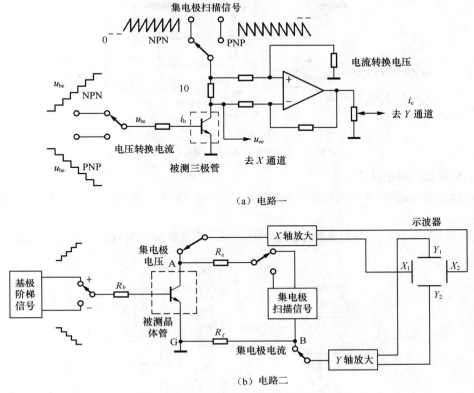

（a）电路一

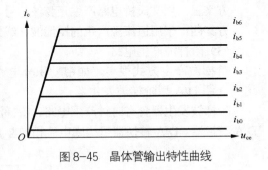

（b）电路二

图 8-44　晶体管输出特性曲线测试电路示意图

　　在功能开关的控制下，可进行 NPN 和 PNP 型三极管的输出特性测量电路变换。

　　图 8-44（b）所示是另一种测量晶体管输出特性曲线的方法。集电极回路中接入集电极扫描信号、集电极电流取样电阻 $R_f$、集电极功耗限流电阻 $R_c$。因为在这个集电极回路中 $R_f$ 的数值很小，所以 $U_{AG} \approx U_{AB}$。$U_{AG}$ 是晶体管 c、e 间电压。$R_f$ 是取样电阻，加在示波器 $Y$ 轴的电压 $U_{BG}$ 和晶体管集电极电流成正比，在集电极扫描信号的作用下，示波器屏幕上也能显示图 8-45 所示的晶体管输出特性曲线。

　　根据共射电路输入特性，当 $u_{ce}$ 不变时，输入回路中的电流 $i_b$ 和 $U_{be}$ 之间的关系曲线称为输入特性曲线，即

图 8-45　晶体管输出特性曲线

$$i_b = f(U_{be})|_{u_{ce}} = 常数$$

　　故在 $X$ 轴上加基极电压，在 $Y$ 轴上加基极电流，便可得到晶体管输入特性曲线，晶体管输入特性曲线测试电路示意图如图 8-46 所示。

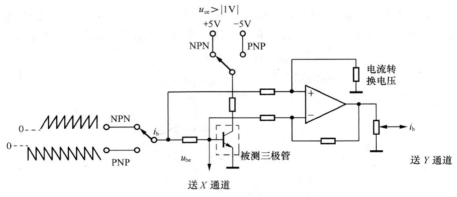

图 8-46　晶体管输入特性曲线测试电路示意图

（2）集电极扫描电路

集电极扫描电路需要一定幅值的扫描信号，该信号可以是锯齿波信号，也可以是正弦全波整流信号。

方案一：图 8-47 所示是简单的锯齿波扫描电路，虚线框中是锯齿波信号产生电路。

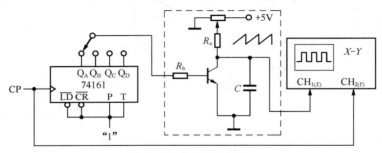

图 8-47　锯齿波扫描电路

方案二：F555 定时器能构成自激多谐振荡器（参考"7.1.1 多功能数字电子钟"内容），2 脚输出锯齿波，经电压变换得到符合要求的锯齿波。

方案三：用文氏桥电路产生正弦波信号，再经全波整流电路产生全波整流信号。

方案四：采用恒流源产生的锯齿波，线性度较好。

（3）阶梯波产生电路

阶梯波产生方式很多，如密勒积分电路、D/A 型阶梯波发生器和自举型阶梯波发生器等。这里介绍 D/A 型阶梯波发生器。

阶梯波发生器含有时钟产生电路、阶梯波发生电路、族级控制和极性转换电路，核心部件是 D/A 转换器。D/A 转换器可构成电流相加型 D/A，DAC0832 典型应用电路示意图如图 8-48 所示。

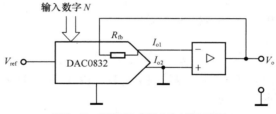

图 8-48　DAC0832 典型应用电路示意图

要将 DAC0832 的输出电流转换为电压，必须外加一个求和运算放大器，其稳定性、速度均应满足转换精度要求。电流输出端 $I_{o1}$ 接运放的反相输入端，$R_{fb}$ 接运放输出，外接基准电压加到 $V_{ref}$ 端。输出 $I_{o1}$ 正比于所加基准电压与输入数字 $N$ 的乘积，而 $I_{o2}$ 正比于所加基准电压与输入数字 $N$ 的余码的乘积，即

$$I_{o1} = \frac{V_{ref}}{R} \times \frac{N}{256}$$

$$I_{o2} = \frac{V_{ref}}{R} \times \frac{255-N}{256}$$

其中，输入数字 $N$ 是外加 8 位二进制码的等效十进制数（0～256），R-2R T 型网络中内部电阻 $R$ 的标称值为 15kΩ。无论 $V_{ref}$ 的极性如何，输出电压为 $I_{o1} \times R_{fb}$，并与基准电压 $V_{ref}$ 极性相反，即

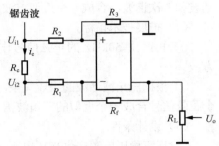

图 8-49　电流电压转换电路

$$V_o = -I_{o1}R_{fb} = -\frac{V_{ref}NR_{fb}}{256R} = -\frac{V_{ref}N}{256}$$

式中，$R_{fb}=R=15k\Omega$

如果将 4 位二进制计数器的输出信号作为 D/A 数据端的数据输入，D/A 转换器即可产生阶梯数为 16 的周期性阶梯信号。

（4）电流电压转换电路

电流电压转换电路如图 8-49 所示。

当 $R_1=R_2$，$R_3=R_f$ 时，$U_o = \frac{R_f}{R_1}(U_{i1}-U_{i2}) = \frac{R_f}{R_1}U_c = \frac{R_f}{R_1}R_c i_c$．若想 $U_o$ 在数值上等于 $i_c$，则 $\frac{R_f}{R_1}R_c = 1$，且 $R_1$、$R_2 \gg R_c$。

### 3．调试提示

（1）阶梯波的阶梯电压幅度控制可通过调 D/A 转换器的 $V_{ref}$ 参考电压实现，正、负阶梯波的转换只需改变 $V_{ref}$ 的电压极性。

（2）扫描锯齿波，要求其线性度良好，恢复时间越小越好。恢复时间过长，显示屏将看到回扫线，影响波形显示质量。

（3）集电极扫描电路如果采用图 8-47 所示电路，扫描电压频率会与计数器的时钟频率以及所选计数器的输出端 $Q_A$、$Q_B$、$Q_C$、$Q_D$ 有关。

（4）先调试单元电路再接入开关，调试整体电路。

### 8.2.3　信号波形合成电路

#### 1．技术指标

（1）整体功能

设计并制作一个电路，能够产生多个不同频率的正弦信号，并将这些信号再合成为近似方波的信号和其他信号。

（2）系统结构

信号波形合成电路的原理框图如图 8-50 所示。

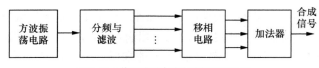

图 8-50  信号波形合成电路的原理框图

（3）基本技术指标

① 方波振荡器的信号经分频与滤波处理，同时产生频率为 10kHz 和 30kHz 的正弦波信号，这两种信号应具有确定的相位关系。

② 产生的信号波形无明显失真，幅度峰峰值分别为 6V 和 2V。

制作一个由移相器和加法器构成的信号合成电路，将产生的 10kHz 和 30kHz 正弦波信号作为基波和 3 次谐波，合成一个近似方波的信号，波形幅度为 5V。

（4）扩展技术指标

① 再产生 50kHz 的正弦信号作为 5 次谐波，参与信号合成，使合成信号的波形更接近于方波。

② 根据三角波谐波的组成关系，设计一个新的信号合成电路，将产生的 10kHz、30kHz 等各个正弦信号合成一个近似的三角波信号。

（5）设计条件

① 直流稳压电源提供+5V 电压。

② 可供选择的元器件如表 8-18 所示。

表 8-18                               可供选择的元器件

| 型号 | 名称 | 数量 |
| --- | --- | --- |
| 74164* | 8 位移位寄存器 | 4 片 |
| 7474* | 双 D 触发器 | 1 片 |
| 7404* | 六非门 | 1 片 |
| TL084 | 集成运算放大器 | 3 片 |
| | 晶体振荡器 | 1 只 |
| | 可调电位器 | 10 只 |

电阻、电容及扩展技术指标的元器件根据需要自定；若用 FPGA 方案实现数字电路部分，标注*的器件则可省去。

## 2. 电路设计提示

本系统采用晶体振荡器产生 6MHz 方波信号，经过 74164 构成扭环形计数器分频计数产生相位关系固定的 10kHz、30kHz、50kHz 方波信号，然后分别通过滤波器把 3 种方波的基波提取出来，产生相位关系确定的 10kHz、30kHz、50kHz 正弦波信号；利用全通滤波电路作为移相器，把 3 种正弦波信号相位差调为 0，根据方波的傅里叶级数展开关系分别制作加法器以合成方波信号。整个系统的设计可以分为振荡器、分频器、滤波器、移相网络、合成器 5 个部分。

（1）基本原理

任何周期为 $T$ 的波函数 $f(t)$ 都可以表示为三角函数构成的级数之和，即

$$f(t) = a_0 + \sum_{n=1}^{\infty} A_n \cos(n\omega_1 + \varphi_n)$$

$$A_n = \sqrt{a_n^2 + b_n^2}$$

$$\varphi_n = \arctan\left(\frac{-b_n}{a_n}\right)$$

$$a_0 = \frac{1}{T}\int_{-\frac{T}{2}}^{\frac{T}{2}} f(t)\,\mathrm{d}t$$

$$a_n = \frac{2}{T}\int_{-\frac{T}{2}}^{\frac{T}{2}} f(t)\cos n\omega_1 t\,\mathrm{d}t \ (n=1,2,\cdots)$$

$$b_n = \frac{2}{T}\int_{-\frac{T}{2}}^{\frac{T}{2}} f(t)\sin n\omega_1 t\,\mathrm{d}t \ (n=1,2,\cdots)$$

方波信号如图 8-51 所示，用傅里叶级数展开得到：

$$f(t) = \frac{4}{\pi}\left(\sin\omega_0 t + \frac{1}{3}\sin 3\omega_0 t + \frac{1}{5}\sin 5\omega_0 t + \cdots + \frac{1}{n}\sin n\omega_0 t + \cdots\right) \qquad (n=1,3,5\cdots)$$

基波信号的频率为 $\omega_0$，幅度为 $\dfrac{4}{\pi}$；三次谐波信号的频率为 $3\omega_0$，幅度为 $\dfrac{4}{3\pi}$；五次谐波信号的频

率为 $5\omega_0$，幅度为 $\dfrac{4}{5\pi}$ ……

（2）振荡器及分频器

振荡器产生的方法有很多，如用运算放大器非线性产生、用六非门及触发器产生，也可用模数混合时基电路 F555 产生等。为得到精确的频率，可以采用晶体振荡器。分频器可以用 8 位移位寄存器 74164 和门电路构成的扭环形计数器以及 D 触发器构成分频电路，得到需要的基波和高次谐波频率的方波信号。

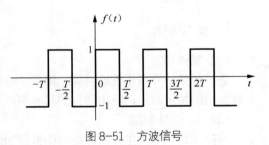

图 8-51　方波信号

（3）滤波器

滤波器可分为两种：无源滤波器和有源滤波器。无源滤波器电路简单，但参数难设计，滤波特性比有源滤波器差。有源滤波器可以滤除谐波，还可以补偿无功功率。这里采用有源滤波器，其电路如图 8-52 所示。滤波器的参数可以采用软件设计，推荐 FilterPro 软件设计滤波器。根据题目要求，设计 10kHz、30kHz、50kHz 的滤波器，将方波信号滤波后得到相应的正弦波信号。

（4）移相网络

基波和高次谐波只有相位相同时才能合成方波信号。经过滤波器提取 10kHz、30kHz、50kHz 的正

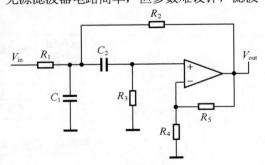

图 8-52　有源滤波器电路

弦波信号有一定的相移，要通过移相网络将它们的相位差变成 0°。图 8-53 所示的移相网络可以实现 0°～90° 的超前相移，图 8-54 所示的相移网络可以实现 0°～90° 的滞后相移。

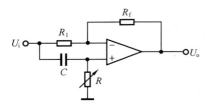

图 8-53　0°～90°的超前相移网络

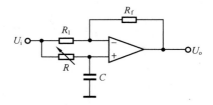

图 8-54　0°～90°的滞后相移网络

（5）合成器

基波和高次谐波分量要满足傅里叶变换系数的要求，方波信号的基波、三次谐波、五次谐波的幅度比为 1∶1/3∶1/5。合成器可以用比例加法器实现，在前面的电路中如果已经将它们的幅度分别调整为 6V、2V、1.2V，加法器的比例可以设置成 1∶1∶1。

### 3. 调试提示

本电路设计中有许多元器件的参数未定，建议先用软件仿真，仿真正确后再进行电路调试。先调试振荡分频部分，接着调试滤波电路，结合示波器的显示，调试移相网络。最后调试加法器电路，在示波器上得到近似方波信号。

## 8.2.4　数控函数信号发生器

### 1. 技术指标

（1）整体功能

数控函数信号发生器的功能：用数字电路技术产生正弦波、三角波、脉冲波、锯齿波以及能自行编辑的特定波形，输出信号的频率和电压幅度均由数字式开关控制。

（2）系统结构要求

数控函数信号发生器的系统结构框图如图 8-55 所示，其中函数信号发生器由数字电路和 D/A 转换器构成，频率选择开关用于选择输出信号的频率，幅度选择开关用于选择输出信号电压幅度，频率选择开关和幅度选择开关均应采用数字电路。

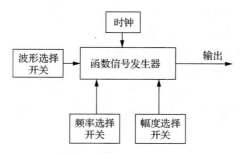

图 8-55　数控函数信号发生器的系统结构框图

（3）基本技术指标

① 输出信号波形：正弦波、三角波、脉冲波及锯齿波。

② 输出信号频率范围：10Hz～1.25kHz。

③ 输出信号最大电压：5V（峰峰值）。

④ 输出频率最小步长：10Hz。

⑤ 幅度选择挡位：64 挡。

⑥ 三角波和脉冲波占空比 20%～80%可调。调节步长 1%。

（4）扩展技术指标

① 能产生自行编辑的特定波形。

② 输出频率变化最小步长：1Hz。

（5）设计条件

① 直流稳压电源提供±12V 电压。

② 可供选择的元器件如表 8-19 所示。

表 8-19　　　　　　　　　　　　　可供选择的元器件

| 型号 | 名称 | 数量 |
|---|---|---|
| DAC0832 | 8 位 D/A 转换器 | 2 片 |
| CD4046* | 锁相电路 | 1 片 |
| 28C46B* | EEPROM | 1 片 |
| 4060* | 14 位二进制分频/振荡器 | 1 片 |
| 4040* | 12 位二进制计数器 | 1 片 |
| 4029* | 4 位二/十进制计数器 | 2 片 |
| TL084 | 运算放大器 | 1 片 |
| 4518* | 双 BCD 同步加计数器 | 1 片 |
|  | 8 位拨动开关 | 2 只 |
| 7805 | 三端稳压块 | 1 只 |
| 3.2768M 晶体振荡器* |  | 1 只 |

电阻、电容及扩展技术指标的元器件根据需要自定；若用 FPGA 方案实现数字电路部分，标注*的器件则可省去。

### 2. 电路设计提示

（1）工作原理

数控函数信号发生器的设计基于 DDFS 技术，具体原理见 "9.1 函数信号发生器"。

图 8-56 可作为参考框图。频率控制开关用于控制数字频率控制电路的输出信号频率，由此改变计数器的循环计数速度。计数器作为存储器的地址发生器，依次从存储器中取出信号的样值，该样值经 D/A 转换后产生所需信号波形。幅度控制开关用于控制幅度控制电路，使输出信号的电压幅度变化。

（2）频率控制电路

算法一：频率控制电路含时基、频率控制开关和锁相环。若输出正弦信号频率要求为 10Hz～1.25kHz，则模 256 计数器输入时钟信号的频率范围为 2.56kHz～320kHz，即频率控制电路产生的方波频率范围的下限应为 2.56kHz，上限应为 320kHz。可通过 3.2768MHz 晶体振荡器经过 256 分频和 10 分频产生 1.28kHz 方波时基信号，利用锁相环倍频功能，产生 2.56kHz 至 320kHz 方波信号，频率控制电路如图 8-57 所示。

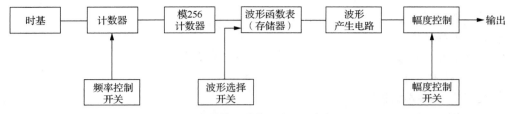

图 8-56　数控函数信号发生器参考框图

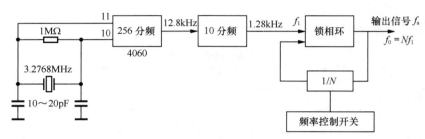

图 8-57　频率控制电路

锁相环的设计方法可参见"7.2.5 简易频率合成器"的"电路设计提示"。

算法二：用 FPGA 板卡自带的晶体振荡器，分频实现频率控制电路。假定晶振频率为 $f_{cp}$，周期为 $T_{cp}$，计数器模长为 $N$，则分频信号周期等于 $NT_{cp}$，分频信号频率等于 $1/Nf_{cp}$。由此可完成时钟信号的分频。需要调整频率的话，调整计数器的模值 $N$ 即可。

频率控制开关通过按键实现。按键可产生脉冲，改变计数器的模值 $N$。机械按键的触点闭合和断开时，都会产生抖动。为了保证系统能正确识别按键的开关，必须对按键进行消抖处理。消抖方法一般有硬件和软件两种。硬件消抖的典型做法：采用 R-S 触发器或 RC 积分电路，参考图 7-47。软件消抖一般是在键值变化后添加一个延时计数程序，通常是 5～10ms 的延时，再检测键值。如果和前一次一致，则认为按键变化成立。也可以频繁检测按键值，当检测到 $n$ 次连续保持同一状态，则认为按键值有效。

（3）地址计数器设计

根据存储器存储的波形函数表的单元数，设计 $M$=256 计数器。计数器输出为存储器读地址。

（4）存储器及波形函数表

存储器的 0～255 个地址单元中存放信号的幅度量化值。量化后的函数表计算方法有多种，结果也不是唯一的，请读者自行分析正弦波、三角波、脉冲波、锯齿波等函数表的算法。需要注意的是，函数表中的量化值必须是 8 位。为了后续电路设计方便，量化值应是整数形式。

（5）波形产生电路

波形产生电路可通过 D/A 转换器实现，如图 8-58 所示。设计时应注意，$V_{o1}$ 是一单极性信号，以正弦信号为例，其电压值可由下面的公式得出。由公式可知，$V_{o1}$ 所有值均在 0 电位以下。为了使信号的输出不含直流分量，$V_{o2}$ 需用来作为输出信号，实现双极性输出，$V_R$=2.5V，$V_{opp}$=5V。

$$V_{o1} = -\frac{V_R}{2}\sin\omega t - \frac{V_R}{2}$$

$$V_{o2} = -(2V_{o1} + V_R) = V_R\sin\omega t$$

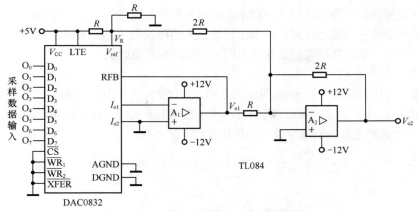

图 8-58 波形产生电路

（6）幅度控制电路

幅度控制电路如图 8-59 所示，由 D/A 转换电路构成。信号从 $V_{ref}$ 输入，利用 DAC0832 内部的 R-2R 电阻网络构成衰减器，实现幅度的程控放大。

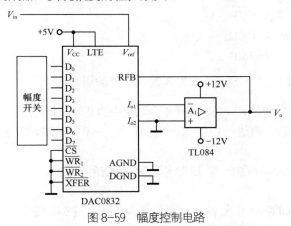

图 8-59 幅度控制电路

### 3. 调试提示

（1）本课题中各个单元电路之间的关系基本是串补连接，前后两个电路互为因果，所以调试时先逐个调试各个单元电路，然后由前到后不断接入单元电路，扩大联测范围。

（2）调试过程中要认真分析信号频率值和电压幅度值，不可只看波形不计量值。

（3）锁相环关系到输出正弦信号的频率范围，必须先将其调试好。调试方法详见"7.2.5 简易频率合成器"中的"调试提示"。

### 8.2.5 可编程数字移相器

### 1. 技术指标

（1）整体功能

可编程数字移相器的功能：用户设置（编程）需要移相的角度值后，移相器将输入的矩形波信号移相后输出。

相位差（或相移）一般是针对两个同频正弦波周期信号而言的，两个相同频率的矩形波信号在时间轴上的差异应称为延迟时间。但由于习惯，人们在谈及矩形波的延迟时间时，也常约定俗成地将其称为相移。本课题研究的就是两个同频矩形波的延迟时间。

（2）系统结构要求

可编程数字移相器应具有图 8-60 所示的结构。其中输入信号为由外部送入移相器的矩形波信号，相角预置为 12 个开关 $K_1 \sim K_{12}$，其中 $K_9 \sim K_{12}$ 这 4 个开关用于选择移相后输出信号所处的象限，$K_1 \sim K_8$ 用于选择在某一象限中具体的移相度数（0°～90°）。

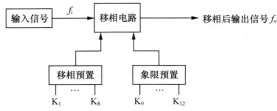

图 8-60　可编程数字移相器系统结构框图

（3）基本技术指标

① 被测信号波形：TTL 电平。

② 被测信号频率范围：100Hz～2kHz。

③ 可控移相范围：0°～360°。

④ 可控移相最小步长：1° 或 $\dfrac{T_i}{360}$（$T_i$ 为输入信号的周期）。

⑤ 移相控制方式：先通过 $K_{12} \sim K_9$ 选择 4 个象限中的某一象限起点值 $Q_A$（即 0°、90°、180° 或 270° 中的某一角度值），再进一步由 $K_8 \sim K_1$ 在 0°～90° 内选择某一角度 $Q_B$，最终移相角度 $Q = Q_A + Q_B$。

⑥ 电路中锁相环锁定后应由一个 LED 以发光方式指示。

（4）扩展技术指标

① 探讨移相器最大的输入信号频率范围是多少，并通过实验证实。

② 用 3 位数码管显示当前移相的度数。

（5）设计条件

① 直流稳压电源提供+5V 电压。

② 可供选择的元器件如表 8-20 所示。

表 8-20　　　　　　　　　　　　　可供选择的元器件

| 型号 | 名称 | 数量 |
| --- | --- | --- |
| CD4046 | 锁相环 | 1 片 |
| 7485* | 4 位比较器 | 2 片 |
| 74161* | 4 位二进制计数器 | 3 片 |
| 7474* | 双 D 触发器 | 2 片 |
| 4052 | 4 通道模拟开关 | 1 片 |
| GAL16V8* | 通用阵列逻辑 | 1 片 |
| | 8 位拨码开关 | 2 只 |

电阻、电容及扩展技术指标的元器件根据需要自定；若用 FPGA 方案实现数字电路部分，标注*的器件则可省去。

### 2. 电路设计提示

（1）设计思路

本课题的设计要求：先将输入的矩形波信号的一个周期分为 360 等份，再控制输入信号产生延迟，每延迟周期值的 1 等份，相当于移相 1°。

本课题的设计难点：移相的分辨率（最小步长）为 1°，换言之，要求可控延迟时间的分辨率为 $\frac{T_i}{360}$；由于输入信号的频率在一定范围内可变，故 $\frac{T_i}{360}$ 也随输入信号的频率 $f_i$ 而变。

实现数字式延迟的设计方案有多种，下面将介绍一种采用锁相电路的方法。

（2）移相步长控制信号的产生

由于移相器最小可控步长为 1°，其最小延迟时间为 $\frac{T_i}{360}$，需要有一个能将输入信号 $f_i$ 的周期划分为 360 等份的信号，且这一信号的频率应满足 $f_o=Nf_i$ 的关系，$N=360$ 为一常数，$f_o$ 随 $f_i$ 的变化而变化。由 $f_o=Nf_i$ 的关系可以看出，应由倍频电路来完成。而锁相电路则是一种较为常用的倍频电路。图 8-61 所示为一种用锁相环和分频构成的倍频电路。

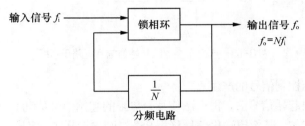

图 8-61　锁相环和分频构成的倍频电路

（3）锁相环设计

锁相环是本课题的核心单元，内含鉴相器、压控振荡器、低通滤波器等电路，其设计方法可参见"7.2.5 简易频率合成器"中的"电路设计提示"。

（4）4 个象限起始信号的产生

图 8-62 所示为输入信号 $f_i$ 与其移相了 0°、90°、180° 和 270° 以后的输出信号的相位（时间）关系，这 4 个输出信号分别用 $f_{D1}$、$f_{D2}$、$f_{D3}$ 和 $f_{D4}$ 表示。

产生图 8-62 所示 $f_{D1}\sim f_{D4}$ 信号的电路可由 $M=4$ 的环形计数电路来实现。将图 8-61 中分频器由 $N=360$ 调整为 $N=N_1N_2=4\times90$，即由一个分频为 $N_2=90$ 的分频器和一个 $N_1=4$ 的分频器来分频，如图 8-63 所示。设计时，$N_1=4$ 分频器采用 $M=4$ 的环形计数电路，就能从环形计数电路的 4 个输出端 $Q_1\sim Q_4$ 得到与相位关系相符的信号。其中 $f_{D1}$ 与输入 $f_i$ 的相位相同，送入锁相环中的鉴相器作为鉴相信号 $f_A$，其频率 $f_A=f_{D1}$。由锁相环工作原理可知，图 8-63 中 $f_C=Nf_i=360f_i$，$f_B=N_1f_i=4f_i$。$N_1$ 分频器输出信号的频率满足 $f_A=f_i$ 的关系，换言之 $f_i=f_A=f_{D1}$，而 $f_{D1}\sim f_{D4}$ 频率相同只是相位不同，故可把 $f_{D1}\sim f_{D4}$ 看作相位分别移动了 0°、90°、180° 和 270° 的 $f_i$ 信号。这就是产生 4 个象限起始值信号的方法。

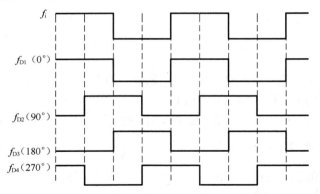

图 8-62　输入信号与移相后输出信号的相位关系

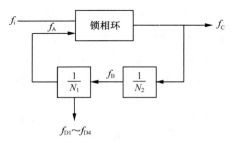

图 8-63　产生 4 个象限起始值信号电路示意图

（5）0°～90°移相控制信号的产生

当拥有了 4 个象限起始信号后，再设法使某一象限的起始信号移动 0°～90°，便可得到所需要的各种移相信号。例如，若希望输出信号移相 95°，则先选择 $f_{D2}$ 信号，$f_{D2}$ 与 $f_i$ 相比已经移相了 90°，再设法使 $f_{D2}$ 移相 5°，则可使 $f_i$ 的总移相值为 90°+5°=95°。

图 8-64 所示为产生 0°～90°移相的控制信号的参考电路。图中 $f_C$ 为 $M=90$ 计数电路的输入，计数器 8 个 Q 端 $Q_1$～$Q_8$ 输出信号分别为 $f_{E1}$～$f_{E8}$，这 8 个输入信号作为 8 位比较器的一组输入 $A_1$～$A_8$，用户预置值为比较器的另一组输入信号 $B_1$～$B_8$。两组值相同时由比较器的 $A=B$ 输出端输出一个信号 $f_G$。图 8-65 所示为预置值 $B=1$ 和 $B=5$ 时 $f_G$ 的延迟情况。进一步分析可知，若 $f_C$ 的频率为输入 $f_i$ 的 360 倍，即 $f_C=360f_i$，则 $f_G$ 需延迟一个 $f_C$ 的周期 $T_C$，相当于输入信号 $f_i$ 的 $\dfrac{T_i}{360}$，即 $f_i$ 信号的 1°。$f_G$ 可作为控制信号使 $f_i$ 产生 0°～90°的移相。

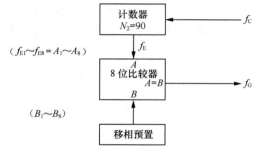

图 8-64　产生 0°～90°移相的控制信号的参考电路

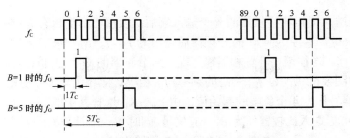

图 8-65　移相控制信号 $f_G$ 延迟情况示意图

（6）0°～90° 移相电路（延迟电路）

图 8-66 所示为一个典型的 D 触发器电路。由数字电路理论可知。如果 $f_1$ 和 $f_2$ 是图 8-67 所示的两个不同频率的信号，D 触发器将使 $f_1$ 的相位与 $f_2$ 同步，即 $f_3$ 信号的上升沿与 $f_2$ 同时出现，$f_3$ 信号的频率仍与 $f_1$ 相同，但是，$f_3$ 与 $f_1$ 相位发生了移动 $Q_B$，移动的大小取决于 $f_2$ 上升沿与 $f_1$ 的差值。当控制 $f_2$ 的相位变化时，$f_3$ 的相位较之 $f_1$ 也发生了变化，这就是使 $f_1$ 移相的思路。如果可以使 $f_2$ 的相位发生变化，最大变化值为 $f_1$ 的 $\frac{1}{4}$ 周期即 $\frac{T_1}{4}$，再将这 $\frac{T_1}{4}$ 分为 90 等份。这时，每当 $f_2$ 相位移动 1 等份时，在延迟时间上相当于 $\frac{T_1}{4\times90}=\frac{T_1}{360}$，恰好为 $f_1$ 的 1°，从而实现了对 $f_1$ 按步长为 1° 的移相控制，控制范围为 0°～90°。为了得到对 $f_1$ 移相 0°～90° 的控制，要求 $f_2$ 与 $f_1$ 的频率关系为 $f_2=4f_1$。其原因请读者自行分析。

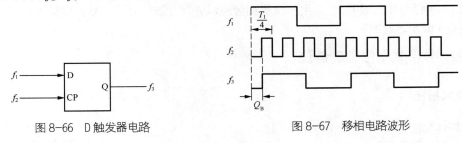

图 8-66　D 触发器电路　　　　　　　　　图 8-67　移相电路波形

（7）移相器整体原理

移相器整体原理框图如图 8-68 所示。其中各单元电路工作原理已在前面介绍过，现简介其整体工作过程。

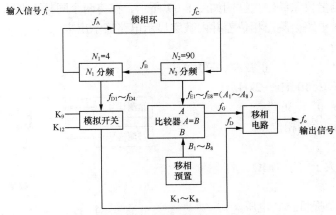

图 8-68　移相器整体原理框图

在输入信号 $f_i$ 送入锁相环鉴相器的一个输入端后，锁相环由于含有 $N=N_1N_2=360$ 分频器，其输出信号 $f_C=Nf_i=360f_i$。$f_C$ 经 $N_2=90$ 的分频器后输出为 $f_B$，$f_B=Nf_i=4f_i$。$N_1=4$ 分频器采用环形计数器，4 分频输出 $f_A=f_i$，送往锁相环鉴相器输入端。$N_1$ 分频器的 $Q_1\sim Q_4$ 输出 $f_{D1}\sim f_{D4}$ 这 4 个信号，它们的波形关系如图 8-62 所示。$f_{D1}\sim f_{D4}$ 的频率与 $f_i$ 相等，但相位与 $f_i$ 分别相差 0°、90°、180° 和 270°。这 4 个信号作为 4 个象限的起始值，由 $K_9\sim K_{12}$ 选择其中的某一个，$K_1\sim K_8$ 确定 0°～90° 中的某一移相值后送入比较器作为 $B_1\sim B_8$ 信号，同时 $N_2=90$ 计数器的 8 个输出 $f_{E1}\sim f_{E8}$ 也送入比较器作为 $A_1\sim A_8$。当满足 $A=B$ 时，比较器 $A=B$ 端输出信号 $f_G$，$f_G=4f_i$，其相位受 $K_1\sim K_8$ 的控制，可提供 90 种相移。

$K_9\sim K_{12}$ 控制模拟开关选择 $f_{D1}\sim f_{D4}$ 其中之一。这 4 个信号与 $f_i$ 相位的关系是 $Q_{D1}=0°$，$Q_{D2}=90°$，$Q_{D3}=180°$，$Q_{D4}=270°$。当 $f_{D1}\sim f_{D4}$ 之一送到移相电路时，已产生了 $Q_D$ 相移。由于 $f_G$ 信号可使 $f_D$ 信号产生 $Q_G$ 的相移，则移相电路输出信号 $f_o$ 的移相 $Q=Q_D+Q_G$。由于 $Q_D$ 可以通过 $K_9\sim K_{12}$ 选择为 0°、90°、180° 或 270°，而 $K_1\sim K_8$ 可控制 $Q_G$ 为 0°～90° 中的某一值（步长为 1°），因此，$Q$ 值可以是 0°～360° 中的任一个角度值。

### 3. 调试提示

（1）首先调试锁相环，具体方法可参见"7.2.5 简易频率合成器"中的"调试提示"。

（2）再分别调试 $N_1$ 分频器和 $N_1$ 计数器等单元电路。在测量比较器时，必须仔细测量 $f_G$ 信号的相移情况，并认真地做好测量波形记录。

（3）$f_G$ 与 $f_i$ 最小相位只有 1°，用示波器测量应以 $f_i$ 为内触发信号，用 $X$ 轴扩展挡测出两者前沿的相位差（或延迟时间）。

## 8.2.6　数字式相位差测量仪

### 1. 技术指标

（1）整体功能

数字式相位差测量仪的功能：测量两个同频周期信号之间的相位差，将测量结果以数字形式显示出来。

（2）系统结构要求

数字式相位差测量仪系统结构框图如图 8-69 所示。在将两个同频周期信号 $f_A$ 和 $f_B$ 送入相位差测量电路后，测量电路会测出相位差并由数字显示电路显示出来。

（3）基本技术指标

① 被测信号波形：方波、正弦波、三角波。

② 被测信号频率：100Hz～2kHz。

③ 相位差范围：0°～360°。

④ 三位显示被测信号相位差。

⑤ 测量精度：1°。

⑥ 输入阻抗：大于等于 1MΩ。

（4）设计条件

① 直流稳压电源提供±5V 电压。

② 可供选择的元器件如表 8-21 所示。

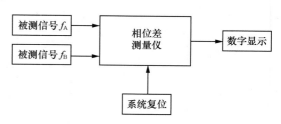

图 8-69　数字式相位差测量仪系统结构框图

表 8-21　　　　　　　　　　可供选择的元器件

| 型号 | 名称 | 数量 |
|---|---|---|
| CD4046 | 锁相环 | 1 片 |
| 74132* | 四-2 输入与非施密特触发器 | 1 片 |
| CD4029* | 二/十进制可逆计数器 | 3 片 |
| 74161* | 4 位二进制数计数器 | 3 片 |
| 7486 | 四-2 输入异或门 | 1 片 |
| 74123 | 双-单稳态触发器 | 1 片 |
| TL084 | 运算放大器 | 1 片 |
| CD4511* | BCD 码-七段码译码驱动器 | 3 片 |
| C392 | 数码管（共阴极） | 3 只 |
| 7474 | 双 D 触发器 | 1 片 |
| CD4052 | 双-4 选 1 模拟开关 | 1 只 |

电阻、电容元器件根据需要自定；若用 FPGA 方案实现数字电路部分，标注*的器件则可省去。

### 2. 电路设计提示

（1）测量原理

数字式相位差测量原理与"7.1.5 简易数字式频率计数器"中介绍的占空比测量设计原理基本相同，读者可参阅这一课题中的"电路设计提示"部分。与矩形波占空比测量的算法二的区别是，测占空比时需要将被测信号 $f_i$ 周期分为 100 等份，故其锁相环中的分频器分频比 $N=100$，而本课题由于要测相位差，且 1 个周期内相位有 360°，所以，锁相环的分频比应选为 $N=360$。

数字式相位差测量仪原理框图如图 8-70 所示。

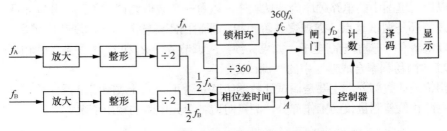

图 8-70　数字式相位差测量仪原理框图

基准信号（相位基准）$f_A$ 经缓冲放大和整形后加到锁相环的输入端。在锁相环的反馈回路中插入一个 $N=360$ 的分频器，锁相环的输出 $f_C=360f_A$。

被测信号 $f_B$ 经缓冲放大和整形并除以 2 后得 $\frac{1}{2}f_B$，与取出 $\frac{1}{2}f_A$ 相位差时间比较，取出相位差时间 $\Delta\varphi$ 作为计数器闸门控制信号。闸门打开期间，计数器对时钟频率 $360f_A$ 进行计数，计数结果就是 $f_A$ 和 $f_B$ 的相位差。一个计数脉冲正好对应 1°，计数值通过控制电路锁存和清除。

根据相位差测量仪的原理框图可以画出其工作波形图，如图 8-71 所示。其工作原理和工作过程与简易数字式频率计数器相仿，这里不再叙述。

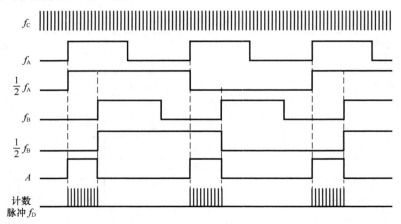

图 8-71　相位差测量仪的工作波形图

（2）锁相电路设计

锁相电路的设计方法在"7.2.5 简易频率合成器"的"电路设计提示"部分有详细说明，请读者参阅。

（3）输入缓冲放大器

输入信号的幅度存在大小差异，为使后继的数字电路有足够的输入电压幅度或安全电压，必须对输入信号进行衰减或放大。输入信号 $V_i$ 经电阻衰减 90% 后送入运算放大器同相端。负反馈网络由分压电阻和 CD4052 模拟电子开关组成。该电路为同相放大器，由电子开关的 AB 端来切换增益，共有 3 个量程，分别是 ×1、×10 和 ×100，可根据输入信号的幅度大小来选择。其电路可参考图 7-61。

### 3. 调试提示

（1）以原理框图中的电路顺序为调试顺序，以每一个方框为调试单元，分单元调试。

（2）锁相环是调试重点，需观察是否锁相，即输出跟踪输入信号的变化应满足 $f_o=360f_i$，图 7-64 中 CD4046 的 1 脚输出高电平，如果失锁，应调节 $R_3$、$R_4$ 和 $C_2$ 的参数。锁相环的调试方法可参见"7.2.5 简易频率合成器"中的"调试提示"。

（3）相位差计数部分，主要是调试计数器级联是否正确，计数闸门是否打开。

（4）对照相位差测量仪的工作部分，测量对应各单元电路的输出情况。

### 8.2.7　数字式三极管 $\beta$ 值测试仪

### 1. 技术指标

（1）整机功能要求

数字式三极管 $\beta$ 值测试仪的主要功能：在双极型 NPN 或 PNP 三极管基极电流为某一恒定值的条件下测量三极管的 $\beta$ 值，严格地讲是测量其直流 $\overline{\beta}$ 值，测量结果能以数字形式显示出来。

（2）系统结构要求

数字式三极管 $\beta$ 值测试仪系统结构框图如图 8-72 所示。其中测试台用来接入被测三极管，$\beta$ 值测量电路用于测量 $\overline{\beta}$ 值，其结果由数码显示电路显示。

（3）基本技术指标

① 被测三极管类型范围：双极型 NPN 或 PNP 小功率三极管。

② $\beta$ 值测量范围：1～999。

③ $\beta$ 值最小分辨率：1。

④ 显示要求：3 位数码管。

（4）扩展技术指标

设置 $I_{b1}$=10μA、$I_{b2}$=50μA、$I_{b3}$=100μA 3 个挡位，在不同 $I_b$ 挡位测量 $\overline{\beta}$ 值。

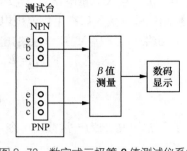

图 8-72 数字式三极管 $\beta$ 值测试仪系统结构框图

（5）设计条件

① 直流稳压电源提供±5V 电压。

② 部分基本技术指标均在 $I_b$=10μA 条件下完成。

③ 可供选择的元器件如表 8-22 所示。

表 8-22 可供选择的元器件

| 型号 | 名称 | 数量 |
| --- | --- | --- |
| CD4046 | 锁相环 | 1 片 |
| TL084 | 运算放大器 | 2 片 |
|  | 4 位动态数码管 | 1 只 |
| CD4511* | BCD 码-七段码译码驱动器 | 1 片 |
| F555 | 定时器 | 1 片 |
| GAL16V8* | 通用阵列逻辑 | 1 片 |
| CD4029* | 二/十进制可逆计数器 | 3 片 |
| 74153* | 双 4 选 1 选择器 | 2 片 |
| UNL2003 | 达林顿管 | 1 片 |

电阻、电容及扩展技术指标的元器件根据需要自定；若用 FPGA 方案实现数字电路部分，标注*的器件则可省去。

## 2. 电路设计提示

（1）测量原理

三极管电流放大倍数的定义是

$$\beta = \frac{\Delta i_c}{\Delta i_b}$$

若固定基极电流 $I_b$ 并令其为常数 $A$，则直流电流放大倍数

$$\overline{\beta} = \frac{I_c}{I_b}\bigg|_{I_{b0}=A}$$

本课题的目的是测量直流电流的放大倍数。

若根据定义测量，则必须先测出 $I_b$ 和 $I_c$，再进行除法运算。经验告诉我们，直接测量电流值以及进行除法运算都比较烦琐，所以，应研究一种既可避开电流直接测量，也可避免除法运算的算法。

图 8-73 所示是一种可供参考的数字式三极管 $\beta$ 值测试仪原理框图。图中直流恒流源电路可保

证各种三极管接入测量电路后，$I_b$ 均为同一个定值。三极管未接入时，由于无 $I_c$，故 c 点电压为 $E_c$。被测三极管接入后产生集电极电流 $I_c$，由于 $R_c$ 的作用，三极管集电极对应的电压为 $V_c$。如果取样电路将三极管接入前后 c 点的电压值取出，则可得到差值

$$V_D = E_c - V_c = E_c - (E_c - \beta I_b R_c) = \beta I_b R_c$$

$$\beta = V_D \frac{1}{I_b R_c}$$

由于 $I_b$ 和 $R_c$ 均为一常数，可令 $\frac{1}{I_b R_c} = G$，则

$$\beta = G V_D$$

此式说明，差值电压与 $\beta$ 值为线性关系。

考虑到锁相集成电路 CD4046 中的压控振荡器的电压-频率转换特性为

$$f = K V_i$$

式中，$K$ 为压控灵敏度，为一常数；$V_i$ 是压控振荡器的输入控制电压，其频率 $f$ 与 $V_i$ 也是线性关系。利用压控振荡器的这一特征，用差值电压 $V_D$ 作为压控振荡器输入信号，再合理选择系数 $K$，使得 $V_D$ 与 $f$ 有线性关系，再用计数器测量 $f$ 值，就可以计数的方式得到 $\beta$ 值。这种测量 $\beta$ 值的方法与利用 $V/f$ 转换而实现 A/D 转换的思路一致。

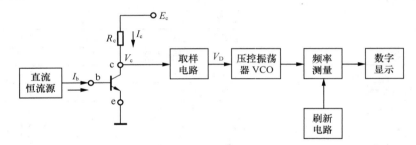

图 8-73　数字式三极管 $\beta$ 值测试仪原理框图

另外也可以参考 "8.2.1 交流数字电压表" 中的 "电路设计提示"，实现 $V_D$ 的测量显示。

（2）直流恒流源电路设计

由于被测三极管型号较多，不同型号的三极管的输入阻抗（直流）不同，为保证 $I_b$ 始终为一个固定值，必须用直流恒流源电路提供 $I_b$。

能产生直流恒流的电路较多，既可用恒流源集成元件也可用常规元件构成。本课题建议读者用运算放大器来实现。模拟电路教材一般中会介绍多种运放构成的恒流源电路，选用电路时应注意，恒流源电路的负载必须有一端接地，不能采用悬浮式负载。因为本课题在测试三极管时，be 结为直流恒流源负载，而 e 端是接地的。

（3）取样电路

设计取样电路时要考虑两点：其输出电压将作为压控振荡器的输入控制电压，而 CD4046 中的压控振荡器输入电压范围是有限制的；在合理选择 $R_c$ 的前提下要考虑 $\beta$ 值的范围。本课题要求可测 $\beta$ 值范围为 1～999，那么，取样电路应保证输出电压在 $\beta$ 从 1 到 999 时都线性变化。

（4）压控振荡器

CD4046 中压控振荡器的设计方法可参见 "7.2.5 简易频率合成器" 中的 "电路设计提示"。本课题要求在选取压控灵敏度 $K$ 值时，频率值与 $\beta$ 值要有 1∶1 的关系，换言之，尽可能使 $\beta = f$。这

样，只要测出 $f$ 值，不再转换就能得到 $\beta$ 值。

（5）测频率电路

频率的测量方法在第 2 章例 2-2-1 中已有介绍，这里不再介绍。

测量频率时，还要考虑刷新电路，以便使测量电路每隔一段时间重测一次。有关刷新电路的内容可参见"7.1.5　简易数字式频率计数器"中"电路设计提示"的"控制电路设计"。

### 3.　调试提示

（1）直流恒流源测量

在测量恒流源输出电流时，应估算负载值。其负载实际上是三极管 be 结的直流阻抗。可查阅资料，了解各种双极型小功率晶体管的输入阻抗。

（2）取样电路测量

要保证 $\beta$ 值在 1～999 范围内，取样电路的输入和输出都应在线性范围内。由于取样电路输出为压控振荡器的输入，而 CD4046 要求输入电位必须为 0V～+5V，CD4046 是 CMOS 电路，它的输入信号要求为最低电位不能小于 0V，因此在设计和调试时，不但要考虑电压值，还必须考虑电位值，否则，轻则电路工作不正常，重则损坏器件。

（3）压控振荡器的调试

压控振荡器的调试方法详见"7.2.5　简易频率合成器"中的"调试提示"。由于本课题要求振荡器的频率 $f$ 与 $\beta$ 值有 1:1 的对应关系，因此测量 $V\text{-}f$ 关系时要反复调整。方便起见，可以先不接三极管，而用一只电位器接在 $R_c$ 与地之间，估算不同 $\beta$ 值时的 $V_c$ 值，再调电位器使之达到预计的 $V_c$ 值，再进一步调整 $V_c$ 与 $V_D$ 的关系、$V_D$ 与振荡器 $f$ 的关系。

## 8.2.8　FSK 调制与解调电路

### 1.　技术指标

（1）整体功能

FSK（Frequency Shift Keying，频移键控）调制电路的功能：若无数据信号，则调制器输出频率为 $f_0$ 的正弦信号。收到由"0""1"组成的串行序列输入数据信号后，当输入数据信号的码值为"0"时，FSK 调制电路输出一个频率为 $f_L$ 的正弦波；当输入信号为"1"时，调制电路输出一个频率为 $f_H$ 的正弦波，如图 8-74（a）、（b）所示。

FSK 解调电路的功能：收到由 FSK 调制电路发出的 FSK 调制信号后，当 FSK 的信号频率为 $f_L$ 时，解调电路将这一频率出现的时段输出为"0"电平；当 $f_H$ 出现时，将它出现的时段输出为"1"电平，即将 FSK 调制器的原数据信号还原，如图 8-74（b）、（c）所示。

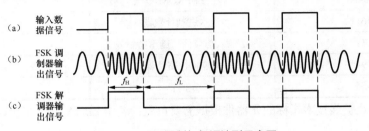

图 8-74　FSK 调制与解调波形示意图

（2）系统结构要求

FSK 调制与解调电路应具有图 8-75 所示的结构。图中 FSK 调制电路用于将输入的数据信号变换为 FSK 信号输出，传输线路用于模拟 FSK 信号传输过程中对 FSK 信号的衰减，解调电路用于将收到的 FSK 信号还原为数据信号。

图 8-75　FSK 调制与解调电路系统结构框图

（3）基本技术指标

① 数据输入信号传输速率：1200bit/s。

② FSK 调制信号电压峰峰值为 1V。

③ FSK 信号：$f_H$=4.8kHz，$f_L$=2.4kHz。

④ 数据信号电平：满足 TTL 电平要求。

⑤ 无数据输出时可等同于输入信号电平为 0。

⑥ FSK 调制器输出阻抗：600Ω。

⑦ FSK 解调器输入阻抗：600Ω。

（4）扩展技术指标

① 用一个带通滤波器模拟图 8-75 中"传输线路"的特性，要求带通滤波器的 3dB 带宽为 300Hz～3100Hz，阻带按 35dB/90%频程衰减。

② 在解调器中用一个 LED 指示有无 FSK 信号输入，LED 亮表示有 FSK 信号输入。

（5）设计条件

① 直流稳压电源提供+5V 电压。

② 图 8-75 中的"传输线路"模拟电路可以用一个衰减为 10dB 的衰减器替代。

③ 可供选择的元器件如表 8-23 所示。

表 8-23　　　　　　　　　　　　可供选择的元器件

| 型号 | 名称 | 数量 |
|---|---|---|
| CD4046 | 锁相环 | 1 片 |
| TL084 | 4 运算放大器 | 2 片 |
| LM339 | 电压比较器 | 1 片 |
| DAC0832 | D/A 转换器 | 1 片 |
| 28C64B* | EEPROM | 1 片 |
| 74161* | 十六进制计数器 | 2 片 |
| 74132* | 四-2 输入与非门（施密特触发） | 2 片 |
| 74194* | 4 位移位寄存器 | 2 片 |
| F555 | 定时器 | 1 片 |

电阻、电容及扩展技术指标的元器件根据需要自定；若用 FPGA 方案实现数字电路部分，标注*的器件则可省去。

### 2. 电路设计提示

（1）FSK 调制与解调电路

FSK 调制与解调电路有多种实现方法，图 8-76 所示为一种常用的方法。该方法的思路是，将正弦波 1 个周期的 360° 划分为 256 等份，得到 256 个样点角度值，算出每个样点角度对应的正弦值，再将各个样点正弦值转换为二进制数，依次存入正弦波样值存储器。当地址计数器计数时，从存储器逐个取出各个样点的正弦波二进制数值，再经过 D/A 转换器得到正弦波输出信号。D/A 转换器输出的正弦波信号的频率与地址计数器的时钟频率相关，如果地址计数器时钟频率变化，则输出的正弦波信号频率也会随之变化。由此可知，控制地址计数器的时钟频率就可以得到 FSK 信号。

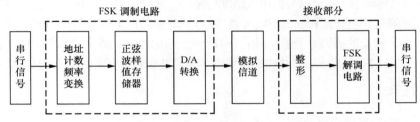

图 8-76  FSK 调制与解调电路原理框图

（2）带通滤波器设计

由通信原理可知，图 8-76 中的模拟信道具有带通滤波器的频率特性，所以，在本课题中如果设计模拟信道，则可以用一个带通滤波器代替。考虑到这个带通滤波器的通频带频率较低，在音频范围内，所以可以采用有源滤波器设计方法。有源滤波器的设计方法在一般的模拟电路教材中都有介绍，这里不赘述。

（3）解调电路原理

FSK 的解调过程就是调制的反变换，它的功能是将 FSK 信号中 $f_H$ 和 $f_L$ 的信号分别变为 "1" 和 "0" 电平。

FSK 解调电路原理框图如图 8-77 所示。线路传输来的 FSK 信号是具有正弦波特征的模拟信号，这一信号将要被送到锁相环 CD4046 的鉴相器作为一个鉴相的输入信号。由于 CD4046 要求输入信号必须符合 CMOS 或 TTL 电平，所以，在将 FSK 信号送入锁相器之前，必须将其变换为符合 COM 或 TTL 电平的信号。整形电路可以将正弦波变为矩形波或方波，波形变换后 FSK 信号的频率没有变化。

图 8-77  FSK 解调电路原理框图

将整形后的 FSK 信号送入 CD4046 锁相环的鉴相器，由它的第 10 管脚可以得到解调输出信号。由于此时解调输出不一定符合 TTL 电平，所以，需设置一个判别电路（施密特电路），使输出的解调信号符合 TTL 电平的要求。

（4）整形电路

整形电路可由电压比较器 LM339 构成。设计时应注意，整形电路输出的波形要为矩形，其上升沿和下降沿要符合 CMOS 逻辑电路要求，同时其输出的电压也必须符合 TTL 电平要求。

（5）锁相环电路

CD4046 锁相环电路的详细介绍见 "7.2.5 简易频率合成器" 中的 "电路设计提示"。锁相环中低通滤波器的设计可见相关文献。

压控振荡器设计时要合理选取 $f_{min}$ 和 $f_{max}$ 值，$f_{min}$ 应略低于 $f_L$，$f_{max}$ 应略高于 $f_H$，$f_o$ 处于 $f_{min}$ 与 $f_{max}$ 的中间。压控灵敏度 $K$ 的选取也需认真分析，它与解调后输出信号的电压幅度有关。

CD4046 的第 10 管脚为解调输出，实际上它就是压控振荡器的输入电压。至于为何将压控振荡器输入作为 FSK 解调输出，请读者自行分析。

（6）判别电路

CD4046 锁相环输出的解调信号的电压幅度与 $K$、$f_{min}$ 和 $f_{max}$ 等参数有关，这些值的选取将直接影响解调输出的高电平电压值和低电平电压值。为了保证最终的 FSK 解调输出符合 TTL 电平，用判别电路对锁相环输出的解调电平进行判别（即设一个门限电压），高于门限值时输出 TTL 高电平，低于门限值时输出 TTL 低电平。具体电路参考图 7-74。建议判别电路由电压比较器 LM339 构成。

### 3. 调试提示

（1）FSK 调制与解调电路

首先确定存储器的 2 个地址计数器的时钟频率，将其分别送入计数器，测试 D/A 转换器输出是否为 1200Hz 和 2400Hz 的正弦波；然后调整 D/A 转换器输出信号的电压幅度。

（2）计数器频率变换电路

在 D/A 转换器调整好的基础上，将串行信号送入计数频率变换器，用示波器观察，当串行信号为 "0" 或者为 "1" 时，送入计数器的时钟频率是否随之变化。

（3）锁相环

锁相环的调试参见 "7.2.5 简易频率合成器" 中的 "调试提示"。先调整压控振荡器，使其在规定的输入电压范围内达到 $f_{min}$ 和 $f_{max}$ 的要求。在压控振荡器符合设计要求的前提下，先用函数信号发生器产生频率为 $f_L$（或 $f_H$）的方波 TTL 电平信号，将其送入鉴相器 II，同时接上环路中的低通滤波器，在第 10 管脚测输出电压值。鉴相器 II 输入 $f_L$ 时第 10 管脚为低电压值，输入 $f_H$ 时第 10 管脚为高电压值。高、低电压值应有明显差别，以便后面的判别电路判别。由锁相环工作原理可知，理想情况下，鉴相器 II 输入信号频率为 $f_L$ 时，第 10 管脚解调输出的电压应与压控振荡器输出信号频率为 $f_{min}$ 时所对应的控制电压相近，输入信号频率为 $f_H$ 时，该输出电压应与 $f_{max}$ 对应的控制电压相近。

（4）判别电路

判别电路实际上就是一个电压门限判别电路（施密特电路），可以先用函数信号发生器对其进行调试，其实测的门限电压值应能判别锁相环解调信号。

## 8.2.9　非接触式电流检测系统

### 1. 技术指标

（1）整体功能

设计并制作一个非接触式电流检测系统，可以通过互感线圈耦合得到设备电流信号，并分析信号的基波和各次谐波分量，检测设备的工作状态。

（2）系统结构

非接触式电流检测系统的原理框图如图 8-78 所示。

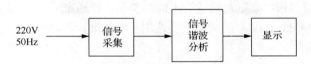

图 8-78 非接触式电流检测系统的原理框图

（3）基本技术指标

① 测量 50Hz 脉冲信号的周期、频率、占空比。

② 测量 50Hz 脉冲信号的基波、1～5 次谐波。

③ 测量结果在 4 位数码管上显示出来，通过按键切换显示测量结果。

④ 测量误差不大于 $10^{-2}$。

（4）扩展技术指标

① 测量 50Hz 脉冲信号的 20 次谐波。

② 测量结果在 VGA 上用柱状图显示。

③ 测量 50Hz 电源耦合信号的基波和谐波，根据结果分析设备工作状况。

（5）设计条件

① 直流稳压电源提供+5V 电压。

② 可供选择的元器件如表 8-24 所示。

表 8-24 可供选择的元器件

| 型号 | 名称 | 数量 |
| --- | --- | --- |
| Basys 3 或 EG01 | 大规模可编程逻辑器件实验板 | 1 块 |
| | 互感线圈 | 1 只 |
| | AD 转换芯片 | 1 片 |

电阻、电容、三极管等及扩展技术指标的元器件根据需要自定。

## 2. 电路设计提示

非接触式电流检测系统原理框图如图 8-79 所示，系统通过前端互感线圈和放大电路，将 220V、50Hz 的交流电变为 3.3V 小信号送入 A/D 转换器。在一定频率 $f_s$ 采样的 A/D 转换后，将 $n$ 位数字码做快速傅里叶变换（Fast Fourier Transform，FFT），再按照频率 $f_s$ 计算谐波的幅度和相位信息，在数码管或 VGA 上显示。

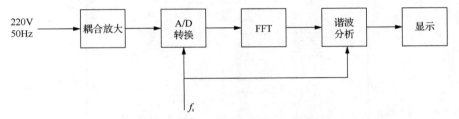

图 8-79 非接触式电流检测系统原理框图

（1）耦合放大

如图 8-80 所示，根据电路需求选择合适的线圈，将 220V、50Hz 交流电通过互感线圈降压耦合到次级。互感线圈可以根据实际电流选取不同的类型。普通家用 50A 以下的电流，可以选用普通带磁芯的线圈；100A 或 1000A 的大电流要选用空芯线圈。次级电流信号通过电容耦合和放大电路放大，输出 3V 信号。

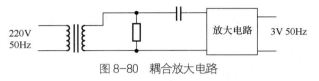

图 8-80　耦合放大电路

（2）A/D 转换

本系统采用谐波分析法实现非接触式电流检测。目前的谐波检测方法有 FFT、人工神经网络、奇异值分解（Singular Value Decomposition，SVD）、小波变换等。最常用的方法是 FFT，将时域的离散信号进行傅里叶级数展开，得到离散的频谱，从离散的频谱中挑选出各次谐波对应的谱线，计算得出谐波各项参数。A/D 转换电路将时域信号按照采样频率 $f_s$ 进行 A/D 转换。根据采样定理，$f_s \geqslant 2f_h$。

（3）FFT

FFT 是离散傅里叶变换（Discrete Fourier Transform，DFT）的一种快速算法。模拟信号 $y(t)$ 经采样后，变为 $y(nT_s)$，$T_s$ 是采样周期。离散信号 $y(nT_s)$ 的傅里叶变换可以表示为

$$y(k) = \sum_{n=0}^{N-1} y(n)\mathrm{e}^{-jn\frac{2\pi}{N}k} \qquad (k=0,1,2,3,\cdots,N-1)$$

$N$ 点序列 $x(n)$ 的 $N$ 点 DFT 可表示为

$$x(k) = \sum_{n=0}^{N-1} x(n)W_N^{nk}, \quad 0 \leqslant k \leqslant N-1, \quad W_N = \mathrm{e}^{-\mathrm{j}\frac{2\pi}{N}}$$

$x(k)$ 是 $x(n)$ 的频域显示。相邻采样点的间隔 $\Delta f = \dfrac{f_s}{N} = \dfrac{1}{N\Delta t}$，它是相邻谱线间的频率间隔。当序列点数为 $N=2^L$（$L$ 为整数）时，称其为基 2 FFT。

采样点的间隔 $\Delta f$ 尽量小，可以在不加窗的情况下，减小频率泄露。

在 FPGA 中，利用软件中的快速傅里叶变换（FFT）IP 核，可以方便地得到 $x(k)$。图 8-81 所示为 Vivado 2017.4 中 FFT 的 IP 核设置界面。

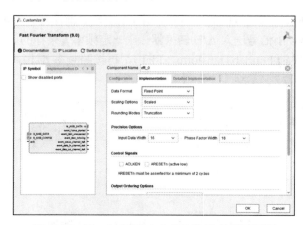

图 8-81　Vivado 2017.4 中 FFT 的 IP 核设置界面

（4）谐波分析

上述 FFT 输出是复数 $a+bi$，复数的模 $\sqrt{a^2+b^2}$ 代表的是谱线的幅度，$\dfrac{b}{a}$ 表示谱线的相位。利用软件的相应数学函数 IP 核或者 MicroBlaze 等方法将需要的谐波的谱线参数计算出来。

（5）显示

谱线的幅度可以用数字在数码管上显示，也可以用柱状图在液晶屏或 VGA 上显示。本课题主要介绍 VGA 显示。

VGA（Video Graghic Array，视频图形阵列）是 IBM 公司于 1987 年提出的一个使用模拟信号的计算机显示标准，具有分辨率高、显示速率快、颜色丰富等优点。它支持在 640×480 的较高分辨率下同时显示 16 种色彩或 256 种灰度；在 320×240 分辨率下可以同时显示 256 种颜色。VGA 使用的都是 15 针的梯形插头。梯形插头上面共有 15 个针孔，分成 3 排，每排 5 个。其中最重要的是 3 个 RGB 彩色分量信号的针孔和 2 个扫描同步信号 HSync、VSync 的针孔。VGA 管脚定义如图 8-82 所示。

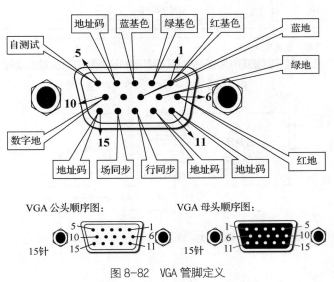

图 8-82　VGA 管脚定义

VGA 显示器扫描时从屏幕左上角一点开始，从左向右逐点扫描，每扫完一行，电子束回到屏幕的左边下面一行的起始位置。在这期间，CRT 对电子束消隐，每行结束时，用行同步信号进行同步；当所有行扫描完后，形成一帧，用场同步信号进行同步，并使扫描回到屏幕的左上方，同时进行场消隐，开始下一帧。完成一行扫描的时间称为水平扫描时间，其倒数为行频率；完成一帧的扫描时间为垂直扫描时间，其倒数为场频率。标准场频率为 60Hz，行频为 31.5kHz。

为实现发送端和接收端图像各点一一正确对应，发送端与接收端的扫描必须同步。同步脉冲是周期稳定、边沿陡峭的脉冲。VGA 工业标准显示模式要求行同步、场同步都为负极性，即同步脉冲要求是负脉冲。行、场同步信号时序图如图 8-83 所示。图中，行同步信号（Hsync）、场同步信号（Vsync）包含同步脉冲（Sync Pluse）、显示后沿（Back Porch）、可视区（Visible Area）、显示前沿（Front Porch）4 部分。在行可视区时间段，显示器为亮的过程中，RGB 数据驱动一行的像素点，显示一行。其余 3 个时间段，没有图像投射到屏幕，插入消隐信号。场同步信号和行同步信号类似，场可视区是一帧所有的行数据。行、场同步信号是标准的 TTL 电平，RGB 的电平为 0～0.7V（0V 是黑色，0.7V 是全色）。

VGA 显示驱动系统原理框图如图 8-84 所示，系统包含控制器和存储器两部分。控制器产生行、场同步信号以及 RGB 数据读取地址；存储器存储相应的 RGB 数据。根据具体 VGA 的分辨率和刷新率的不同，可以自行设计 VGA 的行、场时序。首先根据刷新率确定主时钟频率 $f_c$，然后由 $f_c$ 和图像分辨率计算行周期 $T_h$。根据行同步信号 4 部分的时间计算对应的时钟周期数，由此设计 H（行）计数器。V（场）计数器的设计与之类似。H 计数器和 V 计数器是 Hsync、Vsync 和 RGB 数据存储器地址的基础。

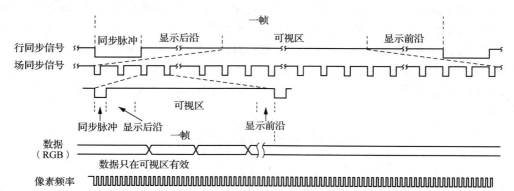

图 8-83　行、场同步信号时序图

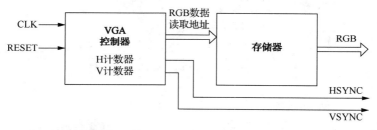

图 8-84　VGA 显示驱动系统原理框图

### 3. 调试提示

本系统可以分为前端模拟电路和后端数字电路两个模块，调试时可以分模块调试。本系统用 FPGA 做谐波分析的方法实际应用更广泛。另外，注意 A/D 采集的数据是实数，虚部为 0，数据需要转换为补码输入。

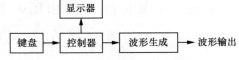

第9章 竞赛级课题

本章课题源自历年全国大学生电子设计大赛，题目难度大，设计方案灵活，设计中往往需要增加单片机、可编程逻辑器件等，读者需要有一定的设计水平和实践能力。对电子设计有浓烈的兴趣、准备参加比赛的读者通过本章的学习，可以开拓思路，提高设计水平。本章课题也可以作为电子设计大赛的赛前训练课题。

## 9.1 波形发生器

### 1. 技术指标

（1）整体功能

设计一个波形发生器，能产生正弦波、三角波、方波以及用户自行编辑的特定波形。

（2）系统结构

波形发生器系统结构框图如图 9-1 所示。

（3）基本技术指标

① 能产生正弦波、方波、三角波 3 种波形。

② 能用键盘输入编辑生成上述 3 种波形（同周

图 9-1 波形发生器系统结构框图

期）的线性组合波形，以及由基波及其谐波（5 次以下）线性组合的波形。

③ 具有波形存储功能。

④ 输出波形的频率范围为 100Hz～20kHz（非正弦波频率按 10 次谐波计算），频率可调，频率步进小于等于 100Hz。

⑤ 输出波形幅度范围为 0～5V（峰峰值），可按步进 0.1V（峰峰值）调整。

⑥ 具有显示输出波形的类型、频率（周期）和幅度的功能。

（4）扩展技术指标

① 输出波形频率范围扩展至 100Hz～200kHz。

② 能用键盘或其他输入装置产生任意波形。

③ 增加稳幅输出功能，当负载变化时，输出电压幅度变化不大于±3%（负载电阻变化范围：100Ω～+∞）。

④ 具有掉电存储功能，可存储掉电前用户编辑的波形和设置。

⑤ 可产生单次或多次（1000 次以下）特定波形（如产生 1 个半周期的三角波输出）。

⑥ 其他（如频率扩展至大于 200kHz、扫频输出等功能）。

## 2. 电路设计提示

方案一：数字锁相环频率合成。这种方案已经很成熟，也已经有各种成品集成电路可供使用，并且可以实现 3 种基本波形。该方案首先通过频率合成技术产生所需要频率的方波（通过调整外部元件可改变输出频率），通过积分电路可以得到同频率的三角波，再经过滤波器得到正弦波。其优点是工作频率有望做得很高，也可以达到很高的频率分辨率；缺点是使用的滤波器要求通带可变，实现很困难，而且不能实现任意波形以及波形线性叠加等智能化的功能。

方案二：直接数字频率合成（Direct Digital Frequency Synthesis，DDFS）技术是 20 世纪 60 年代末出现的第三代频率合成技术，以 Nyquist 时域采样定理为基础，在时域中进行频率合成。时钟频率给定后，输出信号的频率取决于频率控制字，频率分辨率取决于累加器位数，相位分辨率取决于波形存储器的地址线位数，幅度量化噪声取决于波形存储器的数据位字长和 D/A 转换器位数。DDFS 具有相对带宽很宽、频率转换时间极短（可小于 20ns）、频率分辨率可以做到很高（典型值为 0.001Hz）、输出频点多、频率切换时相位连续、输出相位噪声低、全数字化实现、便于集成、体积小、重量轻等优点，而且理论上能够实现任意波形，因此 20 世纪 80 年代以来各国都在研制和发展各自的 DDFS 产品，如美国高通公司的 Q2334、Q2220，Stanford 公司的 STEL-1175、STEL-1180，AD 公司的 AD7008、AD9850、AD9854，等等。这些 DDFS 产品的时钟频率从几十兆赫兹到几百兆赫兹不等。具体应用电路可以参考各厂家提供的芯片技术手册。

（1）DDFS 原理

一个单频信号可表示为 $u(t) = U \sin(2\pi f_0 t + \theta_0)$，令 $U = 1$，$\theta_0 = 0$，则有 $u(t) = U \sin 2\pi f_0 t = \sin \omega_0 t = \sin \theta(t)$。这种单频信号的主要特性是，它的相位是时间的连续函数，即 $\theta(t) = \omega_0 t = 2\pi f_0 t$。

相位函数对时间的导数是常数，即 $\dfrac{\mathrm{d}\theta(t)}{\mathrm{d}t} = \omega_0 = 2\pi f_0$，它就是信号的频率。

单频信号的波形与相位函数如图 9-2 所示。相位函数是一条直线，它的斜率就是信号的频率。

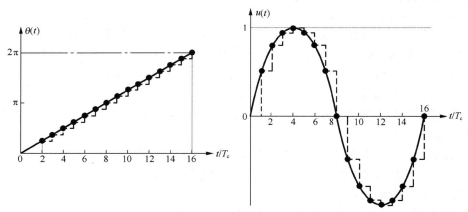

图 9-2　单频信号的波形与相位函数

如果对 $U(t)$ 进行采样，且采样周期为 $T_c$（采样频率 $f_c = 1/T_c$），则可得到离散的波形序列：

$$u(n) = \sin(2\pi f_0 n T_c) \qquad (n = 0,1,2,3\cdots)$$

相应的离散相位序列为

$$\theta(n) = 2\pi f_0 n T_c = n \cdot \Delta\theta \qquad (n=0,1,2,3\cdots)$$

式中，$\Delta\theta = 2\pi f_0$、$T_c = 2\pi f_0/f_c$ 是连续两次采样之间的相位增量。

此离散波形序列和离散相位序列如图 9-2 中的黑点所示。若采样值在采样间隔内保持不变，则如图 9-2 中虚线所示。波形和相位都为阶梯波形。根据采样定理，只要 $f_0/f_c < 1/2$，从上述离散序列即可唯一地恢复出 $U(t)$ 模拟信号。因此，欲合成 $U(t)$ 模拟信号，可先生成与其相对应的阶梯信号，再经滤波器滤波即可。

相位函数的斜率决定了信号的频率，而决定相位函数斜率的则是两次连续采样之间的相位增量 $\Delta\theta$。因此，只要控制这个相位增量即可控制合成信号的频率。

现将整个信号周期的相位 $2\pi$ 分割为 $M$ 等份，则每一份 $\delta = 2\pi / M$，若每次的相位增量就取 $\delta$，则此时相位增量的斜率最小，得到最低的频率输出 $f_{omin} = \dfrac{\delta}{2\pi T_c} = \dfrac{f_c}{M}$，经滤波后得到合成信号 $u_1(t) = \sin\left(2\pi \dfrac{f_c}{M} t\right)$。若每次的相位增量选择为 $\delta$ 的 $K$ 倍，即可得到信号频率 $f_0 = \dfrac{K\delta}{2\pi T_c} = \dfrac{K}{M} f_c$，相应的模拟信号 $u_2(t) = \sin\left(2\pi \dfrac{K}{M} f_c t\right)$。式中，$M$ 和 $K$ 都是正整数。根据采样定理，$K$ 的最大取值应小于 $M$ 的二分之一。综上所述，在采样频率一定的条件之下，可以通过控制两次连续采样之间的相位增量（不得大于 $\pi$）来改变所得到的离散波形序列的频率，经保持和滤波之后，可唯一地恢复出此频率的模拟信号。这就是 DDFS 的原理。

（2）直接数字频率合成器的组成

直接数字频率合成器的基本组成如图 9-3 所示。用 RAM 存储所需波形的量化数据，按照不同频率要求以频率控制字 $K$ 为步进对相位增量进行累加，以累加相位值作为地址码读取存放在存储器内的波形数据，由模数转换器实现将幅度代码变换成模拟电压；阶梯波电压经低通滤波器之后才能获得所需的模拟电压输出。

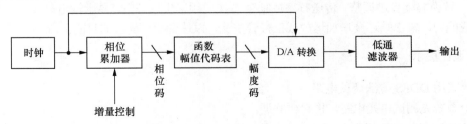

图 9-3　直接数字频率合成器的基本组成

若在存储器中存储方波、三角波、锯齿波等所需的波形函数幅值表，直接数字频率合成器即可输出相应的周期性的波形。

（3）相位累加器

相位累加可以用累加器完成。用一个 $N$ 位字长的累加器，则 $M = 2^N$。它由 $M$ 进制加法器和并行数据存储器组成，基本结构如图 9-4 所示，在时钟信号 $f_c$ 的作用下可对输入频率控制字 $K$ 进行累加。

通常可选用单片机或 FPGA、CPLD 等实现累加

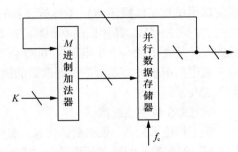

图 9-4　相位累加器基本结构

器。用单片机实现速度较慢，在上限频率要求不高的情况下可以选用。用 FPGA 或 CPLD 等实现速度快，上限频率比单片机更高。如果整个系统的控制选用单片机，则可利用 FPGA 或 CPLD 的资源，将单片机外围的一些硬件电路写进去，使外围电路更简单，运行速度更快。

（4）波形存储器

如果只需要输出固定的波形，如正弦、方波、三角波，以及这些波形的运算等，可以将波形的幅值表写入只读存储器。如果需要实现写入、读出任意波形，即 DDFS 的波形数据表要经常改写，则可以采用单片机控制 RAM。为防止掉电丢失数据，可以选用非易失性存储器。

（5）D/A 转换

D/A 转换是将存储器输出的波形函数幅度表的代码转换为模拟电压。D/A 转换的电流建立时间将直接影响输出的最高频率，应根据输出的最高频率以及输出函数点数量选用合适的器件。

为实现输出幅度步进可调，可以利用 D/A 转换器内部的电阻网络，即采用双 D/A 转换电路。将第一级的 D/A 转换输出作为第二级 D/A 转换的基准电压，用单片机控制第二级 D/A 转换的数字输入。双 D/A 转换电路基本结构如图 9-5 所示。

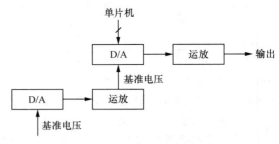

图 9-5　双 D/A 转换电路基本结构

（6）低通滤波器

低通滤波器的作用主要是平滑 D/A 转换输出波形，滤除 D/A 转换产生的高频分量。相对来说，滤波器在通带内的平坦度比其衰减陡度更为重要。采用巴特沃思低通滤波器能获得较好的通带平坦度，但在截止频率附近，也可能需要锐截止的地方不合要求。为保证整个频段范围内有理想的滤波输出，可采用分段滤波的方法。

整个系统中，单片机能处理输入数据（包括任意波形输入采集、生成波形表存储在 RAM 中）、控制 D/A 转换幅度步进调整、传送频率控制字 $K$ 实现频率步进调整、显示输出参数等。为提高输出带负载能力，输出端还要增加运放或三极管扩流，以达到稳幅输出的目的。

### 3. 调试提示

（1）采用 DDFS 方法调试电路

整个系统先测试单元电路，再整机联调。

① DDS 时钟电路测试

首先，根据本课题的技术指标要求来决定 DDS 时钟的最高工作频率（通常需要满足 $DDSCLK$ 大于等于 3～4 倍的 $f_{omax}$，这里的 $DDSCLK$ 为 DDS 时钟频率，$f_{omax}$ 为课题所要求的最高输出频率，通常选用单片晶体振荡器）。晶体振荡器的电源电压可根据所采用的晶体振荡器型号来决定，通常为+3.3V 或者+5V。晶体振荡器和其后的数字系统（FPGA、CPLD 等）采用尽可能短的线。有经验的设计师会串联一个小电阻（200Ω 以下）来改善脉冲信号的过冲。

通电后用示波器观察晶体振荡器的输出端，应该看到脉冲波形，幅度低电平约为 0V，高电平大于 3V。

② DDS 数字系统测试

采用相位累加器，做必要的仿真，观察相位累加器的工作状况是否正确；然后配合单片机的控制，对已经配置好的数字系统进行实物测试（单片机仿真加载一些典型数据，事先在数字系统中设置一个测试端，用数字示波器观察测试端输出的脉冲信号，其频率是否符合 DDS 模块的要求。

例如，DDS 模块采用 16 位的相位累加器，时钟频率为 16MHz，测试端为相位累加器的溢出。单片机加载的数据为 256。则测试端的输出脉冲频率应该为

$$f_o=16MHz×256/65536=1MHz/16=62.5KHz$$

③ 高速 DAC 和低通滤波器测试

根据条件选用高速 DAC，通常需要满足 DACCLK 大于等于 3～4 倍的 $f_{omax}$，其中 DACCLK 为 DAC 的最高转换频率。如果选用的 DAC 芯片带有一个电流控制端（通常用 Rset 表示），则利用这个端可以非常方便地控制 DDS 模块输出信号的幅度。采用合适的软件设计 DAC 后面的低通滤波器（最高输出频率在 1MHz 以下可以选用有源滤波器，最高输出频率在 1MHz 以上可以选用 LC 滤波器）。可以采用扫频测试的方法观察低通滤波器的平坦度。

④ 输出放大器测试

本课题要求最高输出频率仅为 200kHz，考虑到 10 次谐波也不过 2MHz，可以设计一个运算放大器电路作为输出放大器，采用电压反馈或者电流反馈运算放大器芯片（后者需要考虑电阻数值的选取）。采用±5V 供电。

（2）采用 DDFS 方法调测整机

整机测试包括单片机控制接口、控制程序、数字电路（FPGA）、高速 DAC、低通滤波器以及输出放大器的测试。

单片机的接口应该先连接到 DDFS 模块的相位累加器（即增量控制端），然后单片机加载一个频率控制字 FTW，FTW 的数值不能超过允许值，即 $FTW<2×e(N-1)$，$N$ 为相位累加器的字长。

用示波器测试高速 DAC 的输出端，应该看到具有一定幅度的正弦波或阶梯正弦波（取决于 FTW 的大小，如果 FTW 比较小，则显示的是比较光滑的正弦波）。

用示波器观察输出放大器的输出，应该看到放大以后的波形，其幅度应该符合课题的要求（需要增益控制电路的配合）。

增益控制电路的控制方式取决于 DAC 芯片的设计。如果选用的 DAC 芯片带有一个电流控制端（通常用 Rset 表示），则单片机可以采用一个低速的 DAC 串联一个合适的电阻（2kΩ 以上）加一个控制电压到这个端，以程序控制输出信号的幅度；否则必须外接一个高速 DAC 来对输出幅度进行控制（可以参考图 9-5）。

## 9.2 简易电感、电容测量仪

### 1. 技术指标

（1）整体功能

设计一个数字显示的电感、电容测量仪。

（2）系统结构

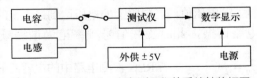

图 9-6　简易电感、电容测量仪的系统结构框图

简易电感、电容测量仪的系统结构框图如图 9-6 所示。

用开关转化测量功能，并将参数测量结果显示出来。

（3）基本技术指标

① 测量范围：电容为 100pF～10000pF；电感为 10μH～10mH。

② 测量精度：±5%。

③ 结果采用 4 位数码显示。

④ 用 LED 显示所测参数类型和单位。

（4）扩展技术指标

① 扩大测量量程。

② 提高测量精度。

③ 设置自动转换功能。

（5）设计条件

直流稳压电源提供±5V 电压。

**2. 电路设计提示**

可以集中测量电容、电感参数的测量仪很多，设计方法各异，很多仪表都是把难测量的物理量变为精度较高、容易测量的物理量。例如，如果需要测量电阻 $R$，可以用 R/V 转换电路将电阻 $R$ 的测量转换为电压 $V$ 的测量，电阻测量原理框图如图 9-7 所示，经过 A/D 转换，用数字方式显示电阻值。也可以构成 RC 振荡电路，将 $R$ 的测量转换为 $f$ 的测量。

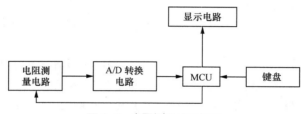

图 9-7　电阻测量原理框图

电容的测量方法在 "7.2.7 数字式电容测量仪" 中是把电容 $C$ 的测量转换为频率 $f$ 的测量。基于同样的思路，电感参数测量也可以采用 LC 振荡电路，将电感 $L$ 的测量转换为频率 $f$ 的测量。但以上电容、电感参数的测量方法因为受振荡电路其余元件参数的影响，测量精度不高。下面介绍一种精度较高的测量电感、电容参数的方法——谐振法。

（1）测量原理

简易电感、电容测量仪原理框图如图 9-8 所示。系统中由正弦信号发生器产生一个频率可调的正弦信号，送到 RLC 串联谐振电路的输入端。调节正弦信号的频率，通过电压输出显示观察 RLC 被测电路中的电阻上的电压值。当电阻上的电压达到最大值时，RLC 电路谐振，此时正弦信号频率记为谐振频率 $f_0$，

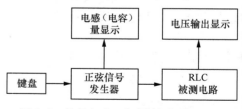

图 9-8　简易电感、电容测量仪原理框图

$f_0 = \dfrac{1}{2\pi\sqrt{LC}}$。若 RLC 被测电路中的电容 $C$ 已知，则可以根据公式 $L = \dfrac{1}{C}\left(\dfrac{1}{2\pi f_0}\right)^2$ 计算得到被测电感 $L$；若 RLC 被测电路中的电感 $L$ 已知，则可以根据公式 $C = \dfrac{1}{L}\left(\dfrac{1}{2\pi f_0}\right)^2$ 计算得到被测电容 $C$。

（2）正弦信号发生器

正弦信号发生器需要产生一个频率步进可调、幅度不变的正弦信号。正弦信号发生器电路的设计也可以参考 "9.1 波形发生器" 中 "电路设计提示" 部分。可用该部分介绍的 DDFS 技术产生所需正弦信号发生器。

（3）RLC 被测电路

RLC 被测电路是由电阻 $R$、电容 $C$ 和电感 $L$ 串联的电路，可以根据设计要求，设定频率挡位，选择不同参数的元器件。测量电感 $L$ 时，该电路的测量精度取决于电容 $C$，故应选精度高且性能稳定的电容，如聚苯烯或云母电容等。同理，测量电容 $C$ 时，该电路的测量精度取决于电感 $L$，故应选精度高且性能稳定的电感，如采用多圈镀银线制作的电感等。其中电容量和电感量需采用准确度更高的 LC 测量仪进行预先测量。

（4）电压输出显示

电压输出显示应用数字方式显示 RLC 串联电路中电阻 $R$ 上的电压。该电压为正弦信号的有效值。具体设计方法可以参考"8.2.1 交流数字电压表"中的"电路设计提示"部分。

（5）电感（电容）量显示

该电路需要将 RLC 被测电路谐振频率 $f_0$ 转换成被测参数 $L$ 或 $C$。因为题目要求将被测电感 $L$ 或电容 $C$ 用数字显示，所以电路采用单片机设计实现较为合适。在该系统中，单片机要根据当前的频率值先判断量程是否正确，然后通过浮点运算，计算出相应的参数值。浮点运算应使计算误差达到最小。

电感、电容测量仪的设计也可以采用 V-I 复数法。其基本思路是，根据电感、电容的复数表示法，设法测量出在固定幅度、相位的电压下，流经被测电抗元件的电流的幅度值、相位值，由 CPU 计算出元件的各项指标。该电路充分利用单片机的计算能力，简化了硬件电路。具体电路设计请阅读参考文献[88]。

**3. 调试提示**

（1）整个系统先测试单元电路，再整机联调。

（2）整个系统中，正弦信号发生器是核心，应先调测该部分电路。如果采用 DDFS 技术设计，调测方法可以参考"9.1 波形发生器"中的"调试提示"。

（3）RLC 被测电路中的已知电感和电容都要选择高精度的器件，减少测量误差。

## 9.3 心电测试仪

**1. 技术指标**

（1）整体功能

设计一个心电测试仪，该装置利用心电电极和心电导联线采集心电信号，通过无线射频发送到接收端，还原出心电信号。

（2）系统结构

心电测试仪系统结构框图如图 9-9 所示。

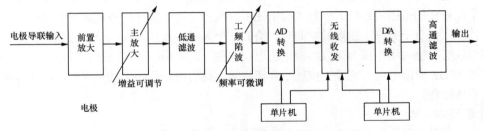

图 9-9　心电测试仪系统结构框图

心电测试仪在噪声背景下，通过体表传感器不失真地将心电信号检测出来，经过放大、滤波、50Hz工频陷波后，清晰地将心电信号还原并放大，然后将放大至合适幅度（0～2V）的心电信号送入A/D转换器变成数字信号，将数字信号调制后通过专门设计的发射模块发射出去。接收模块将射频信号解调后送到D/A转换器，还原出原来的模拟心电信号。整个心电测试仪在单片机的控制下运行。

（3）基本技术指标

① 能够采集相对微弱的心电信号ECG（心电信号可由任意波形发生器产生）。

② ECG信号频率范围为0.5～5Hz。

③ ECG信号幅度范围为$0.01V_{pp}$～$0.1V_{pp}$。

④ A/D转换器采集信号的幅度大于等于$1V_{pp}$。

⑤ 无线收发模块传输距离大于等于3m。

⑥ D/A转换器还原的ECG信号无明显失真。

（4）扩展技术指标

① ECG信号幅度范围降低为最小$0.002V_{pp}$。

② 增加抗工频干扰电路。

③ 进一步减少电路的功耗，直到能采用9V的电池供电。

（5）设计条件

直流稳压电源提供±5V电压。

## 2. 电路设计提示

（1）信号采集部分

对心电测试仪来说，评价其整体性能好坏的首要标准是心电信号在不失真的前提下是否具有较好的抗干扰能力，而且安全可靠。为避免干扰所造成的影响，最有效的措施是消除干扰源。但在实际应用中，不可能完全将干扰源排除，所以要在硬件电路上采取措施来提高系统的抗干扰能力。通常采用的措施可分为两类：一类是消除干扰进入系统的通道；另一类是削弱系统对干扰信号的灵敏度。根据心电信号的特点以及通过电极提取的方式，前置级应满足4个要求：第一，高输入阻抗，因为通过电极提取的心电信号是不稳定的高内阻源的微弱信号，为了减小信号源内阻的影响，必须提高放大器的输入阻抗；第二，高共模抑制比（Common Mode Rejection Ratio，CMRR），因为人体所携带的工频干扰以及所测量的参数以外的生理作用的干扰一般为共模干扰，前置级采用CMRR高的差动放大形式，能减小共模干扰向差模干扰的转化；第三，低噪声、低漂移；第四，高安全性，以确保人体的绝对安全。

后级放大器主要用于主放大、调节电位，以及对信号进行滤波以获得特定的频率响应特性。这些特性包括阻容耦合电路、增益选择、截止频率等。

由于心电信号属于低频信号，而高频干扰信号频率远高于心电信号，所以低频的截止频率可以在一个比较宽的范围内选取，一般的心电图机或监护仪选取低通的截止频率为90～120Hz。

另外，人置身于充满电磁场的空间时，恰如一个天线接收器，人体能感应到各种频率的电信号。心电仪器的输入端电压大多以共模电压形式存在，其中最强的是由动力线通过分布电容耦合到人体的50Hz交流电压。工频干扰属于共模信号，对心电信号的干扰特别强，因此有必要对其进行抗干扰处理。

① 前置放大器

心电数据采集器的输入信号是通过电极取自人体表皮的缓变微弱信号，其值不超过4mV。前置放大器的增益设计得较低，大约 5 倍，能减小该级的输入偏流，避免使电极极化产生高压。

由于从体表采集到的信号除了人体心脏产生的电信号，还包含肌电信号以及 50Hz 工频信号等带来的干扰，其中工频干扰引起的共模信号强度可能远大于心电信号，从而影响系统对心电信号的分析，因此 CMRR 是衡量心电图仪性能的重要指标之一。所以前置放大器可以采用低噪声、低漂移、高 CMRR、高输入阻抗的仪表放大器 INA332，从电安全角度考虑要做成电气隔离（浮地）。

仪表放大器 INA332 的主要特点是轨到轨输出，低功耗的 CMOS 工艺，带宽范围为 0～2.0MHz，静态电流仅 415μA（关闭时为 0.01μA），使用单极或双极工作电源，在提供最低成本的同时还可实现低噪声差动放大小信号。其上电工作过程极快，还可用电池供电。

前置放大电路如图 9-10 所示。前置放大器的正负输入通过心电传感器分别接到人体的左臂（LA）与右臂（RA）上，由运放 OPA335 和电阻组成的驱动网络接到人体的右腿（RL）上，构成"浮地"。来自病人左右手臂的信号输入 INA332，共模电压设置由 2MΩ 电阻完成。$V_R$ 给 OPA335 反相放大提供偏置电压，使输出电压以此偏置电压为工作点变化。同理，由另一个 OPA335 构成反馈，以加到 INA332 的 REF 端的电压作为偏置电压，使 INA332 的输出电压以此偏置电压为工作点变化。一个 OPA335 则作为电压跟随器，用于右腿驱动。

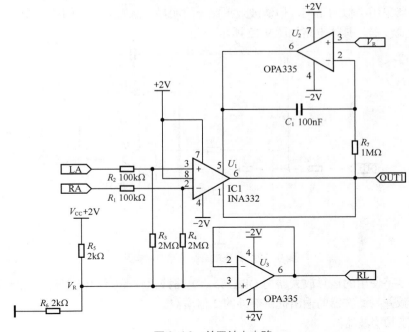

图 9-10 前置放大电路

② 主放大器

各人心电波强度差距较大，所以主放大器可以采用增益可调节的放大电路，使不同波形都能达到理想大小和高度，便于转换和观察。由于前级输出电压含有直流偏置电压，为了抵消这个直流电平，该放大器还需要进行直流补偿。可以使用 OPA335 系列 CMOS 运算放大器，该放大器可提供高输入阻抗和轨到轨输出摆幅，使用自动校零技术，同时可提供非常低的偏置电压（最大值 5μV），温度特性极佳（接近零漂移）。可以在单或双电源低至 2.7V（±1.35V）和高达 5.5V（±2.75V）场合下使用。该放大器所需要的 ±2V 电源电压可以使用 REF3030 系列稳压芯片提供。增益可调节的主放大电路如图 9-11 所示。

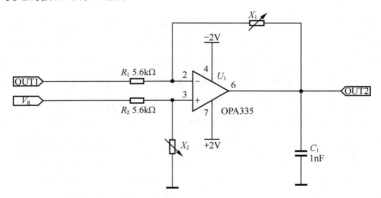

图 9-11　增益可调节的主放大电路

③ 低通滤波器

该滤波器需滤除高频噪声。一阶有源滤波器结构相对简单且采用了集成运放，因此具有高输入阻抗和低输出阻抗。同时，由于具有缓冲作用，其滤波效果比无源滤波器好，但幅频特性曲线只有-20dB/10 倍频程，滤波效果仍不够明显。二阶滤波器幅频特性曲线能达到-40dB/10 倍频程，且和一阶滤波器采用类似的结构，但滤波效果比一阶明显，且较更高阶的滤波器电路简单许多，因此采用二阶滤波器，具体电路如图 9-12 所示。

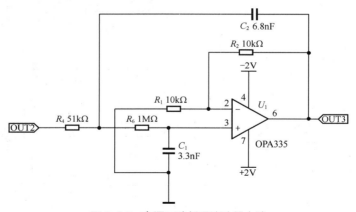

图 9-12　有源二阶低通滤波器电路

该滤波器电路使用的运算放大器为 OPA335，电路截止频率 $f_c \approx 106.2Hz$。滤波器的系数可补偿滤波器的衰减并为滤波器的输出提供额外的 2 倍增益。

④ 50Hz 工频陷波器

使用以 OPA335 为核心的有源带通与相加器组成的有源带阻滤波器去滤除 50Hz 的工频干扰，通过调节电位器可以调节电路的抑制频率。50Hz 工频陷波器电路如图 9-13 所示。

电路前级为带通滤波器，中心频率 $f_o = \dfrac{1}{2\pi\sqrt{C_1 C_2 R_2 X_1}}$，通过调节 $X_1$ 可微调中心频率，中心频率增益 $A = -\dfrac{R_2}{2R_1} = -1$，再与后级相加器构成工频陷波器。

（2）信号传输部分

为了实现心电信号的无线传输，我们首先要把信号通过 A/D 转换电路变成数字信号，利用射频发送模块把信号传输给接收端。

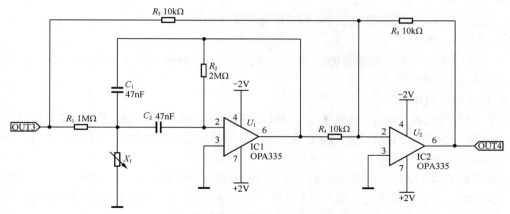

图 9-13　50Hz 工频陷波器电路

① A/D 转换电路

将放大后的模拟心电信号通过 A/D 转换器转换为数字信号。可以采用 12 位串行 ADC 芯片 TLC2543，用单片机对其进行控制。TLC2543 的管脚图如图 9-14 所示。

② 射频发送电路

将 A/D 转换后的数字信号通过射频发送模块进行无线传输，选用无线发送芯片 nRF2401 实现。nRF2401 是 2.4GHz 单片无线收发芯片，其主要特性：125 个频道；GFSK 调制方式；待机电流约为 1μA，最高速率为 1Mbit/s，最高灵敏度为 -104dBm，最大发射功率为 0dBm，工作电压为 1.9～3.6V；绝大部分高频元件及振荡器都集成在芯片内部，具有良好的一致性，性能稳定且不受外界影响；发射电流约为 8～10mA，接收电流约为 18mA；内置点对多点无线通信协议控制和硬件检错纠错单元。射频发送电路如图 9-15 所示。

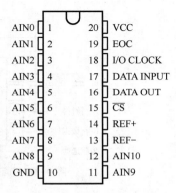

图 9-14　TLC2543 的管脚图

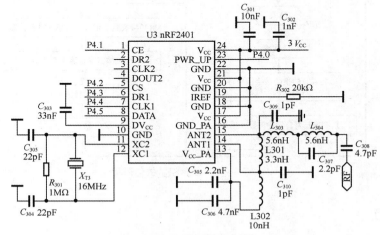

图 9-15　射频发送电路

（3）接收部分

在接收部分，可通过射频接收模块将信号接收下来，再通过 D/A 转换电路还原出模拟心电信号，并通过高通滤波器滤除直流电平和微小的低频噪声干扰。

① 射频接收模块

由于 nRF2401 具有无线收发功能，所以接收端用另一片 nRF2401 作为射频接收模块，并完成数字基带信号的解调。

② D/A 转换电路

由于通过 nRF2401 解调的是数字信号，所以要用 D/A 转换器将解调后的数字信号还原为模拟信号。可以用 12 位串行 DAC 芯片 DAC7611，用单片机控制。DAC7611 的管脚图如图 9-16 所示。

③ 高通滤波器

由于通过 D/A 转换器还原出的模拟心电信号包含直流电平和微小的超低频噪声干扰，所以需要一个高通滤波器来滤除干扰。考虑到本系统高通滤波部分的截止频率较低且对精度没有严格要求，因此选用结构和设计都十分简单的一阶 RC 无源滤波器，具体电路如图 9-17 所示。该电路的截止频率 $f_L \approx 0.053$Hz，经过高通滤波器的心电信号摆幅为-100mV～2V，通过示波器很容易观察。

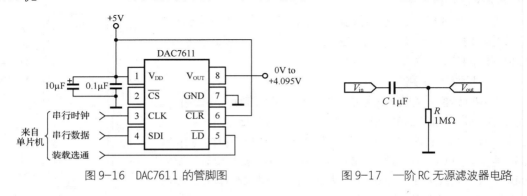

图 9-16　DAC7611 的管脚图　　　　　图 9-17　一阶 RC 无源滤波器电路

（4）软件设计

整个测试仪在单片机的控制下工作。单片机的软件流程图如图 9-18 所示。

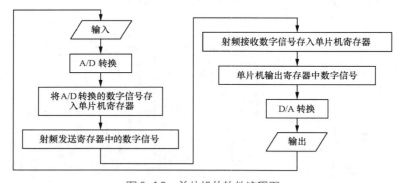

图 9-18　单片机的软件流程图

### 3. 调试提示

（1）整个系统先测试单元电路，再整机联调。

（2）前置放大电路的调试：用心电信号发生器输出 3mV 信号，用示波器显示前级输出，记录放大倍数。

# 第四篇　工具篇

电子系统的调试需要选择正确的测试方法和合适的仪表。示波器、函数信号发生器等电工电子类仪表在电工电子实验教材中有详细的介绍，本篇补充介绍几种在电子系统调试中常用的仪表，供读者在今后的电子系统设计实践中参考。

第 **10** 章 　**仪表工具**

本章主要介绍电子系统设计中常用的半导体管特性图示仪、频谱分析仪和频率特性测试仪。

## 10.1　XJ4810 型半导体管特性图示仪

半导体管特性图示仪是以通用电子测量仪器为技术基础，以半导体器件为测量对象的电子仪器。用它可以测量晶体三极管（NPN 型和 PNP 型）的共发射极和共基极电路的输入特性、输出特性，也可以测量各种反向饱和电流和击穿电压，还可以测量场效管、稳压管、二极管、单结晶体管、可控硅等器件的各种参数。

### 10.1.1　XJ4810 型半导体管特性图示仪主要技术指标

#### 1.　$Y$ 轴偏转因数

（1）集电极电流范围（$I_c$）：10μA/div～0.5A/div，分 15 挡，误差不超过±3%。

（2）二极管反向漏电流（$I_r$）：0.2μA/div～5μA/div，分 5 挡；2μA/div，5μA/div，误差不超过±3%；0.2μA/div，0.5μA/div，1μA/div，误差分别不超过±20%、±10%、±5%。

（3）基极电流和基极源电压：0.1V/div，误差不超过±3%。

（4）外接输入：0.1V/div，误差不超过±3%。

（5）偏转倍率：0.1，误差不超过±(10%±10nA)。

#### 2.　$X$ 轴偏转因数

（1）集电极电压范围：0.05V/div～50V/div，分 10 挡，误差不超过±3%。

（2）基极电压范围：0.05V/div～1V/div，分 5 挡，误差不超过±3%。

（3）基极电流或基极源电压：0.05V/div，误差不超过±3%。

（4）外接输入：0.05V/div，误差不超过±3%。

#### 3.　阶梯信号

（1）阶梯电流范围：0.2μA/级～50mA/级，分 17 挡；1μA/级～50mA/级，误差不超过±5%；0.2μA/级～0.5μA/级，误差不超过±7%。

（2）阶梯电压范围：0.05V/级～1V/级，分 5 挡，误差不超过±5%。

（3）串联电阻：0、10kΩ、1MΩ，分 3 挡，误差不超过±10%。

（4）每簇级数：1～10 连续可调。

（5）每秒级数：200（市电频率为 50Hz 时）。

（6）极性：正、负两挡。

#### 4. 集电极扫描信号

峰值电压和峰值电流容量：各挡电压连续可调，最大输出不可高于表 10-1 中的要求（AC 例外）。

功耗限制电阻：0～0.5MΩ，分 11 挡，误差不超过±10%。

表 10-1　　　　　　　　　　　　集电极扫描信号各挡级最大电流对照

| 挡 | 电源电压 | | |
|---|---|---|---|
| | 198V | 220V | 242V |
| 0～10V | 0～9V 5A | 0～10V 5A | 0～11V 5A |
| 0～50V | 0～45V 1A | 0～50V 1A | 0～55V 1A |
| 0～100V | 0～90V 0.5A | 0～100V 0.5A | 0～110V 0.5A |
| 0～500V | 0～450V 0.1A | 0～500V 0.1A | 0～550V 0.1A |

#### 5. 其他

（1）电源电压需求：220V±10%。

（2）电源频率需求：50Hz±5%。

（3）视在功率：非测试状态时功率约 50VA；最大功率约 80VA。

### 10.1.2　XJ4810 型半导体管特性图示仪面板介绍

XJ4810 型晶体管特性图示仪前面板主要分区：示波管及控制区、偏转放大区（包含 $Y$ 轴作用和 $X$ 轴作用）、显示部分、集电极电源、阶梯信号、测试台，如图 10-1～图 10-5 所示。

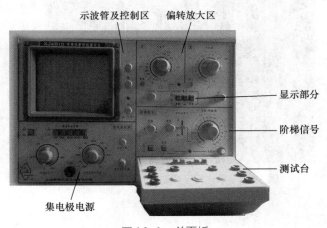

图 10-1　前面板

### 1. 示波管及控制区

① 电源开关及辉度调节：拉出旋钮，接通仪器电源，旋转旋钮可以改变示波管光点亮度。

② 电源指示：接通电源时灯亮。

③ 聚焦旋钮：调节旋钮可使光迹变清晰。

④ 辅助聚焦：与聚焦旋钮配合使用。

### 2. 偏转放大区（包含 Y 轴作用和 X 轴作用）

⑤ Y 轴电流/度旋钮：22 挡，4 种作用，分别是集电极电流 $I_c$、二极管漏电流 $I_R$、基极电流或源电压（面板用台阶表示）、外接信号。

⑥ Y 轴电流/度×0.1 倍率和移位旋钮：拉出时纵向图形扩展 10 倍，旋转旋钮可使波形纵向平移。

⑦ X 轴电压/度旋钮：17 挡，4 种作用，分别是集电极电压 $V_{ce}$、基极电压 $V_{be}$、基极电流或基极源电压（面板用台阶表示）、外接信号。

⑧ X 轴移位旋钮：横向平移波形。

### 3. 显示部分

⑨ 显示开关分转换、接地、校准三挡，其作用如下。

a. 转换，使图像在第一、三象限内相互转换，便于由 NPN 管转测 PNP 管时简化测试操作。

b. 接地，放大器输入接地，表示输入为零的基准点。

c. 校准，按下校准键，光点在 X、Y 轴方向刚好移动 10 度，以达到 10 度校准目的。

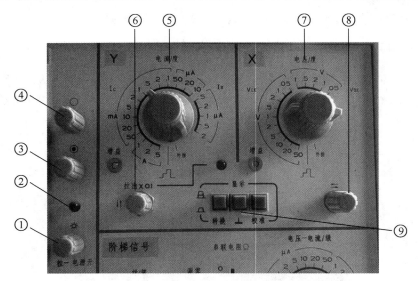

图 10-2　示波管及控制区、偏转放大区和显示部分

### 4. 集电极电源

⑩ 集电极电源极性按钮：一般 NPN 型为正，具体设置与测试目的和要求有关系。

⑪ 峰值电压范围：4 挡。开始测试时应该采用低电压挡 0～10V，然后渐渐调高。

⑫ 峰值电压%：连续调整峰值电压，用于⑪各挡的细调。面板上的标称值是近似值，供参考。开始应该调到 0，再慢慢调大。

⑬ 功耗限制电阻：串联在集电极电路上的电阻值，开始要选较大的电阻值，以保护被测试晶体管，然后渐渐减小。

⑭ 电容平衡：由于集电极电流输出端对地存在各种杂散电容，形成了容性电流，导致在电流取样电阻上产生电压降，造成测量误差，为了尽量减小容性电流，测试前应调节电容平衡，使容性电流减至最小。

⑮ 辅助电容平衡：对内部线圈绕组的对地电容的不对称性进行电容平衡。

⑯ 集电极峰值电压保险丝：1.5A。

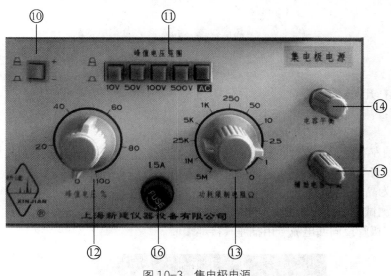

图 10-3　集电极电源

### 5.　阶梯信号

⑰ 极性选用按钮：决定于被测半导体的需要，例如，采用基极电流信号的时候，NPN 管为正，PNP 管为负。

⑱ 级/簇：用来调节阶梯信号的级数，0～10 连续可调。

⑲ 调零：用于将阶梯信号起始零电位光点调整至测试台（㉔）"零电压"光点所在位置。

⑳ 串联电阻：用于设置串联在被测管输入电路中的电阻，有 "0" "10k" "1M" 这 3 挡可选。

㉑ 阶梯信号选择开关：22 挡两种作用的开关。其中基极电流有 0.2μA/级～50mA/级，共 17 挡，基极源电压有 0.05V/级～1V/级，共 5 挡。

㉒ 重复、关开关："重复"可使阶梯信号重复出现，做正常的测试；"关"可使阶梯信号处于待触发状态，此时旁边的指示灯会亮。

㉓ 单簇按键开关：用于单簇的按动，其作用是触发一次信号，可以用于瞬间测量器件的一些极限特性。

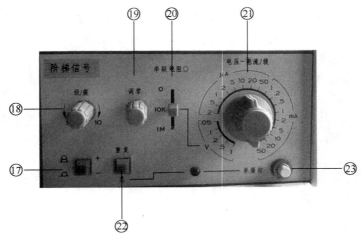

图 10-4　阶梯信号

### 6. 测试台

㉔ 测试选择开关。

"左""右"：测试左还是右的选择。

"零电压"：将半导体基极接地。

"二簇"：使左右两个晶体管同时得到测量。

"零电流"：将半导体基极空接。例如，测试 $I_{ceo}$ 的时候需这样做。

㉕㉖㉗ 均为晶体管测试插座。

㉘㉙ 左右测试插孔：插上专用插座，可测 F1、F2 型管座的功率晶体管。另外还有二极管反向漏电流专用插座（接地端）。

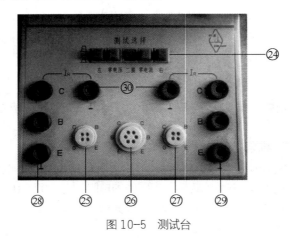

图 10-5　测试台

## 10.1.3　XJ4810 型半导体管特性图示仪使用方法

### 1. 使用前的调整

（1）按下电源开关，指示灯亮，预热 15 分钟。

（2）调节辉度、聚焦及辅助聚焦，使光点清晰。

（3）将峰值电压旋钮调至零，将峰值电压范围、极性、功耗限制电阻等开关、旋钮置于测试所需位置。

（4）对 $X$、$Y$ 轴放大器进行 10 度校准（见⑨c）。

（5）调节阶梯调零（见⑲）。

**2. 测试特性前各开关、旋钮位置选取**

（1）由管型确定极性

集电极电源极性按钮用来改变集电极电源对地的极性。根据被测管类型和接地方式选用正负极性。

通过极性选用按钮，根据被测管的不同类型选用阶梯信号的正负极性。表 10-2 所示为集电极电源和基极阶梯信号的极性选择。

表 10-2　　　　　　　　　　　集电极电源和基极阶梯信号的极性选择

| 管型 | | 组态 | 集电极电源极性 | 基极阶梯信号极性 |
|---|---|---|---|---|
| NPN | | 共射 | + | + |
| PNP | | 共射 | − | − |
| JFET | N 沟道 | 共源 | + | − |
| | P 沟道 | 共源 | − | + |

（2）与管型无关的设置

将重复、关开关置于"重复"位置；级/簇旋钮置于 10 级。

（3）与被测管子参数有关旋钮

$X$ 轴电压/度旋钮、$Y$ 轴电流/度旋钮和功耗限制电阻旋钮需根据被测管的电气参数及测试条件进行合理设置。

**3. 测试**

测试台插上被测管，再将开关置于测试所需位置。调整峰值电压范围（见⑪），缓慢地增大峰值电压%（见⑫），屏幕上即有曲线显示。可以调整屏幕，使波形易于观察。

## 10.1.4　XJ4810 型半导体管特性图示仪使用注意事项

为保证仪器的合理使用，既不损坏被测管，也不损坏仪器内部线路，在使用仪器前应注意下列事项。

（1）对被测管的主要直流参数应有大概的了解和估计，特别要了解被测管的集电极最大允许耗散功率 $P_{CM}$、最大允许电流 $I_{CM}$ 和击穿电压 $BV_{EBO}$、$BV_{CBO}$。

（2）选择好阶梯信号的极性，以适应不同管型和测试项目的需要。

（3）根据所测参数或被测管允许的集电极电压，选择合适的扫描电压范围。一般情况下，应先将峰值电压调至零，更改扫描电压范围时，也应先将峰值电压调至零。选择一定的功耗限制电阻，测试反向特性时，功耗限制电阻要选大一些，同时将 $X$ 轴电压/度旋钮、$Y$ 轴电流/度旋钮置于合适挡位。测试时扫描电压应从零逐步调节到需要值。

（4）对被测管进行必要的估算，以选择合适的阶梯电流或阶梯电压，一般宜先选小一点的值，再根据需要逐步加大。测试时功耗不应超过被测管的集电极最大允许功耗。

（5）在进行最大允许电流 $I_{CM}$ 的测试时，一般采用单簇为宜，以免损坏被测管。

（6）在 $I_C$ 或 $I_{CM}$ 的测试中，应根据集电极电压的实际情况进行选择，不应超过本仪器规定的最大电流（见表 10-1）。

（7）进行高压测试时，应特别注意安全，电压应从零逐步调节到需要值。观察完毕后，应及时将峰值电压调到零。

## 10.2　SSA3015X 型频谱分析仪

频谱分析仪简称频谱仪，是研究电信号频谱结构的仪器，可用于信号失真度、调制度、谱纯度、频率稳定度和交调失真等信号参数的测量，也可用于测量放大器、滤波器等元器件的某些参数，是一种多用途的电子测量仪器。

### 10.2.1　SSA3015X 型频谱分析仪简单原理

频谱分析仪依信号处理方式的不同，有不同的结构类型。SSA3015X 频谱分析仪采用全数字中频技术，其系统结构框图如图 10-6 所示。

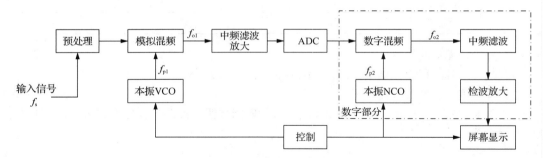

图 10-6　基于全数字中频技术的频谱分析仪系统结构框图

输入信号经衰减、前置放大、滤波等预处理后被送入模拟混频器，在模拟混频器中与本振 VCO 进行混频处理，获得基于一定频点、能够被 ADC 采样的带通信号。数字部分对采样后的数字信号进行数字混频、中频滤波、检波放大等一系列处理之后将其送到屏幕显示。

全数字中频技术的核心是"超外差扫频"。输入信号 $f_s$ 经模拟混频后，得到中频信号 $f_{o1}$。压控振荡器在软件控制下实现本振频率 $f_{p1}$ 在一定范围内线性变化。如果被测信号 $f_s$ 中有多种频率分量，而模拟中频滤波放大（简称中放）的频率 $f_{o1}$ 是固定的，则输入信号 $f_s$ 中的各种频率分量都可以顺序地在本振频率 $f_{p1}$ 变化到满足 $f_{o1}=f_{p1}-f_s$ 的一瞬间通过中放，进入 ADC 采样。类似地，数字中放频率 $f_{o2}$ 是固定的，数字振荡器 NCO 频率 $f_{p2}$ 在一定范围内线性变化，以获取能满足 $f_{o2}=f_{p2}-f_{o1}$ 的信号送检波，从而得到对应的幅度信息。将幅度信息和振荡器频率信息同时送到屏幕显示，这样就得到了信号频谱。

SSA3015X 型频谱分析仪采用四级混频，其中模拟部分采用三级混频，得到中心频率为 20MHz 左右、带宽为 5MHz 左右的带通信号，此信号在第四级数字混频下变频转换为基带信号。

### 10.2.2　SSA3015X 型频谱分析仪主要技术指标

#### 1. 频率

（1）频率范围：9 kHz～1.5GHz。

（2）频率分辨率：1Hz。

（3）频率扫宽范围：100kHz～1.5GHz 和 0Hz（0 扫描）。

（4）频率扫宽准确度：±扫宽/（扫描点数-1）。

（5）内部基准频率：10.00000MHz。

（6）光标频率分辨率：扫宽/（扫描点数-1）。

（7）分辨率带宽（-3dB）：10Hz～1MHz，1-3-10 步进。

（8）分辨率带宽不确定度：小于 5%。

（9）视频带宽（-3dB）：1Hz～3MHz，1-3-10 步进。

（10）视频率带宽不确定度：小于 5%。

#### 2. 幅度

（1）显示平均噪声电平（DANL）：-161dBm/Hz（归一化典型值）。

（2）幅度范围：DANL 到+10dBm（100kHz～1MHz），前置放大器关；DANL 到+20dBm（1kHz～1.5G Hz），前置放大器关。

（3）参考电平：-100dBm 至+30dBm（步进为 1dB）。

（4）相位噪声：小于-98 dBc/Hz @1GHz,10kHz offset（典型值）。

（5）电平显示范围：0 到参考电平（线性坐标），10dB 到 100dB（对数坐标）。

（6）失真：2 次谐波失真为-65dBc；3 阶交调截断为+10dBm。

#### 3. 输入

（1）输入阻抗：50Ω（N 型阴头）。

（2）衰减器：0～51dB（1dB 步进）。

（3）前置放大器：20dB（标准值）。

（4）最大输入直流：±50Vdc。

（5）最大输入连续波射频功率：33dBm，3 分钟，输入衰减大于 20dB。

#### 4. 跟踪发生器

（1）输出频率范围：100kHz～1.5GHz。

（2）输出电平范围：-20～0dBm。

（3）输出电平分辨率：1dB。

（4）输出平坦度：±3dB。

（5）输出阻抗：50Ω（N 型阴头）

#### 5. 其他

（1）显示：TFT LCD，1024×600（波形区 751×501），10.1 英寸（25.4cm）。

（2）存储：内部存储（Flash）大小为 256MB，外部存储（U 盘）大小为 32GB。

### 10.2.3　SSA3015X 型频谱分析仪面板介绍

SSA3015X 型频谱分析仪前面板如图 10-7 所示。

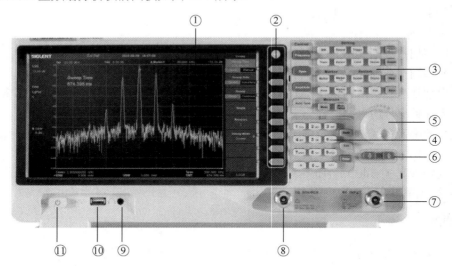

图 10-7　SSA3015X 型频谱分析仪前面板

① 屏幕显示区：包含波形显示区、参数显示区和菜单设置显示区，用于波形显示、参数显示、当前设置参数显示、菜单设置显示等。

② 菜单控制键：配合①的菜单设置显示区使用，根据菜单类型的不同，用于参数输入、功能切换、进入下一级菜单、直接执行或选中状态等。

③ 功能键区：包含 Control、Setting、Marker、System 和 Measure 共 5 个功能键区，具体的功能键介绍如下。

Frequency 键用于中心频率、起始频率、终止频率、中频步长的设置；Span 键用于扫宽设置，包括扫宽、全扫宽、零扫宽、扫宽放大、扫宽缩小、上次扫宽及 X 轴类型设置；Amplitude 键用于参考电平、输入衰减、前置放大等幅度相关的设置；Auto Tune 键用于根据信号特点自动设置最优参数。

BW 键用于设置分辨率带宽、视频带宽、视分比、平均类型及滤波器类型；Trace 键用于迹线选择、迹线设置、迹线数学运算；Sweep 键用于设置扫描时间、扫描时间规则和扫描模式；Detect 键用于设置检波类型；Trigger 键用于设置自由触发、视频触发及外部触发；Limit 键用于设置测试门限；TG 键用于设置跟踪发生器的信号幅度、幅度偏移及归一化；Demod 键用于设置 AM、FM 及其参数。

Marker 键用于光标标志、光标运算设置；Marker-> 键用于光标到频率的各种设置；Marker Fn 键用于噪声光标、N dB 带宽、频率计、读数频率设置；Peak 键用于峰值的查找及峰值统计。

System 键用于设置语言、上电/复位、接口、校准、系统信息、日期时间、自测试；Mode 键用于频谱分析、EMI、反射测量等测量设置；Display 键用于设置网格亮度和参考线；File 键用于设置文件系统；Preset 快捷键用于将系统设置成指定状态；Couple 键用于设置分辨率带宽、视频分辨率、衰减、中频步长、扫描时间的自动模式设置；Help 键为帮助信息键；Save 键为存储。

Meas 键用于测量信道功率、邻道功率比、占用带宽、时域功率；Meas Setup 键用于详细设置信道功率、邻道功率比、占用带宽、时域功率等参数。

④ 数字键盘：用于编辑文件或文件夹名称、设置参数，支持中文字符、英文大小写字符、数字和常用符号（包括小数点、#、空格和+/-）的输入。

⑤ 旋钮：在参数可编辑状态下，用于以指定的步进增大（顺时针）或减小（逆时针）参数。

⑥ 方向键：在参数可编辑状态下，用于按一定的步进递增或递减参数。

⑦ 射频输入端 RF INPUT：频谱仪的输入接口，未经输入衰减时，加到输入端的直流电压分量不得超过 50V，交流（射频）信号分量最大连续功率不得超过 +30dBm。

⑧ 跟踪源输出端 TG SOURCE：用于跟踪源的输出，可通过一个带有 N 型阳头连接器的电缆连接到接收设备中。为避免损坏跟踪源，反向输入直流电压不能超过 50V。

⑨ 耳机接口：频谱仪可提供 AM 和 FM 解调功能，耳机接口用于插入耳机听取解调信号的音频输出。

⑩ USB Host：用于与外部 USB 设备连接，可读取 U 盘中的迹线或状态文件，或将当前的仪器状态或迹线存储到 U 盘中，或将当前屏幕显示的内容以 BMP 格式保存到 U 盘。

⑪ 电源开关：开关按钮，常亮时为正常工作状态，渐亮渐暗时为待机状态。

### 10.2.4　SSA3015X 型频谱分析仪使用方法

#### 1. 仪器校准

打开自动校准功能，频谱分析仪将定时执行自动校准。开机半个小时之内，频谱分析仪每隔 10 分钟执行一次自动校准；开机半个小时之后，频谱分析仪每隔一小时执行一次自动校准。

#### 2. 频谱测量

（1）仪器设置：打开频谱分析仪电源开关⑪，通过 Display 键打开功能菜单，调节屏幕显示网格亮度，打开或关闭参考线、文本显示等。

（2）把测试信号接入频谱分析仪射频输入端 RF INPUT，通过 Frequency 键、Span 键和 Amplitude 键，将频谱分析仪设置到相应频段和状态。也可使用 Auto Tune 键，在全频段内自动搜索信号，并将频率和幅度参数调整到最佳状态。

（3）光标（Marker）读数：按 Marker 键，屏幕显示区会出现菱形的光标，用于标记迹线上的点。仪器最多可以同时显示 4 对光标，但每次只有一对或一个光标处于激活状态。选择光标后，可以设置光标的类型、所标记的迹线和读数方式等参数；在光标菜单下可以通过数字键盘④、旋钮⑤或方向键⑥输入频率或时间，读出迹线上各点的幅度、频率或扫描的时间点。

（4）测量（Meas）读数：按 Meas 键，屏幕会分成两个窗口，上面为基本测量窗口，显示扫描迹线，下面为测量结果显示窗口。选择测量类型菜单，配合 Meas Setup 键设置测量参数，可自动测量信道功率、邻道功率比、占用带宽、时域功率。

#### 3. 跟踪源发生器

（1）归一化操作：将跟踪源输出端 TG SOURCE 与频谱分析仪射频输入端 RF INPUT 连接，按 TG 键，进行归一化操作。通过调整参考电平值调整迹线在屏幕中的垂直位置，通过调整参考位置调整归一化参考电平在屏幕中的垂直位置。归一化操作可消除跟踪源输出幅度的误差。

（2）按 TG 键，跟踪发生器工作，从跟踪源输出端 TG SOURCE 输出与频谱分析仪当前扫描信号同频率的正弦信号。功率扫描输出信号的功率范围为-20～0dBm，可通过菜单设定或调整。当频谱分析仪设置为零扫宽的时候，本振处于固定频点的状态，改变此时频谱分析仪的中心频率，TG 键的输出将成为一个可调谐的模拟信号源。

更多详尽的操作说明可参考《SSA3000X 系列频谱分析仪用户手册》。

### 10.2.5　SSA3015X 型频谱分析仪使用注意事项

SSA3015X 型频谱分析仪最灵敏的部件是频谱分析仪的输入部分，它包括信号衰减器和模拟混频器。为避免损坏仪器，未经输入衰减时，加到输入端的直流电压分量不得超过 50V，交流（射频）信号分量最大连续功率不得超过+30dBm。这些极限不能被超出，否则，信号衰减器和模拟混频器会损坏。

在测量不熟悉的信号之前，应检查是否有不可接受的高电压。推荐开始测量时用最大的衰减量和最宽的扫频范围。使用者也应该考虑是否有范围以外的超高信号幅度可能出现。

## 10.3　BT3C-A 型频率特性测试仪

频率特性测试仪又称扫频仪，可用于测试网络（电路）的频率特性，如测试滤波器、放大器、高频调谐器、双工器、天线等的频率特性，是实验室中常用的电子测量仪器。

### 10.3.1　BT3C-A 型频率特性测试仪简单原理

早期频率特性的测试常用逐点测绘的方法来实现。在整个测试过程中，应保持输入的被测网络信号的幅度不变，记录不同频率下相应的输出电压，根据所得到的数据，就可以在坐标纸上描绘出该网络的幅频特性曲线。显然，这种方法不仅操作烦琐、费时，而且有可能因测试频率间隔不够小而漏掉被测曲线上的某些细节，使得到的曲线不够精确。

频率特性测试仪采用扫频测试法，将等幅扫频信号加至被测电路输入端，然后用示波器显示信号通过被测电路后振幅的变化。由于扫频信号的频率是连续变化的，因此在示波器屏幕上可直接显示出被测电路的幅频特性。其原理框图如图 10-8 所示。为了标出 $X$ 轴所代表的频率值，需另加频标信号。

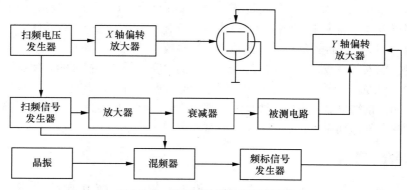

图 10-8　频率特性测试仪原理框图

### 10.3.2 BT3C–A 型频率特性测试仪主要技术指标

#### 1. 全扫

（1）频率范围：0～300MHz。
（2）输出平坦度：不大于±0.7dB。

#### 2. 窄扫

（1）中心频率：0～300MHz 连续可调。
（2）最小扫频频偏：±0.5MHz。最大扫频频偏：±15MHz。
（3）扫频输出寄生调幅不大于 7%。
（4）扫频输出非线性系数不大于 10%（频偏在±15MHz 以内）。

#### 3. 输出扫频信号电压

输出扫频信号电压大于 0.5V（75Ω）。

#### 4. 频率标记信号

频率标记信号有 1MHz、10MHz、50MHz 及外接 4 种，1MHz 和 10MHz 组合显示，其余两
种分别显示。

#### 5. 扫频信号输出阻抗

扫频信号输出阻抗为 75Ω。

#### 6. 扫频信号输出衰减器

扫频信号的输出衰减器有两种：10dB×7 步进，1dB×10 步进。
精度：粗衰减±（0.2+0.03$A$）dB（$A$ 为衰减值）；细衰减±0.5dB。

#### 7. 检波探头输入电容

检波探头输入电容不大于 5pF（最大允许直流电压为 300V）。

### 10.3.3 BT3C–A 型频率特性测试仪面板介绍

BT3C-A 型频率特性测试仪前面板如图 10-9 所示。
① 电源、辉度：用于控制电源的通断及扫描曲线的辉度。
② 聚焦：用于调节示波管内电子束的聚焦。
③ $Y$ 位移：用于控制曲线进行上、下移动。
④ $Y$ 增幅：用于调节曲线垂直方向的幅度大小，并控制 $Y$ 轴输入耦合方式，拔出时为直流耦
合，推入时为交流耦合。
⑤ $Y$ 衰减：用于调节输入信号的衰减量，分 "1" "10" "100" 这 3 挡。
⑥ 输入电缆：用于输入经过被测网络带有频标的扫频信号。

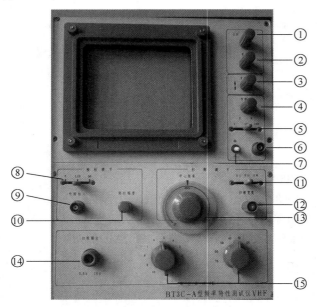

图 10-9　BT3C-A 型频率特性测试仪前面板

⑦ "+、–" 极性开关：开关向上指向 "+" 位置时，屏幕上显示的幅频特性曲线与 $Y$ 轴输入信号同相；开关向下指向 "–" 位置时为反相。

⑧ 频标选择：有 "外""1、10""50" 3 挡，其中 "1、10" 为复合挡。当开关拨到 "外" 位置时，表示外接频标，此时频标代表的频率取决于外接信号的频率；当开关拨到 "1、10" 位置时，屏幕上显示 10MHz 大频标与 1MHz 小频标的叠加；当开关拨到 "50" 位置时，屏幕上显示 50MHz 的频标。

⑨ 外频标输入：用于接收外部频标输入信号。

⑩ 频标幅度：用于调节屏幕上频标幅度的大小。

⑪ 全扫、窄扫、点频：用于控制屏幕上显示的扫描信号的范围。当开关拨到 "全扫" 时，屏幕上出现 0～300MHz 整个频段的扫描信号；当开关拨到 "窄扫" 时，屏幕上出现某一频段的扫描信号；当开关拨到 "点频" 时，屏幕上出现某一点（小范围）频率的扫描信号；当开关拨到 "窄扫" 或 "点频" 时，屏幕上出现的信号频率由中心频率旋钮控制。

⑫ 扫频宽度：用于调节扫频信号在水平方向上的扩展程度。

⑬ 中心频率：用于调节扫频信号的中心频率。

⑭ 扫频输出电缆：用于输出扫频信号，阻抗为 75Ω。

⑮ 输出衰减：用于控制扫频信号的输出幅度。输出衰减调节分为 "粗衰减"（0～70）和 "细衰减"（0～10）两挡，单位为 dB，信号的衰减量为两挡衰减量之和。

### 10.3.4　BT3C-A 型频率特性测试仪使用方法

**1. 测试前的检查**

（1）旋转电源、辉度旋钮，打开电源，调好辉度和聚焦，预热 10 分钟。

（2）频标的检查：将频标选择开关置于 "1、10" 或 "50" 挡。扫描基线上应呈现若干个菱形频标，调节频标幅度旋钮，可以均匀地改变频标的大小。

（3）频偏的检查：将频标幅度旋钮由最小旋到最大时，屏幕上呈现的频标数应满足最小扫描频偏±0.5MHz、最大扫描频偏±15MHz，连续可调。

### 2. 测试

（1）将扫频输出电缆⑭接到被测网络的信号输入端，将输入电缆接到被测网络的信号输出端，并连接好地线（应使地线尽可能短，以免产生测量误差），即频率特性测试仪的输出端必须和被测电路的输入端共地，频率特性测试仪的输入端和被测电路的输出端共地。

（2）根据被测电路指标，选择"全扫""窄扫""点频"三者之一。再调节中心频率旋钮（当选择"全扫"时该旋钮不起作用）来左右移动曲线，使屏幕显示所需频段的曲线。

（3）选择"外""1、10""50"3 种频标之一，并调节频标幅度旋钮，使频标幅度大小适中。

（4）调节输出衰减、$Y$ 位移、$Y$ 增幅、$Y$ 衰减等旋钮，以及"+、-"极性开关，使屏幕上出现稳定、大小合适的频率特性曲线。

（5）进行频标调节时，根据扫频仪屏幕上所显示的幅频特性曲线和面板控制装置进行定量读数。根据频标，可以直接读出幅频特性曲线的频率值。如果测读的频率不在频标上，则可根据相邻两个频标的水平距离进行粗略的估算。若需要精确测量频率，可采用外接频标信号。

### 10.3.5　BT3C-A 型频率特性测试仪使用注意事项

（1）扫频仪与被测电路相连接时，必须考虑阻抗匹配问题。如被测电路的输入阻抗有 75Ω，则应采用终端开路的输出电缆线；如被测电路的输入阻抗很大，则应采用终端接有 75Ω 的输出电缆线；否则应采取阻抗匹配转换的措施。

（2）在显示幅频特性时，如发现图形有异常的曲折，则表示被测电路有寄生振荡，在测试前应予以排除。

（3）测试时，输出电缆和检波探头的接地线应尽量短些，切忌在检波探头上加接导线（也不应另外加接地线）。

## 10.4　Vivado 开发环境

Vivado 设计套件是 Xilinx 公司为其产品推出的集成开发环境，该套件包括硬件设计平台、开发工具 Vivado IDE、嵌入式开发工具 Xilinx SDK 和高层次综合 Vivado HLS。其中，Vivado IDE 内集成了一整套 FPGA 开发工具，开发者可以根据需求编写寄存器传输级（Register-Transfer Level，RTL）代码或调用套件提供的 IP 核，或使用 Vivado HLS 将 C/C++语言编写的算法综合成硬件描述语言，进行设计输入、时序分析、仿真综合、布局布线和板级调试等。

Vivado 2017 基本操作流程可扫描右侧二维码观看。

Vivado 2017 基本
操作流程

[1] 远坂俊昭. 测量电子电路设计, 模拟篇[M]. 北京: 科学出版社, 2006.

[2] 松井邦彦. OP 放大器应用技巧 100 例[M]. 北京: 科学出版社, 2006.

[3] 稻叶保. 模拟技术应用技巧 101 例[M]. 北京: 科学出版社, 2006.

[4] ZUMBAHLEN H. Linear Circuit Design Handbook[M]. Oxford: Newnes, 2008.

[5] KESTER W. Data Conversion Handbook[M]. Oxford: Newnes, 2005.

[6] JUNG W. Op Amp Applications Handbook[M]. Oxford: Newnes, 2005.

[7] AGARWAL A, Lang J H. Foundations of Analog and Digital Electronic Circuits[M]. San Francisco, CA: Morgan Kaufmann Publishers, 2005.

[8] 电子工程手册编委会. 标准集成电路数据手册[M]. 北京: 电子工业出版社, 1991.

[9] 集成电路手册编委会. 标准集成电路数据手册 CMOS4000 系列电路[M]. 北京: 电子工业出版社, 1995.

[10] 电子工程手册编委会. 标准集成电路数据手册——非线性电路[M]. 北京: 电子工业出版社, 1997.

[11] 电子工程手册编委会. 标准集成电路数据手册——PAL 电路[M]. 北京: 电子工业出版社, 1991.

[12] 电子工程手册编委会. 标准集成电路数据手册: TTL 电路(增补本)[M]. 北京: 电子工业出版社, 1994.

[13] 电子工程手册编委会. 标准集成电路数据手册: 音响电路[M]. 北京: 电子工业出版社, 1991.

[14] 集成电路手册编委会. 标准集成电路数据手册——集成稳压器[M]. 北京: 电子工业出版社, 1995.

[15] 电子工程手册编委会. 标准集成电路数据手册——接口电路[M]. 北京: 电子工业出版社, 1994.

[16] 电子工程手册编委会. 标准集成电路数据手册集成电路封装外形尺寸图集[M]. 北京: 电子工业出版社, 1994.

[17] 集成电路手册分编委会. 表面安装集成电路数据手册: 上册[M]. 北京: 电子工业出版社, 1993.

[18] 集成电路手册分编委会. 表面安装集成电路数据手册: 下册[M]. 北京: 电子工业出版社, 1995.

[19] 全国集成电路标准化技术委员会. CMOS 集成电路数据手册[M]. 1990.

[20] 全国集成电路标准化技术委员会. HCMOS 数字集成电路数据手册[M]. 1990.

[21] 杨志忠, 章忠全. 新编常用集成电路及元器件使用手册[M]. 北京: 机械工业出版社, 2011.

[22] 刘畅生, 于臻, 宋亮. 通用数字集成电路简明速查手册[M]. 北京: 人民邮电出版社, 2011.

[23] 赵文博. 常用集成电路速查手册[M]. 北京: 机械工业出版社, 2010.

[24] 刘畅生. 电源集成电路实用速查手册[M]. 北京: 中国电力出版社, 2010.

[25] 手册编写组. 贴片模数转换器件集成电路速查手册[M]. 北京: 人民邮电出版社, 2008.

[26] 手册编写组. 贴片数字集成电路速查手册[M]. 北京: 人民邮电出版社, 2008.

[27] 手册编写组. 贴片电源器件集成电路速查手册[M]. 北京: 人民邮电出版社, 2009.

[28] 手册编写组. 贴片放大器件集成电路速查手册[M]. 北京：人民邮电出版社，2009.

[29] 许振江. 集成电路型号速查手册[M]. 北京：人民邮电出版社，2008.

[30] 赵文博. 新型常用集成电路速查手册[M]. 北京：人民邮电出版社，2006.

[31] 张庆双. 新型场效应管数据手册[M]. 北京：科学出版社，2010.

[32] 张庆双. 新型双极晶体管数据手册[M]. 北京：科学出版社，2010.

[33] 张庆双. 新型二极管数据手册[M]. 北京：科学出版社，2010.

[34] 张庆双. 新型晶闸管数据手册[M]. 北京：科学出版社，2010.

[35] 岳斌，王新贤. 通用集成电路速查手册[M]. 3 版. 济南：山东科学技术出版社，2010.

[36] 兰吉昌. 运算放大器集成电路手册[M]. 北京：化学工业出版社，2006.

[37] 赵负图. 数字逻辑集成电路手册[M]. 北京：化学工业出版社，2005.

[38] 罗厚军，魏敏敏. 经典集成电路应用手册[M]. 福州：福建科技出版社，2006.

[39] 手册编写组. 最新电子器件置换手册：软件版[M]. 北京：机械工业出版社，2012.

[40] 手册编写组. 通用电子元器件置换速查手册[M]. 北京：化学工业出版社，2012.

[41] 手册编写组. 最新通用电子元器件置换手册[M]. 3 版. 北京：机械工业出版社，2010.

[42] 手册编写组. 集成电路应用替换手册[M]. 长沙：国防科技大学出版社，2003.

[43] 孙余凯，项绮明. 集成电路检测·选用·代换手册[M]. 北京：电子工业出版社，2007.

[44] 陈永真. 通用集成电路应用、选型与代换[M]. 北京：中国电力出版社，2007.

[45] 曹红兵，段姗姗. 集成电路实用数据与型号代换手册[M]. 北京：中国电力出版社，2006.

[46] 林吉申. 国内外最新三极管特性参数与互换速查手册[M]. 北京：国防工业出版社，2003.

[47] 陈清山. 最新世界集成电路互换手册[M]. 2 版. 长沙：湖南科技出版社，2002.

[48] 萨姆斯. 最新 IC 代换手册[M]. 刘征宇，译. 福州：福建科技出版社，2003.

[49] 姜艳波. 新编通用电子元器件替换手册[M]. 北京：化学工业出版社，2007.

[50] 手册编写组. 最新 A-D/ D-A 转换器 IC 特性代换手册[M]. 福州：福建科技出版社，2001.

[51] Derivation and Tabulation Associates inc. D.A.T.A. Digest: Master Type Locator[M]. Englewood: D.A.T.A. Business Publishing，1988.

[52] Derivation and Tabulation Associates inc. D.A.T.A. Digest: Application Notes Reference[M]. Englewood: D.A.T.A. Business Publishing，1988.

[53] Derivation and Tabulation Associates inc. D.A.T.A. Digest: Digital ICs[M]. Englewood: D.A.T.A. Business Publishing，1988.

[54] Derivation and Tabulation Associates inc. D.A.T.A. Digest: Interface ICs[M]. Englewood: D.A.T.A. Business Publishing，1988.

[55] Derivation and Tabulation Associates inc. D.A.T.A. Digest: Linear ICs[M]. Englewood: D.A.T.A. Business Publishing，1988.

[56] Derivation and Tabulation Associates inc. D.A.T.A. Digest: Memory ICs[M]. Englewood: D.A.T.A. Business Publishing，1988.

[57] Derivation and Tabulation Associates inc. D.A.T.A. Digest: Microprocessor ICs[M]. Englewood: D.A.T.A. Business Publishing，1988.

[58] Derivation and Tabulation Associates inc. D.A.T.A. Digest: Diode[M]. Englewood: D.A.T.A. Business Publishing，1988.

[59] Derivation and Tabulation Associates inc. D.A.T.A. Digest: Optoelectronics[M]. Englewood: D.A.T.A. Business Publishing，1988.

[60] Derivation and Tabulation Associates inc. D.A.T.A. Digest: Power Semiconductor[M]. Englewood: D.A.T.A. Business Publishing，1988.

[61] Derivation and Tabulation Associates inc. D.A.T.A. Digest: Thyristor[M]．Englewood: D.A.T.A. Business Publishing，1988.

[62] Derivation and Tabulation Associates inc. D.A.T.A. Digest: Transistor[M]．Englewood: D.A.T.A. Business Publishing，1988.

[63] Derivation and Tabulation Associates inc. D.A.T.A. Digest: High Reliability Electronic Components[M]．Englewood: D.A.T.A. Business Publishing，1988.

[64] Derivation and Tabulation Associates inc. D.A.T.A. Digest: Discontinues Integrated Circuits[M]．Englewood: D.A.T.A. Business Publishing，1988.

[65] Derivation and Tabulation Associates inc. D.A.T.A. Digest: Discontinued Discrete Semiconductors[M]．Englewood: D.A.T.A. Business Publishing，1988.

[66] Derivation and Tabulation Associates inc. D.A.T.A. Digest: Surface-Mounted ICs[M]．Englewood: D.A.T.A. Business Publishing，1988.

[67] Derivation and Tabulation Associates inc. D.A.T.A. Digest: Surface-Mounted Discretes[M]．Englewood: D.A.T.A. Business Publishing，1988.

[68] Derivation and Tabulation Associates inc. D.A.T.A. Digest: Integrated Circuits Alternate Sources and Replacements[M]．Englewood: D.A.T.A. Business Publishing，1988.

[69] Derivation and Tabulation Associates inc. D.A.T.A. Digest: Discrete Semiconductors-Direct Alternate Sources[M]．Englewood: D.A.T.A. Business Publishing，1988.

[70] Derivation and Tabulation Associates inc. D.A.T.A. Digest: Discrete Semiconductors-Suggested Replacement Alternate Sources[M]．Englewood: D.A.T.A. Business Publishing，1988.

[71] Derivation and Tabulation Associates inc. D.A.T.A. Digest: Adhesives[M]．Englewood: D.A.T.A. Business Publishing，1988.

[72] 黄继昌．电源集成电路应用 210 例[M]．北京：中国电力出版社，2013.

[73] 黄继昌．常用数字集成电路应用 280 例[M]．北京：中国电力出版社，2012.

[74] 陈永甫．多功能集成电路 555 经典应用实例[M]．北京：电子工业出版社，2011.

[75] 孙平．电气电子工程信息检索与利用[M]．大连：大连理工大学出版社，1999.

[76] 夏佩福．电子技术与 IT 信息检索[M]．北京：科学出版社，2007.

[77] 胡光林．电子文献检索教程[M]．北京：北京理工大学出版社，2010.

[78] 徐军玲．科技文献检索[M]．2 版．上海：复旦大学出版社，2004.

[79] 王立诚．科技文献检索与利用[M]．4 版．南京：东南大学出版社 2010.

[80] 希考科．Internet 专利检索指南[M]．2 版．沈阳：辽宁科学技术出版社，2003.

[81] 董远达，刘俊熙，王艺英．Internet 搜索及光盘数据库信息检索[M]．上海：上海大学出版社，2000.

[82] 国际知识产权局专利审查协作中心．利用搜索引擎检索现有技术[M]．北京：知识产权出版社，2011.

[83] 亨特，阮，罗杰斯．专利检索：工具与技巧[M]．陈可南，译．北京：知识产权出版社，2013.

[84] 国家知识产权局专利文献部．专利文献与信息检索[M]．北京：知识产权出版社，2013.

[85] 易立强，邝继顺．一种基于 FFT 的实时谐波分析算法[J]．电力系统及其自动化学报，2007（02）：102-106.

[86] 陈春玲，邵艳杰，曹英丽．基于 FFT 的电力系统谐波分析[J]．农业科技与装备，2009（01）：57-59.

[87] 汪进进．基于全数字中频技术频谱分析仪的工作原理-V1．0[J]．中国集成电路，2016，25（003）：60-66.

[88] 刘明亮，尹华杰．开关电容电路从入门到精通[M]．北京：人民邮电出版社，2008.